国家“十二五”规划重点图书

中国地质调查局

青藏高原1:25万区域地质调查成果系列

中华人民共和国

区域地质调查报告

比例尺 1:250 000

黑石北湖幅

(I44C001004)

项目名称:1:25万I44C001004(黑石北湖)幅区调地质调查

项目编号:19991300009091

项目负责:张振福　魏荣珠

技术负责:张振福　魏荣珠　王　权　王致山　武俊高

报告编写:张振福　魏荣珠　柴金钟　王　权　武俊高
王致山　董挨管　杨五宝　杨月生　段春森
田智勇　魏云峰　吴仲华

编写单位:山西省地质调查院

单位负责:李德胜(院长、总工程师)

中国地质大学出版社
ZHONGGUO DIZHI DAXUE CHUBANSHE

内 容 提 要

1：25万I44C001004(黑石北湖)幅区域地质调查报告共分为7章。主要内容包括：利用板块结合带对图幅进行了地层区的划分，完整地建立了测区的地层系统；对图幅内各类岩浆岩地质特征、岩石化学特征、时代及大地构造背景等进行了详细研究，为重塑本区古特提斯洋的演化提供了依据；对区内不同地质单元内各类变质岩石特征进行了系统总结，在小长岭一带发现硬绿泥石、黑硬绿泥石等低温中压相的特征变质矿物；利用西金乌兰-金沙江结合带将本区的地质构造单元进行了合理划分，在结合带中发现了其底裂解岩片；新发现各类矿(化)点8处；总结了取得的成果和存在的问题。本报告内容丰富，资料翔实，对地质调查、研究、生产、教学和国民经济建设具有参考和实用价值。

图书在版编目(CIP)数据

中华人民共和国区域地质调查报告·黑石北湖幅(I44C001004)：比例尺1：250 000/张振福，魏荣珠，柴金钟等著. —武汉：中国地质大学出版社，2013.10

ISBN 978-7-5625-3043-5

Ⅰ.①中…
Ⅱ.①张…②魏…③柴…
Ⅲ.①区域地质-地质调查-调查报告-新疆
Ⅳ.①P562

中国版本图书馆CIP数据核字(2013)第006170号

中华人民共和国区域地质调查报告
黑石北湖幅(I44C001004) 比例尺1：250 000

张振福 魏荣珠 柴金钟 **等著**

责任编辑：马新兵 刘桂涛 责任校对：张咏梅

出版发行：中国地质大学出版社(武汉市洪山区鲁磨路388号) 邮政编码：430074
电 话：(027)67883511 传真：67883580 E-mail:cbb @ cug.edu.cn
经 销：全国新华书店 http://www.cugp.cn

开本：880毫米×1 230毫米 1/16 字数：297千字 印张：8.75 插页：1 图版：5 附图：1
版次：2013年10月第1版 印次：2013年10月第1次印刷
印刷：武汉中远印务有限公司 印数：1—1 500册

ISBN 978-7-5625-3043-5 定价：456.00元

前 言

青藏高原包括西藏自治区、青海省及新疆维吾尔自治区南部、甘肃省南部、四川省西部和云南省西北部，面积达260万km^2，是我国藏民族聚居地区，平均海拔4 500m以上，被誉为“地球第三极”。青藏高原是全球最年轻、最高的高原，记录着地球演化的最新历史，是研究岩石圈形成演化过程和动力学的理想区域，是“打开地球动力学大门的金钥匙”。

青藏高原蕴藏着丰富的矿产资源，是我国重要的战略资源后备基地。青藏高原是地球表面的一道天然屏障，影响着中国乃至全球的气候变化。青藏高原也是我国主要大江大河和一些重要国际河流的发源地，孕育着中华民族的繁生和发展。开展青藏高原地质调查与研究，对于推动地球科学研究、保障我国资源战略储备、促进边疆经济发展、维护民族团结、巩固国防建设具有非常重要的现实意义和深远的历史意义。

1999年，国家启动了“新一轮国土资源大调查”专项，按照温家宝总理“新一轮国土资源大调查要围绕填补和更新一批基础地质图件”的指示精神，中国地质调查局组织开展了青藏高原空白区1∶25万区域地质调查攻坚战，历时6年多，投入3亿多元，调集25个来自全国省（自治区）地质调查院、研究所、大专院校等单位组成的精干区域地质调查队伍，每年近千名地质工作者奋战在世界屋脊，徒步遍及雪域高原，实测完成了全部空白区158万km^2共112个图幅的区域地质调查工作，实现了我国陆域中比例尺区域地质调查的全面覆盖，在中国地质工作历史上树立了新的丰碑。

1∶25万I44C001004（黑石北湖）幅区域地质调查项目，由山西省地质调查院承担，工作区纵贯昆仑山脉，南部进入藏北羌塘高原腹地。目的是按照《1∶25万区域地质调查技术要求（暂行）》及其他有关规范、指南，参照造山带填图的新方法，应用遥感等新技术手段，以区域构造调查与研究为先导，合理划分测区的构造单元，对测区不同地质单元、不同构造-地层单位采用不同的填图方法进行全面的区域地质调查。最终通过对沉积建造、变质变形、岩浆作用的综合分析，反演区域地质演化史，建立构造模式。

I44C001004（黑石北湖）幅地质调查工作时间为2000—2002年，累计完成地质填图面积15 116km^2，实测剖面91.1km，采集种类样品1 813件，全面完成了设计工作量。主要成果有：①首次在拜惹布错、小长岭和碎石山等地发现蛇绿混杂岩，为解决西金乌兰-金沙江结合带在藏北的延伸问题提供了重要的地质依据。从蛇绿岩的形成时代看，其所代表的洋盆应纳入古特提斯大洋演化范畴，蛇绿岩、裂解块体为大洋裂解、扩张阶段的物质反映，蛇绿岩带北部的巴颜喀拉盆地由活动大陆边缘-前陆盆地的沉积建造特征记录了其俯冲、闭合演化过程，卧龙岗组陆相磨拉石建造是其碰撞成山阶段的产物；②在昆仑山腹地发现大量新生代火山岩，根据同位素测年资料和岩性分析将其划分为早、中、晚3个火山活动期，本报告认为与富集地幔相关的板内中基性火山活动有关；③对花岗岩进行了“四期三带”的划分，从同位素测年资料结果反映岩浆活动与结合带在时间和构造环境上密切相关。

2003年4月，中国地质调查局组织专家对项目进行最终成果验收，专家组成员有张良臣、王根宝、杨永成、张二朋、张克信、苗培森、张雪亭、刘世伟、李荣社等，评审认为：项目较好地完成了任务，工作量达到(或超过)设计规定，技术手段、方法、测试样品质量符合有关规范、规定。报告章节齐全，内容较丰富，论证有据，经评审委员会认真评议，一致建议项目报告通过评审，黑石北湖幅成果报告被评为良好级。

参加报告编写的主要有张振福、魏荣珠、柴金钟、王权、武俊高、王致山、董挨管、杨五宝、杨月生、段春森、田智勇、魏云峰、吴仲华，由张振福、魏荣珠、柴金钟编纂定稿。先后参加野外工作的还有续世朝、刘慧文、白海军、胡少华、张建中、米广尧、惠义亮、王根根、康元顺、张作功、郭建忠、杨晋锋、刘文明、潘建国、王小马、魏海伟、续子超、王拴和、魏海伟、蒲泽峰、张东亮、郭敏春。

在整个项目实施和报告编写过程中，得益于许多单位和领导的大力协助、支持，尤其要感谢的是：中国地质调查局、西安地质矿产研究所、乌鲁木齐工作总站、拉萨工作总站、成都地质矿产研究所、新疆自治区第一区调大队、贵州省地质调查院、陕西省地质调查院。项目亦得到了张良臣、王克卓、潘桂棠、李荣社、王根宝、武胜、李德胜、薛克勤、潘永胜、续世朝等多方指导和帮助。地质报告排版工作由王延威完成，地质图和报告插图计算机清绘由贺文莲、吕建萍、李嫣、杜艳伟等同志完成，在此表示诚挚的谢意。

为了充分发挥青藏高原1∶25万区域地质调查成果的作用，全面向社会提供使用，中国地质调查局组织开展了青藏高原1∶25万地质图的公开出版工作，由中国地质调查局成都地质调查中心与项目完成单位共同组织实施。出版编辑工作得到了国家测绘局孔金辉、翟义青及陈克强、王保良等一批专家的指导和帮助，在此表示诚挚的谢意。

鉴于本次区调成果出版工作时间紧、参加单位较多、项目组织协调任务重以及工作经验和水平有限，成果出版中可能存在不足与疏漏之处，敬请读者批评指正。

“青藏高原1∶25万区调成果总结”项目组

2010年9月

目　　录

第一章 绪 论

第一节 目的与任务

根据中国地质调查局中地调函[2000]27号文《关于发送二〇〇〇年度第一批国土资源大调查地质调查项目任务书的通知》精神，山西省地质调查院承担了叶亦克幅(J44C004004)(南部2/3)和黑石北湖幅(I44C001004)两个1∶25万图幅区域地质调查项目。任务书编号为0100114078，项目编号为19991300009091。地理坐标：东经82°30′—84°00′，北纬35°00′—37°00′。总面积(基岩区)为24 984km²。黑石北湖幅是该项目两幅图南侧的一幅。

目标任务：按照《1∶25万区域地质调查技术要求(暂行)》及其他有关规范、指南，参照造山带填图的新方法，应用遥感等新技术手段，以区域构造调查与研究为先导，合理划分测区的构造单元，对测区不同地质单元、不同构造-地层单位采用不同的填图方法进行全面的区域地质调查。最终通过对沉积建造、变质变形、岩浆作用的综合分析，反演区域地质演化史，建立构造模式。本着图幅带专题的原则，选择区内重大地质问题进行专题研究。

工作年限：1999年12月—2002年12月，周期3年。

第二节 位置与交通

测区位于新疆维吾尔自治区南部和西藏自治区北部接壤地带，行政区划属新疆维吾尔自治区和田地区民丰县、于田县、巴音郭楞蒙古自治州且末县及西藏自治区阿里地区改则县、那曲地区申扎县管辖(图1-1)。地理坐标：东经82°30′—84°00′，北纬35°00′—36°00′。总面积15 116km²。

区内交通条件极差，离最近的公路——219国道约300km。测区南部仅有1972年总参测绘局在进行地形调绘时车辆压出的一条便道——测绘路，夏季雨雪消融时，通行极为困难。

第三节 自然地理与经济概况

工作区为无人区，自然地理环境极为恶劣，戈壁广布、植被稀疏、高寒缺氧、湖水苦涩。

一、自然地理环境

依据《喀喇昆仑山-昆仑山地区自然地理》中的划分方案，工作区可划分为3个一级地貌单元：西昆仑山东段南翼和腹地地貌区、中昆仑山南翼和腹地地貌区及羌塘高原地貌区。西昆仑山东段

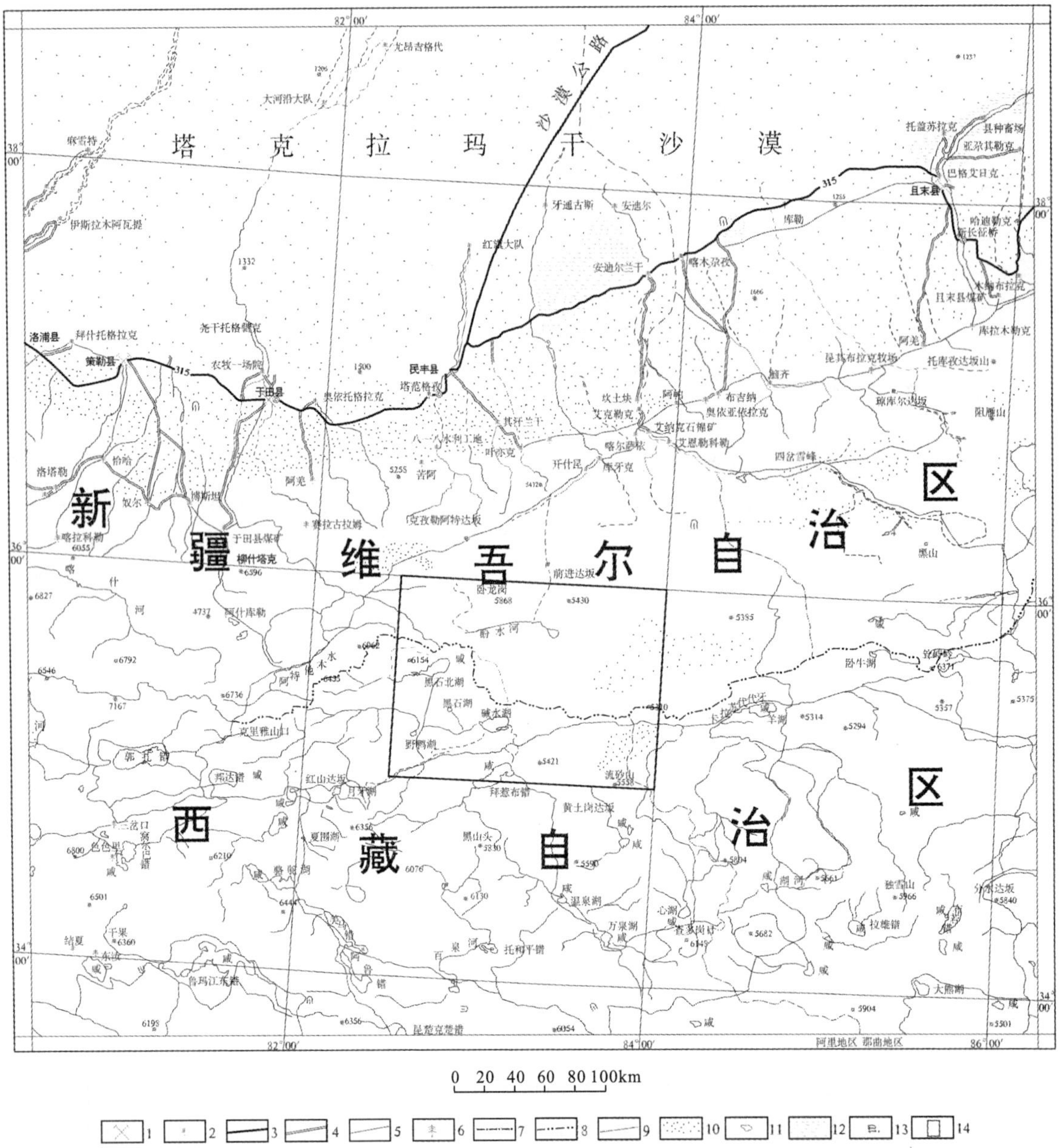

图1-1 交通位置图

1. 县城；2. 居民地；3. 国家级、省级公路；4. 县级公路；5. 大车路；6. 飞机场；7. 国界；8. 省界；9. 地区界；10. 沙漠；11. 湖泊及水系；12. 沼泽；13. 隘口；14. 测区范围

南翼和腹地地貌区：区内仅为该地貌区的东部边缘，表现为黑石北湖北的高山区。海拔最高处6 154m，有常年积雪。中昆仑山南翼和腹地地貌区：主要表现为高位低山丘陵，由于干燥剥蚀作用异常强盛，山丘低缓。这里没有冰川和多年积雪发育，地表缺乏径流。海拔多在4 700～5 000m之间，高原特征较明显。基岩裸露较好，多梁地、万层山、刀岩山、碎脊山等处为典型的褶曲构造地貌。黑石北湖一带为火山和熔岩流地貌，有顶面平整的熔岩桌和高耸的火山锥，最高的一个火山锥海拔5 500m。羌塘高原地貌区：工作区内与中昆仑山南翼和腹地地貌区西部亚区的界线不是很明显，但仍沿用《喀喇昆仑山-昆仑山地区自然地理》的划分方案。羌塘高原地貌区是青藏高原最大、最具特色的地貌单元，工作区仅涉及其北部边缘很小的范围。区内海拔一般为4 900～5 100m，最高处在

流砂山，海拔 5 558m。白戈壁、小长岭南为大面积的荒漠区（戈壁滩）。碎石山、小长岭、流砂山、狼山均为断块山地。

图幅内属典型荒漠寒漠大陆性气候，全年降水量极少，日照时间特别长，蒸发量大，全年平均气温低于 0℃，属常年冻土带。每年冬春季节为大风季节。区内自然条件除高寒、缺氧、低气压、干旱等特点外，尚有雷暴、冰雹及沙暴之患。

工作区内的年平均气温由西北向东南递减，西北角上年平均气温约为 0℃，东南部一带年平均气温仅－8℃。夏季昼夜温差大，一般为 20℃左右；冬季温差较低，一般为 10～15℃。降水量的分布极为复杂，不仅与水汽输送路径有关，还受天气和地形的制约。图幅西北部年降水量为 150mm 左右，向东南递增，到图幅东南角一带，年降水量不足 10mm。昆仑山至藏北高原的高寒气候区降雪量占全年总降水量的 96%，全年各月均有降雪的可能。5 500m 以上的地区全年均为固态降水，因此属终年积雪区。工作区太阳辐射强，总辐射值高达（58～67）$\times 10^4$J/(cm^2·年)，其中直接辐射 70%～80%，散射辐射相对较少。辐射平衡值则为（16～25）$\times 10^4$J/(cm^2·年)。区内冰川不很发育，仅分布在黑石北湖西北部一带，面积较小，属极大陆性冰川。

区内河流均属内流水系，主要有拉水河、盼水河，其他均为无名河。河水的流量主要受大气降水和气温控制。区内湖泊较多，主要有黑石北湖、拜惹布错、碱水湖、黑石湖、野鸭湖、野马滩、无水湖等，湖水咸—微咸。湖泊面积一般为数平方千米到数十平方千米。黑石北湖面积最大，为 93km^2，湖体呈椭圆形，长轴为北东—南西向，西部有入流，湖水深 59m，水温较低，透明度为 4.5m，矿化度为 40.6g/L，pH 值为 9.5，水型为 Cl－Na 型。拜惹布错、黑石北湖大而深，碱水湖大而浅，黑石湖、野鸭湖小而浅。

二、经济概况

调查区自然条件均极恶劣，绝大部分地区人迹未至，普遍缺氧 40%～60%，仅沿河边和湖滨生长着稀疏的高原植物，区内有广阔的牧场，经济以牧业为主，主要饲养牦牛、犏牛、马、绵羊、山羊等。野生动物主要有野牦牛、野驴、黄羊、藏羚羊、岩羊、大头羊、狗熊、猞猁、草狐、旱獭、雪鸡、黄白鸭等。矿产资源主要有砂金、铜、天然碱、食盐、钾盐、石膏等。此外，风能和太阳能可满足小型发电机工作。

第四节　研究程度概况

图幅内地质研究程度极低（图 1－2）。

1964 年，新疆地质局喀什大队（二大队）在前人研究成果的基础上进行了比较系统的研究、整理后，编绘了《和田地区 1∶50 万地质矿产图及其说明书》，对出露地层与邻区对比，进行了年代地层单位划分，这是测区最早的较为系统的地质资料。

1983—1985 年，新疆地质局第一区调大队在区内进行了 1∶100 万区域地质、矿产调查工作。1987 年，西藏自治区地质矿产局区域地质调查大队完成了 1∶100 万的日土幅的区域地质矿产调查，在图幅内仅投入了极少量的地质工作，主要对图幅南部一带的侏罗纪地层通过测制剖面和少量路线调查进行了较详细的研究，并利用少量化石资料对地层的时代进行了讨论。

自 1982 年开始，历时 6 年的时间，新疆维吾尔自治区地质矿产局及西藏自治区地质矿产局分别编制了《新疆维吾尔自治区区域地质志》及《西藏自治区区域地质志》。该书以 1∶20 万、1∶100 万区域地质调查资料为基础，并较全面地收集了其他区内外有关地质资料和科研成果，从地层、火山

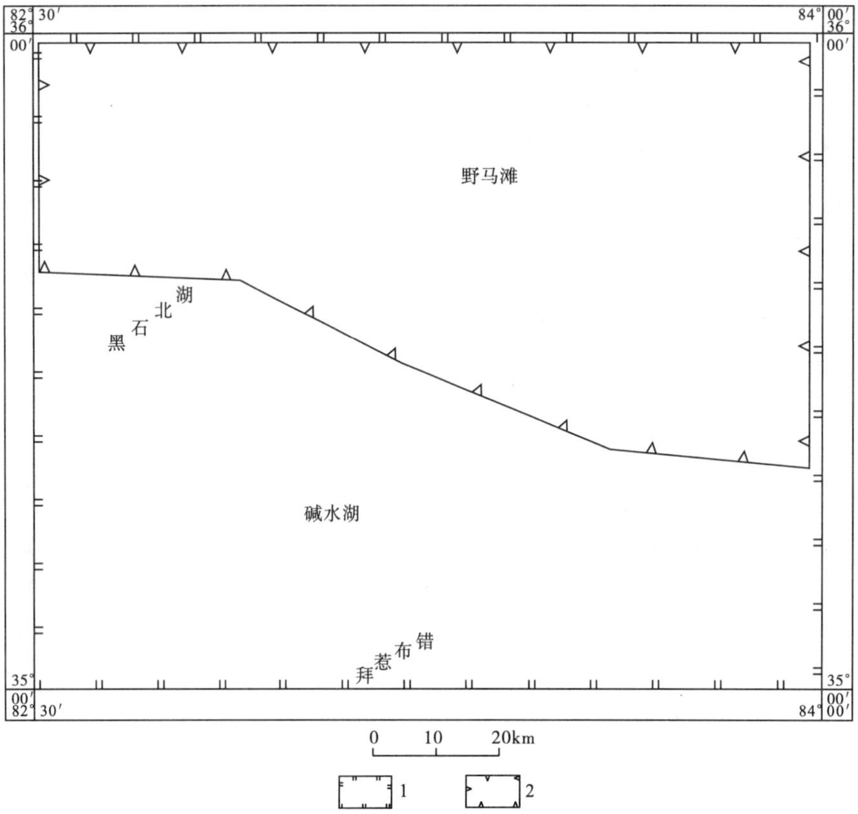

图 1-2　地质研究程度图

1. 1∶100 万区域地质矿产调查范围;2. 1∶50 万区域地质矿产调查范围

岩及火山作用、侵入岩及侵入作用、变质岩及变质作用、地质构造及地质发展史等方面全面系统地论述了新疆维吾尔自治区及西藏自治区的区域地质特征。

1989 年,新疆地质局第十地质调查队在前人工作基础上结合自己的工作成果重新编制了“和田地区 1∶50 万地质图、矿产图及其说明书”,这是测区内迄今最为全面系统的基础资料,该说明书以区内喀拉米兰大断裂为界,南北分为两大地层区,北部为昆仑地层区,南部为喀喇昆仑地层区。书中将二叠系划归为黄羊岭群上、中、下 3 个亚群,三叠系划归为云雾岭群。对区内岩浆岩的产状、性质、地球化学特征、生成时代及演化规律进行了初步探讨。

1995 年,新疆维吾尔自治区地质矿产局编著了《新疆维吾尔自治区岩石地层》,书中详细叙述了新疆从中、晚元古代—第三纪共 413 个岩石地层单位的创名、原始定义、划分沿革、现在定义、层型、地质特征及区域变化等内容。

除上述成果外,中国地质科学院等科研单位及院校也相继在区内进行了一些专题研究,其成果均不同程度地提高了区内基础地质研究程度。1990 年,刘增乾等编写的《青藏高原大地构造与形成演化》,以板块构造理论为指导,划分了高原内不同级别的大地构造单元,总结了高原内沉积建造(复理石建造、磨拉石建造)、岩浆活动及其与蛇绿岩的关系以及变质作用特点,并对高原地质发展过程进行了论述。1992 年,姜春发等著的《昆仑开合构造》提出开合旋回的理论,在此基础上据构造分区论述了各分区的地层层序、岩浆演化及蛇绿岩带的特征。1996 年,崔军文、康哲民等编著的《阿尔金断裂系》,运用新的扩展构造活动论观点,系统阐明了阿尔金断裂的几何学和运动学特征、形成机制及其演化过程。1998 年,邓万明著有《青藏高原北部新生代火山岩》,对包括测区黑石北湖在内的新生代火山岩的区域地质、岩石学、地球化学特征和同位素组成等进行了系统总结和深入研究。上述成果为本次开展1∶25万区域地质调查提供了珍贵的基础地质资料。

第五节 任务完成情况

一、项目实施过程

1999年项目任务书下达后，山西省地质调查院随即着手组队、资料收集并初步设计。1999年12月向中国地质调查局提交了项目初步设计。2000年进行了野外踏勘、部分地层剖面的测制工作，当年10月提交了项目总体设计，12月份中国地质调查局予以认定。

2001年3—10月，开展了大面积的地质填图工作和剖面测制工作。完成了图幅内除东北角和东南角上的全区的地质填图工作，测制了二叠系、三叠系、侏罗系和黑石北湖一带的新生代火山岩剖面。

2002年3—5月，完成了图幅内剩余的填图面积，并在碎石山、小长岭一带针对金沙江结合带进行了大比例尺地质填图，补采了大量的样品，为专题报告的编写收集齐了所有野外原始资料。

2002年6月，中国地质调查局委托西安地质矿产研究所对图幅进行了野外验收，黑石北湖幅野外地质成果被评为优秀级。

2002年7—12月，系统整理原始资料，完善地质图，编写地质报告和专题研究报告。

2003年4月，中国地质调查局对该项目进行了最终成果验收，黑石北湖幅被评为良好级。

二、工作方法

对区内大面积分布的二叠纪、三叠纪和侏罗纪地层，以板块构造和多旋回造山带理论为基础，以岩石地层划分、填图为手段，填制1∶25万地质图。对西金乌兰-金沙江结合带内的蛇绿混杂岩通过大比例尺地质填图进行详细解剖，查明其物质组成、时空关系。对黑石北湖一带的新生代火山岩采用岩性-岩相双重填图方法，查明了不同期次的火山机构和火山岩的分布特征。对卧龙岗一带的酸性斑岩体，利用传统的侵入岩工作方法进行研究，并在地质图上用岩性加时代予以表示。

本次工作应用目视解译的方法对区内的1∶25万TM图像、1∶10万TM图像和航空像片进行解译，编制了1∶10万的遥感地质解译图。对活动断裂、区域性的褶皱构造、侏罗纪酸性斑岩体和黑石北湖一带的新生代火山岩的解译效果极佳。

三、完成的主要工作量

此次调查针对地质情况的复杂程度、存在问题等，分别投入了不同的工作量，总体超额完成了设计工作量(表1-1)。

基岩区的地质路线间距一般为5km左右，大面积的新生界松散堆积物分布区，路线间距放宽到10～15km。对黑石北湖北积雪覆盖区利用遥感解译路线和解译地质点加以控制。

表 1－1　完成主要实物工作量表

项　目	单位	设计工作量（叶亦克幅、黑石北湖幅）		完成工作量（叶亦克幅、黑石北湖幅）		完成工作量（黑石北湖幅）		备　注
1∶25 万地质填图	km²	基岩区	24 984	基岩区	24 984	基岩区	15 116	
		沙漠区		沙漠区	5 065.5	沙漠区		据 2001 年任务书
1∶5 万地质填图	km²			200				解剖沿碎石山断裂出露的蛇绿混杂岩
实测地质剖面	km	137		176.8		91.1		
简测地质剖面	km			25.5				
岩石薄片	件	3 000		2 144		1 324		
岩石光薄片	件	100						
定向薄片	件			20		10		
硅酸盐全分析	件	280		489		200		测试 322 件，其中黑石北湖幅 142 件
碳酸盐分析	件	150		77		39		
金属矿化学分析	件	150		33		4		
微量元素分析	件	100		115		55		
稀土元素分析	件	100		127		57		
煤质分析	件	10		2				未送
人工重砂	件	100		56		27		
电子探针分析	点	200		33		1		
粒度分析	件	200		78		40		
同位素年龄测定	件	23		19		8		测试 13 件，其中黑石北湖幅 5 件
同位素示踪	点			9		4		
光释光	件			13				
化石	件	500		46		26		
微体化石	件	32		32		18		

第六节　地质调查报告编写说明

区域地质调查报告是在综合分析研究此次调查取得的大量原始资料、各项野外地质成果、测试数据的基础上，并充分吸纳了近年来的专题科研成果和应用了造山带新理论、新方法而编写的。报告共分 7 章，第一章绪论，概述了项目总体目标任务、工作区位置交通、自然地理概况及以往地质矿产研究评述和完成任务情况等；第二章地层，以年代地层单位为主线，分地层区对各岩石地层单位地层特征、岩石特征进行叙述，并对其沉积环境、构造环境进行分析，对地层时代进行讨论；第三章岩浆岩，第一、二节分别为基性侵入岩和中酸性侵入岩，按时代从早到晚叙述，对其形成时代及其产出的大地构造环境进行探讨，在第一节中对蛇绿混杂岩从地质特征、岩石特征、岩石化学特征等多方面进行了总结，第三节为火山岩，重点对分布于黑石北湖一带的喜马拉雅期中—中基性火山岩进行了详细研究。第四章变质岩及变质作用，重点对西金乌兰-金沙江结合带内的变质岩石特征进行了总结，利用变质矿物及其共生组合的研究对变质作用进行了探讨，确定了变质相及变质作用类型；第五章地质构造及构造演化史，根据本区所处的大地构造位置进行构造单元的划分，总结了各构造单元的基本特征，在此基础上通过对各构造单元内各类构造形迹特征及其序次详细的分析、研究，总结了各构造单元的地壳演化历史；第六章专项地质调查，简要地总结了此次工作所发现的各种矿化线索；第七章为结语，总结了本次工作所取得的主要地质成果及存在的问题。

第二章　地　层

区内出露地层较丰富，主要有上古生界、中生界及大量的新生界。其沉积类型多样，岩性岩相复杂，厚度变化甚大。根据区内地层发育特点，参照《西北区区域地层》、《1∶100 万日土幅区域地质调查报告》和 2002 年西北项目办组织的昆明成果汇报会上所提供的地层区划分方案，结合图幅的地质特征将本区进行了地层分区（Ⅲ级，图 2-1），各区地层出露情况见表 2-1。

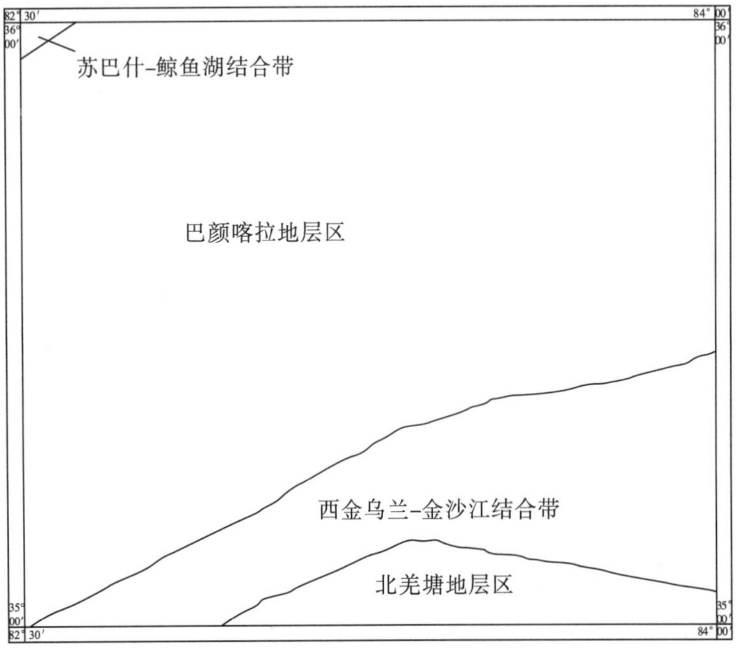

图 2-1　地层分区示意图

一、苏巴什-鲸鱼湖结合带

该带从图幅西北角通过，是区域上分割华北板块与华南板块的结合带，也是黑石北湖幅与邻幅叶亦克幅内昆南地层小区与巴颜喀拉地层区的分界，图幅内仅出露该结合带中极小面积的哈拉米兰河岩群。

二、巴颜喀拉地层区

该区北以库牙克断裂（苏巴什-鲸鱼湖结合带）为界，南以西金乌兰-金沙江结合带与北羌塘地层区相邻。出露地层主要有石炭系西长沟组、二叠系中统黄羊岭组、三叠系上统巴颜喀拉山群、卧龙岗组及大面积的新生界，地层总体走向为北东向。另外，在万层山一带向斜核部出露有少量叶尔羌群。

表 2-1 地层划分表

<table>
<tr><th colspan="3">年代地层单位</th><th rowspan="2">苏巴什-鲸鱼湖结合带</th><th colspan="3" rowspan="2">巴颜喀拉地层区</th><th colspan="3" rowspan="2">西金乌兰-金沙江结合带</th><th rowspan="2">北羌塘地层区</th></tr>
<tr><th>界</th><th>系</th><th>统</th></tr>
<tr><td rowspan="6">新生界</td><td>第四系</td><td>全新统</td><td colspan="8">冲积(Qh^{al})、洪积(Qh^{pl})、湖积(Qh^{fl})、冲洪积(Qh^{apl})、残坡积(Qh^{el})</td></tr>
<tr><td rowspan="4">新近系</td><td rowspan="2">上新统</td><td rowspan="2"></td><td rowspan="2">黑石北湖组(N_2h)</td><td colspan="2">二段(N_2h^2)</td><td colspan="3" rowspan="2"></td><td rowspan="2"></td></tr>
<tr><td colspan="2">一段(N_2h^1)</td></tr>
<tr><td rowspan="2">中新统</td><td></td><td colspan="3">拉水河组(N_1l)</td><td colspan="3"></td><td></td></tr>
<tr><td></td><td colspan="7">唢纳湖组(N_1s)</td></tr>
<tr><td>古近系</td><td></td><td></td><td colspan="3">喀什群(EK)</td><td colspan="3"></td><td></td></tr>
<tr><td rowspan="7">中生界</td><td rowspan="2">侏罗系</td><td>中统</td><td></td><td colspan="3">叶尔羌群(J_2Y)</td><td colspan="3"></td><td></td></tr>
<tr><td>中下统</td><td></td><td colspan="3"></td><td colspan="3"></td><td>雁石坪群($J_{1-2}Y$)</td></tr>
<tr><td rowspan="5">三叠系</td><td rowspan="5">上统</td><td rowspan="5"></td><td colspan="6">卧龙岗组(T_3w)</td><td rowspan="5"></td></tr>
<tr><td colspan="2" rowspan="4">巴颜喀拉山群(TB)</td><td colspan="3">四组(TB_4)</td><td rowspan="4">托和平错群(TT)</td></tr>
<tr><td colspan="3">三组(TB_3)</td></tr>
<tr><td colspan="3">二组(TB_2)</td></tr>
<tr><td colspan="3">一组(TB_1)</td></tr>
<tr><td rowspan="4">上古生界</td><td rowspan="2">二叠系</td><td rowspan="2">中统</td><td rowspan="2"></td><td colspan="2" rowspan="2">黄关岭组(P_2h)</td><td>二段(P_2h^2)</td><td rowspan="4">蛇绿混杂岩</td><td colspan="2" rowspan="4">硅质岩(si)
基性—酸性火山岩($\beta-\alpha\lambda$)
基性—超基性岩($\beta-\Sigma$)
碳酸盐岩(ca)
基底变质岩(sl)</td><td rowspan="2">先遣组(P_2x)</td></tr>
<tr><td>一段(P_2h^1)</td></tr>
<tr><td rowspan="2">石炭系</td><td>上统</td><td></td><td colspan="3">哈拉米兰河岩群(C_2H)</td><td rowspan="2"></td></tr>
<tr><td></td><td></td><td colspan="3">西长沟组(Cx)</td></tr>
</table>

三、北羌塘地层区

该区北以西金乌兰-金沙江结合带与巴颜喀拉地层区相邻，南界至图边。出露地层主要有二叠系先遣组、侏罗系雁石坪群及较大面积的新生界。

四、西金乌兰-金沙江结合带

该带位于巴颜喀拉地层区和北羌塘地层区之间，由蛇绿混杂岩和三叠系巴颜喀拉山群及托和平错群组成。

第一节 上古生界

区内上古生界主要分布于巴颜喀拉地层区和北羌塘地层区，巴颜喀拉地层区出露地层有石炭系西长沟组、二叠系黄羊岭组，北羌塘地层区出露有二叠系中统先遣组。另外，在图幅西北角苏巴什-鲸鱼湖结合带中出露了范围极少的石炭系上统哈拉米兰河岩群。

一、苏巴什-鲸鱼湖结合带

苏巴什-鲸鱼湖结合带呈北东向从图幅西北角通过，它是海西构造旋回分割华北板块与华南板块的板块结合带，也是分割昆仑造山带与松藩-甘孜陆块的分界。本次工作对其进行了较详细的研究，尤其是对结合带的物质组成进行了系统的总结，邻幅叶亦克幅地质报告中已经以较大篇幅进行了论述，在此不再重复，仅就本区西北角的哈拉米兰河岩群的特征进行简单总结。

哈拉米兰河岩群由新疆地矿局区测大队张玉谦等(1972)在且末县阿昌南部哈拉米兰河流域创立，《新疆岩石地层》将其定义为碳酸盐岩-碎屑岩建造，局部尚夹有玄武岩和凝灰岩。区内该群以断片出露，未见顶、底，且内部层序也难以厘定，故命名为哈拉米兰河岩群。

图幅西北角至硝尔库勒一带岩性主要为灰黑、灰绿色泥(页)岩、炭质页岩、钙质泥岩、结晶灰岩、大理岩，夹中细粒岩屑杂砂岩、含砾中粗粒长石杂砂岩、灰质细粒长石岩屑砂岩、变质细粒岩屑石英杂砂岩、凝灰质砂岩等(表 2-2)。

表 2-2　哈拉米兰河岩群碎屑岩特征

岩石名称	碎屑特征			杂基及胶结物特征		
	成分	形状及大小(mm)	含量(%)	成分	含量(%)	胶结组构
中细粒岩屑杂砂岩	石英	尖棱角状，0.2～0.7	40	杂基铁质	>15 <5	颗粒支撑，接触式胶结
	长石、花岗岩	0.2～0.7	16			
	岩屑——火山岩为主，次为变质岩	次棱角状—次圆状，0.5	24			
变质中细粒岩屑石英杂砂岩	石英类——石英、石英岩	次棱角状，0.05～0.25	55	杂基铁质	20 <5	
	长石	0.1～0.3	5			
	岩屑——火山岩、泥岩、变质岩	0.2	15			
含砾长石杂砂岩	石英、石英岩	次棱角状，0.05～0.25	14	杂基铁质	25 <5	颗粒支撑，接触式-基底式胶结
	长石	0.2～1.5	35			
	岩屑——变质岩、火山岩	次棱角状，0.6～1.5	10.5			
	砾——变质岩、碎屑、长石	次棱角状，2～7.5	10.5			
凝灰岩质砂岩	石英	次棱角状，0.05～0.5	20	方解石 铁质 凝灰质 泥质	12 17	颗粒支撑，接触式胶结
	长石	粒状，0.1～0.3	20			
	岩屑——火山岩为主，次为泥岩和变质岩	棱角—次棱角状，0.1～0.5	36			
	晶屑——长石、石英	尖棱角状、撕裂状	4			
灰质红粒长石岩屑砂岩	石英、硅质岩、石英岩	次棱角状 0.05～0.35	33	粒状方解石	35	基底式胶结
	斜长石、钾长石	0.06～0.3	6			
	岩屑——泥岩、千枚岩、中酸性火山岩、碳酸盐岩	0.1～0.5	26			

二、巴颜喀拉地层区

(一)西长沟组(Cx)

该组是贵州省地质调查院开展 1∶25 万区调时新命名的地层单位，仅出露于图幅西北部，总体呈北东向展布，出露厚度>4 000m，与南侧黄羊岭组一段地层呈断层接触，新生界覆盖其上。

该组地层在横向上变化较大，本次工作在硝尔库勒南及邻幅的库牙克北分别简测了两条地层剖面，其中硝尔库勒南部面起点坐标：X=3 985 863，Y=14 666 358，高程为 5 018m，现将该剖面介绍如下(图 2-2)。

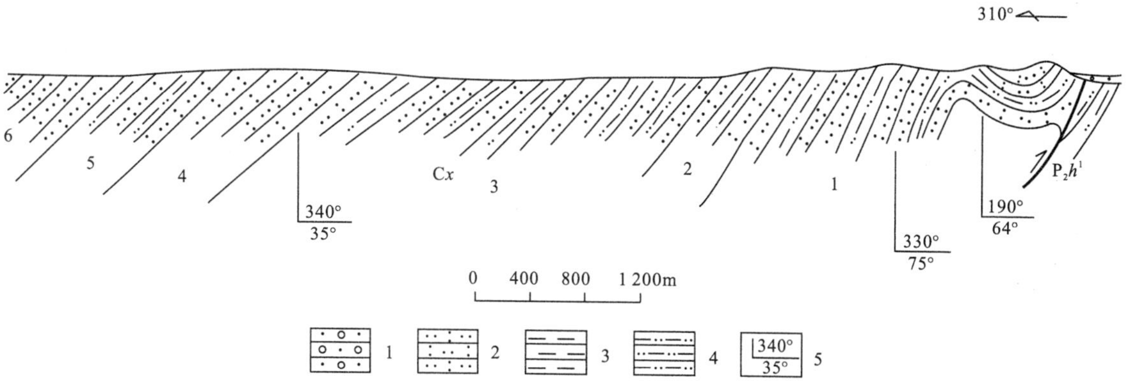

图 2-2　西长沟组简测剖面

1. 砂砾岩；2. 凝灰质砂岩；3. 泥岩；4. 粉砂质泥岩；5. 地层产状

新生界冲积物(Qh^{al})

~~~~~~~~ 不整合接触 ~~~~~~~~

西长沟组(C*x*) >**4 000m**

6. 灰绿色薄层状变质凝灰质砂岩　500m
5. 灰绿色变质沉凝灰岩和变质泥质粉砂岩互层　300m
4. 灰绿色中粒、中粗粒变质凝灰质砂岩，风化面呈褐黑色　400m
3. 灰绿色薄层状变质凝灰质砂岩夹紫红色薄层状泥质粉砂岩　1 500m
2. 暗绿色变质凝灰质砂岩夹页片状泥岩　300m
1. 灰绿色薄层状变质凝灰质砂岩夹紫红色薄层状泥质粉砂岩　1 000m

══════ 断层接触 ══════

二叠系黄羊岭组一段(P_2h^1)

库牙克北剖面起点坐标：X=4 050 063，Y=14 744 252。现将该剖面介绍如下。

(未见顶)

9. 灰绿色—绿色巨厚层状变质石英细砂岩，偶见发育有灰岩团块、结核及条带　450.0m
8. 灰黄色—浅黄色厚层状变质泥质粉砂岩，片理发育　100.0m
7. 灰黄色—浅黄色泥质粉砂岩夹灰黑色中薄层状微晶灰岩　25.0m
6. 灰黑色变质泥质粉砂岩　68.0m
5. 灰黑色中薄层状变质石英细砂岩与灰黑色泥质粉砂岩互层　21.0m
4. 灰白色—浅灰色厚—巨厚层状变质石英砂岩　105.0m
3. 灰白色—浅绿色厚—巨厚层状变质石英砂岩，单层厚 1.5～3m　189.0m
2. 灰白色—浅绿色变质泥质粉砂岩，片理发育　232.2m
1. 灰绿色—浅绿色变质石英砂岩，其中发育有较多的黄铁矿晶体　792.0m

══════ 断层接触 ══════

下伏地层：白垩系双伍山组(K_1s)

上述两条剖面基本上代表了该组在横向上由西向东的变化，西部该地层主要岩性为暗绿色—浅绿色变质凝灰质砂岩夹黄绿色泥岩或紫红色薄层状泥岩、泥质粉砂岩，总体上从南向北地层中的泥质含量减少，但其中的紫红色薄层状泥岩、泥质粉砂岩的含量有所增加。凝灰质砂岩在地层中的含量较多，占 60%～70%，其岩石中石英含量 30%～50%，长石含量 15%～25%，以斜长石为主，含少量钾长石；岩屑含量 35%～60%，主要成分为中酸性火山岩岩屑，另含有少量的千枚岩、云母等，重矿物的含量一般小于 5%，其中可见锆石、磷灰石、电气石及金属矿物；杂基含量为 15%左右，主
~~~~~~~~

要成分为泥质、灰质、火山质及变质粘土矿物、绿泥石、绢云母等。东部该地层主要岩性为灰绿色厚—巨厚层状变质石英砂岩及变质泥质粉砂岩夹少量的微晶灰岩及灰岩团块等。其中变质石英砂岩在地层中的含量较多，含量为70%～80%，其中石英占颗粒总量的90%～95%，长石占颗粒总量的5%～10%，重矿物微量。胶结物主要成分为高岭石、绢云母、绿泥石等。

该组地层前人无年龄及化石资料，1∶50万和田幅曾将其划为石炭系，2000年我们在叶亦克幅革命达坂以南砾岩胶结物中采到䗴科化石。因此，此次工作仍将其划为石炭系，并接受了野外验收专家组的意见，使用贵州省地质调查院新命名的“西长沟组”。

（二）黄羊岭组（P_2h）

1. 地层沿革、分布及划分依据

该地层由新疆地矿局第一区调大队一分队齐德义等（1986）在木孜塔格以西独高山、黄羊岭一带创建，并分为上、中、下三个亚群。新疆地矿局第一区调大队孙巧缡（1993）在《新疆昆仑山黄羊岭—木孜塔格一带早二叠世的䗴》一文中将黄羊岭组分为上、下两个亚群。在新疆维吾尔自治区岩石地层对比研究时，将黄羊岭群改为黄羊岭组，并分为上、下亚组，本次工作延用黄羊岭组，并依据宏观岩性特征及岩石地层划分原则，将其进一步划分为一、二段。

黄羊岭组地层呈北东向广泛分布于图幅的中北部硝尔库勒南—赛羊滩一带，以一套海相的陆源碎屑岩为主，夹有碳酸盐岩、硅质岩、硅质云（灰）岩透镜体及凝灰质砂岩。

2. 地层剖面介绍

本次工作实测了黄羊岭组剖面，其中黄羊岭一段剖面位于新疆多梁地北，剖面起点坐标：$X=3\ 998\ 085$，$Y=14\ 728\ 969$，高程为5 303m；黄羊岭组二段剖面位于新疆双带梁北，剖面起点坐标：$X=3\ 917\ 020$，$Y=14\ 733\ 058$，高程为5 024m。现将该剖面介绍如下。

上覆地层：侏罗系(J)

～～～～～～ 不整合接触 ～～～～～～

黄羊岭组二段(P_2h^2)	**>1 160m**
28. 灰色厚层白云质砂砾岩-岩屑石英砂岩	1.5m
27. 灰黑色泥质页岩夹泥晶白云岩及白云质细粒岩屑砂岩	32.4m
26. 青灰色薄层白云质细粒岩屑砂岩夹粉砂岩	35.4m
25. 灰黑色泥质页岩夹两层泥晶白云岩	17.8m
24. 灰黑色泥质页岩夹细粒岩屑砂岩透镜体	27.4m
23. 灰黑色泥质页岩夹细粒岩屑长石砂岩	2.5m
22. 灰黑色泥质页岩	13.5m
21. 青灰色薄层白云质细粒岩屑砂岩与粉砂岩互层	22.4m
20. 灰黑色粉砂岩夹细粒岩屑砂岩透镜体	16.4m
19. 青灰色薄层白云质细粒岩屑砂岩与粉砂岩互层	43.0m
18. 灰黑色泥质页岩夹岩屑长石砂岩	93.1m
17. 青灰色薄层白云质细粒岩屑砂岩，砂岩夹粉砂岩、黑色泥岩	47.2m
16. 灰黑色泥质页岩夹粉砂岩透镜体	10.6m
15. 青灰色中细粒白云质细粒长石岩屑砂岩与粉砂岩互层	8.8m
14. 灰黑色页岩夹粉砂岩	19.5m
13. 灰黑色薄层细粒岩屑长石砂岩夹粉砂岩	6.7m
12. 灰黑色页岩夹白云质细粒长石岩屑砂岩	32.3m

11. 深灰—灰黑色薄层细粒白云质岩屑长石砂岩夹粉砂岩	5.9m
10. 灰绿—灰黑色中厚—中薄层岩屑砂岩夹灰黑色泥岩及灰黑色粉砂岩	62.3m
9. 灰黄色泥质粉砂岩夹灰黄色泥岩	47.1m
8. 灰黄色泥质粉砂岩夹灰黄色泥岩及钙质中细粒岩屑砂岩	52.9m
7. 灰黄—黄褐色铁质细粒岩屑砂岩和灰黄—灰黑色泥岩互层，夹有泥晶白云岩结核	107.5m
6. 灰黄—黄褐色铁质细粒岩屑砂岩和灰黄—灰黑色泥岩互层	12.1m
5. 灰黄—黄褐色铁质细粒岩屑砂岩和灰黄—灰黑色泥岩互层	22.8m
4. 灰黄—黄褐色泥质粉砂岩和灰黄—灰黑色泥岩互层	50.3m
3. 灰黑色—灰绿色泥质页岩夹黄绿—黄褐色中厚层状含砾含钙质、白云质中细粒岩屑砂岩及硅质岩条带和微晶白云岩，局部夹沉凝灰岩，含海百合茎化石	92.6m
2. 灰黑色—灰绿色泥质页岩夹硅质岩条带	202.9m
1. 灰黑色泥岩和浅灰色页岩互层夹灰黑色硅质云灰岩和灰绿色钙质砂岩透镜体	26.1m

——————　整合接触　——————

黄羊岭组一段(P_2h^1)	**>4 295.3m**
66. 灰黑色泥质页岩夹铁质硅质岩条带及中—泥晶白云岩，含海百合茎化石	15.7m
65. 黄褐色中薄—薄层状岩屑砂岩	58.6m
64. 灰黑色泥岩夹黄褐色细砾岩、含砾中粗粒岩屑砂岩及薄层状岩屑砂岩	76.3m
63. 灰绿色中薄—薄层状中细粒长石岩屑砂岩、含砾粗粒岩屑石英砂岩	101.9m
62. 灰黑色泥质页岩夹铁质硅质岩条带及中—泥晶白云岩，含海百合茎化石	131.2m
61. 灰绿色—灰黑色泥质页岩夹黄褐色中细粒长石岩屑砂岩	182.4m
60. 灰白色含砾含白云质中粗粒岩屑砂岩	14.4m
59. 灰黄色—黄褐色中薄层状含白云质中粗粒岩屑砂岩	105.4m
58. 灰黑色泥质页岩，偶夹灰岩、砂岩透镜体	72.5m
57. 灰黄色—黄褐色泥质页岩夹黄褐色中粗粒岩屑砂岩及黄褐色泥质粉砂岩	60.3m
56. 灰黄色—黄褐色泥岩	33.2m
55. 灰黑色—灰黄色泥质页岩夹中粗粒岩屑砂岩	15.6m
54. 灰黑色砾岩及含砾粗砂岩	7.4m
53. 灰黑色—灰黄色泥质页岩夹细粒长石岩屑砂岩	78.7m
52. 灰白色中厚—厚层状细砾岩、岩屑砂岩及含砾中粗粒长石岩屑砂岩	204.8m
51. 灰黄色泥岩夹黄褐色中薄层状岩屑砂岩	63.7m
50. 灰白色—灰黑色中薄—中厚层状含砾中粗粒长石岩屑砂岩	111.4m
49. 灰黄色—灰紫色泥质粉砂岩夹灰黑色泥岩、含钙质粗粒长石岩屑砂岩	221.1m
48. 灰黑色薄层—薄板状中细粒长石岩屑砂岩	27.7m
47. 黄褐色泥质粉砂岩，偶夹灰黑色泥岩及细粒岩屑砂岩	234.3m
46. 灰黄色—灰绿色含白云质中细粒长石岩屑砂岩，偶夹青灰色薄层状微晶灰岩	80.3m
45. 灰黄色中厚层含砾白云质中粒岩屑砂岩	47.3m
44. 黄褐色中薄层状岩屑砂岩	17.9m
43. 灰绿色—灰黑色中薄层状含白云质岩屑石英粗粉砂岩	13.9m
42. 灰黑色细粒长石岩屑砂岩夹白云质细粒长石岩屑砂岩和含泥质硅质微晶灰岩透镜体	33.4m
41. 黄褐色岩屑砂岩夹灰黑色白云质中细粒长石岩屑砂岩、白云质中细粒长石岩屑砂岩	350.0m
40. 灰黄色泥(页)岩夹灰黑色泥(页)岩和黄褐色岩屑砂岩	47.2m
39. 灰黑色泥岩	21.3m
38. 灰黄色—黄褐色泥(页)岩夹灰黑色泥(页)岩和中薄层状岩屑砂岩	90.5m
37. 黄褐色中薄层状中粒长石岩屑砂岩	35.9m
36. 灰黑色—灰黄色厚层状含白云质砂砾岩	66.7m
35. 灰黄色—灰黑色泥岩夹灰黄色钙质细粒长石岩屑砂岩、细砾岩、灰岩	141.8m
34. 灰黄色泥岩、灰黄色—灰黑色泥岩夹灰黄色钙质细粒长石岩屑砂岩、细砾岩、灰岩	51.3m

33.灰黑色—灰黄色厚层状含白云质砂砾岩	21.3m
32.灰绿色中厚—中薄层状白云质中细粒岩屑砂岩、白云质砾质岩屑砂岩和灰黑—灰黄色泥岩互层，夹灰黑色石英岩屑质细晶灰岩透镜体	126.4m
31.灰黄色泥质粉砂岩夹灰黑色泥岩	41.5m
30.青灰色—灰黑色白云质细粒长石岩屑砂岩夹灰黄色中薄层状白云质细粒岩屑砂岩	104.8m
29.灰绿色岩屑白云质中细粒长石岩屑砂岩和灰黄色泥岩互层	58.2m
28.灰黄色泥岩夹含砾中粒长石岩屑砂岩	38.0m
27.灰黄色中粒长石岩屑砂岩夹灰黑色泥岩	33.0m
26.灰黑色泥岩夹钙质细粒长石岩屑砂岩及凝灰质砂岩透镜体	18.7m
25.灰黄色含砾钙质粗粒岩屑长石砂岩夹灰绿色中薄层状岩屑砂岩及钙质细粒长石岩屑砂岩透镜体	47.7m
24.灰绿色中细粒长石岩屑砂岩	3.8m
23.灰黄色泥岩和灰黑色泥岩互层，夹灰白色长石岩屑砂岩	113.4m
22.灰黄色中薄—中厚层状长石岩屑砂岩夹灰色硅质泥岩	23.5m
21.灰黑色泥质页岩	12.8m
20.灰黄色中薄—薄层状中细粒长石岩屑砂岩夹灰黄—灰黑色泥岩	60.7m
19.灰绿色—灰黑色中厚—厚层状细粒长石岩屑杂砂岩	440.7m
18.灰黑色钙质砂岩，偶夹灰绿色白云质中细粒长石岩屑砂岩	44.4m
17.灰黑色砾岩	2.5m
16.灰白色中粒含长石岩屑砂岩	19.8m
15.灰黄—灰绿色泥岩夹岩屑砂岩及硅质细晶白云岩透镜体	49.7m
14.灰黄色泥岩夹灰绿色含白云质细粒长石岩屑砂岩及灰黑色粉晶白云岩	43.0m
13.灰黄色泥岩夹灰绿色含白云质细粒长石岩屑砂岩	99.8m
12.灰褐色含铁质中细粒长石岩屑砂岩	26.0m
11.灰黄色泥页岩夹灰黑色泥页岩及少量的灰黄色含铁质细粒长石岩屑砂岩	61.7m
10.灰黄色含砾长石石英砂岩	7.8m
9.灰黑色含硅质泥岩	2.6m
8.灰绿色中厚—中薄层状白云质中细粒长石岩屑砂岩夹灰黄色泥岩	32.3m
7.灰绿色中厚—中薄层状含铁质中细粒长石岩屑砂岩	57.4m
6.灰黄色页岩夹青灰色硅质岩、硅质白云岩透镜体	41.7m
5.灰绿—灰黑色钙质泥页岩	101.9m
4.灰红—灰褐色含砾长石岩屑砂岩	24.7m
3.灰绿—灰黑色泥岩	59.3m
2.灰绿色—灰黄色中薄—中厚层状细粒长石岩屑砂岩	21.5m
1.灰黑色泥岩夹薄层—中薄层状灰绿色长石岩屑砂岩	40.6m

═══════ 断层接触 ═══════

古近系喀什群(*EK*)

3.地层特征

黄羊岭组一段呈北东向展布于硝尔库勒南—赛羊滩一带，与北侧古近系喀什群或三叠系上统卧龙岗组呈断层接触，与黄羊岭组二段整合接触。地层厚度大于 4 295m。该段地层岩性组合较为简单，上、中、下三部分特征较为明显(图 2－3)。

下部主要岩性为泥岩、钙质泥岩夹含砾长石岩屑砂岩、砾岩，泥岩中偶夹有青灰色硅质岩、硅质云(灰)岩透镜体及凝灰质砂岩。硅质岩及硅质云(灰)岩厚十几厘米至几十厘米，延伸多在几十至几百米以上；长石岩屑砂岩多含铁质或白云质；钙质泥岩多为灰黑色，在该段地层中所占比例较大，最大单层厚度在 100m 以上，页理不太发育；砾岩以灰黑色、灰白色为主，砾石成分复杂，主要有脉石英、砂岩、灰岩、泥岩等，其分选、磨圆较差，多为砂质胶结，胶结程度较好。凝灰质砂岩夹层在该段地层中较为特殊，其中火山物质占20%左右，单层厚度为十几厘米。

中部岩性以含白云质长石岩屑砂岩夹灰黄色泥岩、泥质粉砂岩为主，局部发育厚十几厘米至几十厘米的中薄—中厚层状灰岩及少量的灰黑色硅质泥岩。该地层的结构较为简单，含白云质长石岩屑砂岩在地层中占很大比例；泥岩和泥质粉砂岩在地层中的含量较少，但单层厚度较大，少数可达200m以上，泥岩中发育有长石岩屑砂岩及硅质泥岩透镜体，局部发育有厚约30cm的青灰色薄层状灰岩，横向延伸较为稳定。

上部岩性以灰黄间灰黑色泥岩夹灰岩、砂岩透镜体及长石岩屑砂岩和砾岩、砂砾岩为主。灰黄间灰黑色泥岩在该段地层中占有较大的比例，一般页理较发育，偶含粉砂质，局部发育长石岩屑砂岩和灰岩透镜体；长石岩屑砂岩在该部分地层中所占比例较小，发育层数也不多，但单层厚度较大，多在100m左右；砾岩、砂砾岩在该部分地层中的含量明显多于中下部，发育层数不多，但单层厚度较大，砂砾岩单层厚度可达204m，砾岩单层厚度可达7.4m。

砾岩以灰黑色为主，砾石主要成分为石英及硅质岩，砾石磨圆较差，多为次棱角状—次圆状，分选一般，多为砂质胶结，胶结程度一般，砾岩及含砾砂岩在横向上总体呈透镜状产出。

该段地层中含有大量的动物化石，据前人资料，主要的化石有：*Misellina claudiae*，*Schwagerina* sp.，*Pseudofusulina* sp.，*Pseudofusulina huangyanglingensis* 等蜓类化石。

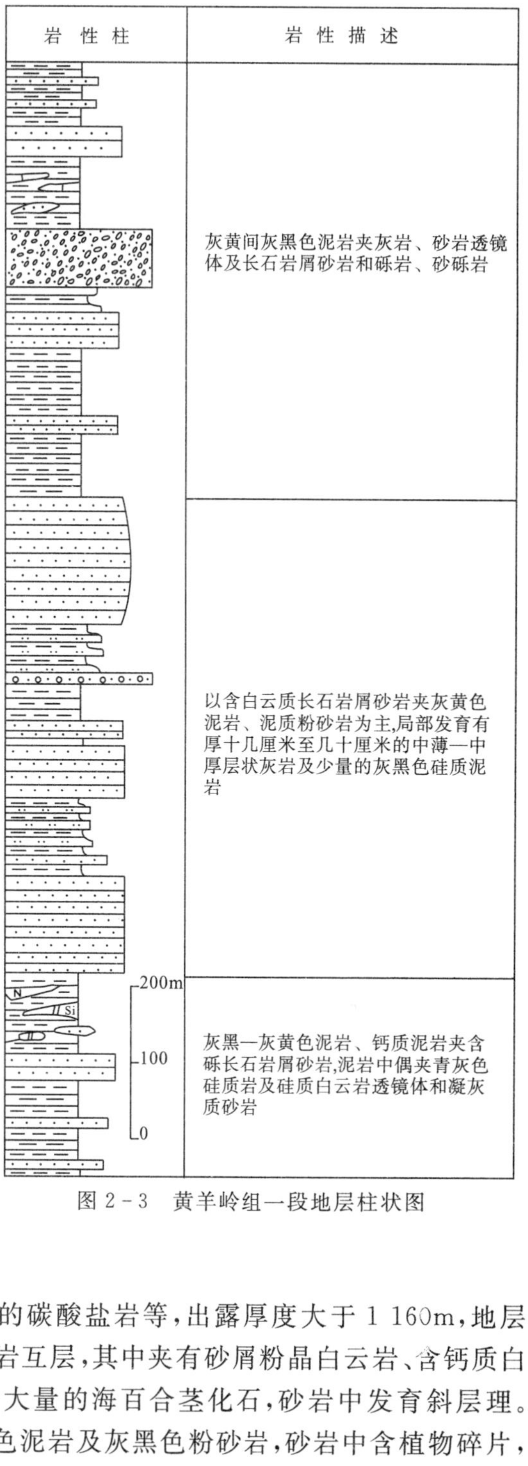

图2-3 黄羊岭组一段地层柱状图

黄羊岭组二段以一套碎屑岩、泥岩为主，夹有少量的碳酸盐岩等，出露厚度大于1 160m，地层结构较为简单(图2-4)。下部为灰黑色泥岩和泥质页岩互层，其中夹有砂屑粉晶白云岩、含钙质白云质细粒岩屑砂岩、沉凝灰岩透镜体及硅质岩条带，含大量的海百合茎化石，砂岩中发育斜层理。上部为灰绿—灰黑色中厚—中薄层状岩屑砂岩夹灰黑色泥岩及灰黑色粉砂岩，砂岩中含植物碎片，粉砂岩横向上不稳定，多呈透镜体。剖面第15、19层中由青灰色中—白云质细粒长石岩屑砂岩与粉砂岩构成了纵向上叠加的沉积旋回，由下向上，该沉积旋回总厚度变小。该段泥岩中常夹有泥晶白云岩、泥晶灰岩等碳酸盐岩透镜体，其厚度一般10～30cm，长度数米到数十米。

在盼水河以南一带，该组地层中发育有大量的碳酸盐岩隆，其分布面积有的仅数十平方米，有的则大到数平方千米，地貌上均为正向隆起，形态有面包状、穹状、透镜状等，层理不清，较破碎，岩隆中含有大量的腕足、腹足、蜓、水栖、苔藓、珊瑚、藻、核形石等动物化石，本次工作采集的动物化石主要有：*Stenoscisma purdoni varvgigenta* Diener（帕登窄体贝巨大变种），*Punctospirfer alpheus* Huang(阿尔法疹石燕)，*Stenoscisma shanhsiensis* (Ozaki)(山西狭体贝)，*Terebratuloidea* cf. *de-*

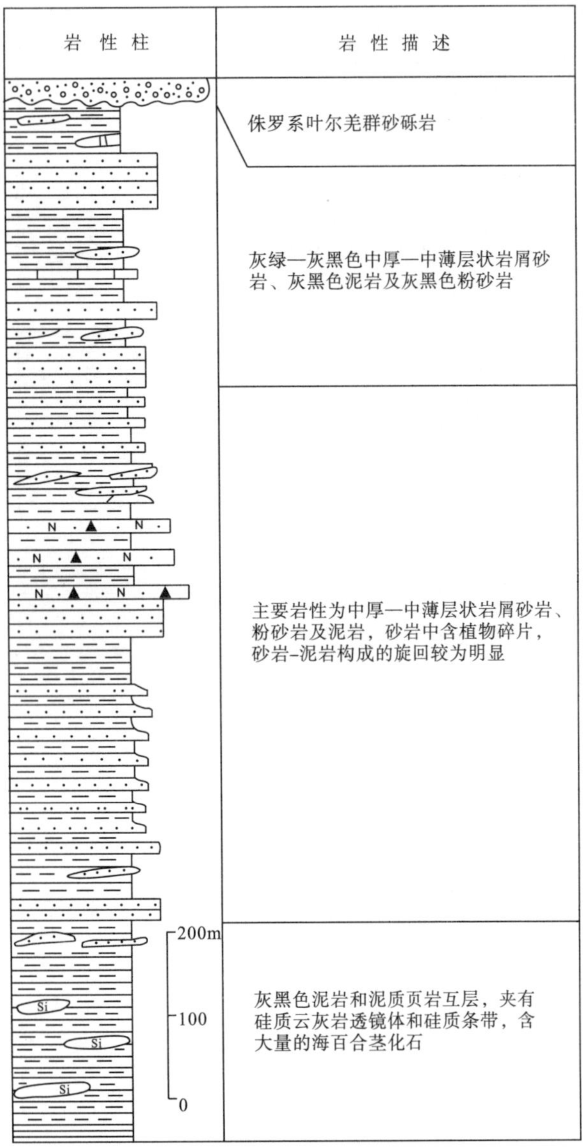

图 2-4　黄羊岭组二段地层柱状图

pressa Wagen(扁平拟穿孔贝)，*Stenoscisma* cf. *purdoni* Diener。

4. 岩石特征、沉积环境及构造环境分析

(1)岩石特征

该组的岩石类型较为简单，主要类型为碎屑岩及泥质岩，另发育有少量的碳酸盐岩等，现分述如下。

1)碎屑岩(表 2-3、表 2-4)

①长石岩屑砂岩

岩石多呈灰色，岩屑占碎屑总量的 40%左右，岩屑成分主要为火山岩、片岩、千枚岩、泥岩等，粒径为 0.3～0.7mm；长石占碎屑总量的 15%～20%；石英占碎屑总量的 40%左右；长石、石英的粒径为 0.1～0.7mm。岩石中颗粒以次棱角状为主，颗粒表面一般不光滑，岩石中另含少量的重矿物，主要成分有锆石、磷灰石、海绿石、电气石等。胶结物主要为钙质，少量为铁质、白云质等，杂基有绢云母、绿泥石等，岩石的结构成熟度和成分成熟度均差。

②岩屑长石砂岩

岩石多呈浅褐黄色，其中石英+石英岩含量占碎屑总量的 25%左右；长石占碎屑总量的 40%左右；岩屑的成分主要为中酸性火山岩，其含量占碎屑总量的 35%左右；胶结物成分为方解石和铁质，杂基为绿泥石等，重矿物有锆石、海绿石及金属矿物等。颗粒粒径多为 0.15～0.5mm，少量可达 1.5mm。颗粒为次棱角状，表面一般不光滑，成分成熟度和结构成熟度均较差。

表 2-3　碎屑岩岩石特征表

岩石名称	颗粒成分含量(%)			支撑类型	胶结类型	备注
	石英	长石	岩屑			
长石岩屑砂岩	40	15～20	40	颗粒	接触-孔隙式	
岩屑长石砂岩	25	40	35	颗粒	接触-孔隙式	
岩屑砂岩	35	5	60	颗粒	接触-孔隙式	
岩屑石英砂岩	75		25	颗粒	接触-孔隙式	
含白云质岩屑石英粗粉砂岩	75	10	15	颗粒	接触-孔隙式	
白云质含砾屑石英砂岩	80	5	15	颗粒	接触-孔隙式	
白云质砂砾岩	20	5	20	颗粒	接触-孔隙式	砾屑占碎屑总量的 50%
凝灰质砂岩	40	20	40	颗粒	接触-孔隙式	火山碎屑物占碎屑总量的 50%
沉凝灰岩	35	25	40	颗粒	接触-孔隙式	

表 2-4 主要岩类岩石化学特征

岩性	氧化物的百分含量(%)													
	SiO_2	Al_2O_3	Fe_2O_3	FeO	MgO	CaO	Na_2O	K_2O	MnO	TiO_2	P_2O_5	CO_2	H_2O^+	H_2O^-
细粒长石岩屑砂岩	73.06	11.51	1.7	2.43	1.34	1.52	3.74	1.1	0.13	0.42	0.11	1.5	1.86	0.5
中细粒长石岩屑砂岩	76.36	8.45	1.33	2.25	0.84	3.07	2.5	0.88	0.08	0.33	0.08	1.96	1.43	0.44
硅质泥岩	60.52	17.99	1.03	5.3	2.27	0.92	1.79	3.4	0.1	0.75	0.17	1.36	4.3	0.9
泥质粉砂岩	77.32	7.6	0.69	1.38	1.76	2.81	0.51	1.62	0.15	0.24	0.06	3.97	2.01	0.7
硅质泥岩	64.37	16.17	2.37	3.4	2.04	0.73	1.59	3.38	0.06	0.72	0.17	1.02	3.85	1.19
泥质硅质岩	84.12	3.56	1.31	2.5	0.92	1.91	0.44	0.51	0.24	0.13	0.06	1.91	1.43	0.53
含云铁质硅质岩	42.59	4.49	2.82	0.98	2.86	5.69	0.1	0.08	0.86	0.13	2.95	14.05	2.64	0.4

③岩屑砂岩

岩石为灰黄色，其中石英+石英岩含量占碎屑总量的35%左右；长石占碎屑总量的5%左右；岩屑的成分主要为千枚岩、玉髓、泥岩、中酸性火山岩等，其含量占碎屑总量的60%左右。胶结物含量为40%左右，主要有方解石、白云石、钙质、铁质等。岩石中石英、长石的粒径为0.05～0.3mm，岩屑的粒径为0.15～0.7mm，颗粒为次棱角状，表面一般不光滑，岩石的成分成熟度和结构成熟度均较差。

④岩屑石英砂岩

岩石多为灰白色、深灰色，少量为紫红色，具砂状结构，块状构造，部分砂屑次生加大。其中石英+石英岩含量占碎屑总量的75%左右，粒径为0.15～0.5mm；岩屑成分主要为酸性火山岩、千枚岩、泥岩、变质砂岩等，含量占碎屑总量的25%左右；岩石中另含有少量的重矿物，主要有磷灰石、锆石、电气石等。颗粒多为次棱角状—次圆状，颗粒表面一般不光滑，岩石的成分成熟度和结构成熟度均较差。

⑤含白云质岩屑石英粗粉砂岩

岩石多为灰黄色，其中石英+石英岩含量占碎屑总量的75%左右，长石含量占碎屑总量的10%左右，石英、长石粒径为0.03～0.1mm；岩屑成分主要为火山岩、千枚岩、泥岩、硅质岩等，含量占碎屑总量的15%左右，粒径为0.05～0.1mm；胶结物为白云质及少量方解石，杂基为泥质，颗粒多为次棱角状，颗粒表面不光滑，岩石的成分成熟度和结构成熟度均较差—差。

⑥白云质含砾屑石英砂岩

岩石多为灰色，含砾砂状结构，块状构造，部分砂屑碳酸盐岩化，具次生加大。砾石主要成分为泥岩、石英岩、单晶石英等，其中石英+石英岩+硅质岩含量占碎屑总量的80%左右；长石含量占碎屑总量的5%左右；岩屑含量占碎屑总量的15%左右。颗粒多为次棱角状，颗粒表面不光滑，岩石的成分成熟度和结构成熟度均较差—差。

⑦白云质砂砾岩

岩石多为浅紫红色或浅灰黑色，主要由砾屑白云岩，岩屑白云岩、石英岩、砂岩、酸性火山岩、泥岩、硅质岩、砂屑石英等组成。砾径为2～6mm，岩屑粒径为0.35～1.5mm，砂屑粒径为0.25～1mm。其中石英+石英岩+硅质岩含量占碎屑总量的20%左右；长石含量占碎屑总量的5%左右；岩屑含量占碎屑总量的20%左右；砾屑含量占碎屑总量的50%左右。胶结物为钙质，岩石中砾屑、岩屑为次棱角状—次圆状，颗粒表面比较光滑。

⑧凝灰质砂岩

岩石一般为灰黄色，其中石英＋石英岩＋硅质岩含量占碎屑总量的40%左右；长石含量占碎屑总量的20%左右；岩屑含量占碎屑总量的40%左右，岩屑成分主要为中酸性火山岩、泥岩、千枚岩、侵入岩等，其中火山碎屑物占50%左右。长石、石英的粒径为0.2～0.7mm，岩屑粒径为0.2～1.2mm。胶结物为钙质、硅质，杂基为泥质，重矿物有磷灰石、金属矿物等。颗粒多为次棱角状，颗粒表面粗糙，岩石的成分成熟度和结构成熟度均差。

⑨沉凝灰岩

岩石主要由火山碎屑、正常沉积物、胶结物组成，火山碎屑成分主要有火山岩岩屑、安山岩、英安岩、流纹岩等；正常沉积物成分主要有石英、长石、云母、岩屑泥岩、变质岩、砾屑泥岩等；胶结物为铁质，杂基为泥质、凝灰质、变晶绿泥石等。岩石中石英＋石英岩＋硅质岩含量占碎屑总量的35%左右；长石含量占碎屑总量的25%左右；岩屑含量占碎屑总量的40%左右。颗粒多为次棱角状，少量石英晶屑为尖棱角状并有熔蚀现象，颗粒表面不光滑，岩石的成分成熟度和结构成熟度较差—很差。

2)泥岩

岩石一般灰黄—灰黑色，页理较发育，主要由粘土矿物、玉髓等组成，另有少量的铁质、长石石英砂屑等，岩石多含硅质、白云质等，粘土矿物含量一般在90%左右。岩石多具显微鳞片结构，隐晶质玉髓多呈条带状分布。

3)碳酸盐岩

①灰岩

可分为粉晶灰岩、微晶灰岩、泥晶灰岩、含泥质硅质微晶灰岩、石英岩屑质细晶灰岩等，岩石为块状构造。多为深灰—青灰色，主要成分为微晶方解石及少量的泥质、铁质、硅质、藻、陆源碎屑石英组成。

②白云岩

可分为中晶白云岩、粉晶白云岩、泥晶白云岩、硅质细晶白云岩、砂屑粉晶白云岩等，岩石为块状构造。多为灰褐色，主要由粉晶白云石及少量的粉砂屑长石石英组成，另有微量金属矿物等，其中白云石含量大于90%。

4)铁质硅质岩

岩石为灰褐色，微晶结构，块状构造，主要由玉髓及少量的自生长石、铁质组成。岩石中玉髓含量75%，铁质含量20%，长石＋石英含量5%。

(2)沉积环境分析

该组的沉积相为浅水浊流相，主要成分为陆源浊积岩，间有少量的碳酸盐岩等。其主要沉积特征如下。

该组碎屑岩的成分成熟度和结构成熟度均较差，碎屑岩主要类型为长石岩屑砂岩和岩屑砂岩，颗粒形态多呈棱角状—次棱角状，岩石多含砾。地层中发育有较多的灰黄—灰黑色泥岩，含炭质。

岩石的分选性很差—较好，在C－M图上的分布区平行于C＝M线(图2－5)。岩石中颗粒/杂基比值低，页岩与砂岩呈

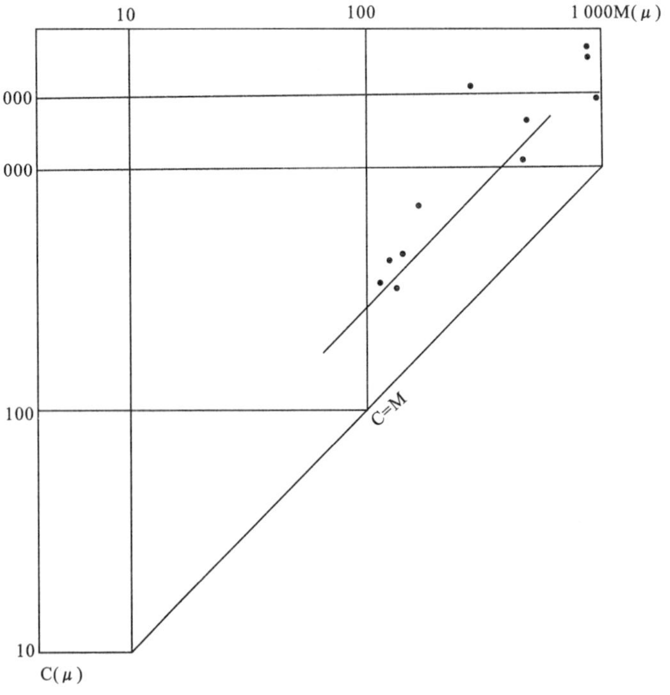

图2－5　黄羊岭组砂岩C－M图

互层状。

地层中发育的碳酸盐岩隆为浅海的正常沉积物，含有大量的腕足、腹足、鋌、水栖、苔藓等动物化石。在大量陆源浊积岩形成的同时，较先期沉积的碳酸盐岩发生了较短距离的整体滑动，之后与陆源浊积岩同时沉积。

(3)构造环境分析

通过对该地层砂岩中碎屑岩成分的统计和砂岩 Q－F－L 三角图解(Dickinson，1985，图 2－6)上的投点，黄羊岭组一段有 62 件样品，二段有 41 件样品，根据 Q、F、L 的含量特征值，可以推断黄羊岭组一、二段的构造环境为被动大陆边缘区。根据岩石化学特征，利用 Bhatia(1983)所提出的判别图解(图 2－7)，也可以得出类似的认识。

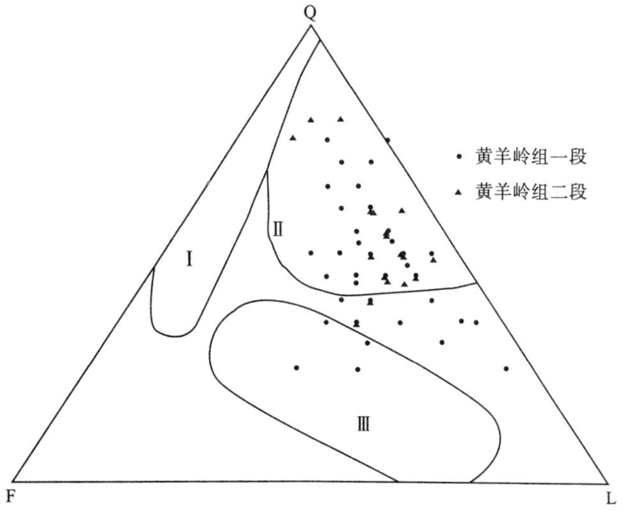

图 2－6　Q－F－L 图解(据 Dickinson，1979)

Q. 石英颗粒；F. 长石颗粒；L. 岩屑

Ⅰ. 优地槽；Ⅱ. 准地槽；Ⅲ. 断裂地槽

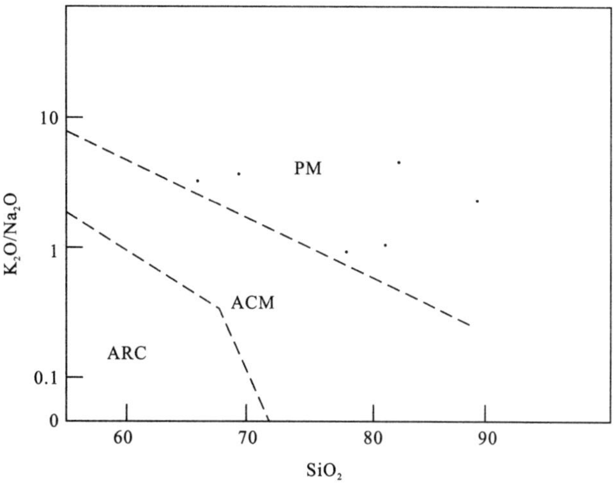

图 2－7　粉砂岩和泥岩化学图解(据 Rose 等，1986)

PM. 被动大陆边缘；ACM. 活动大陆边缘；ARC. 岛弧

5. 时代依据

据前人资料，在黄羊岭组一段中含有 *Misellina claudiae*，*Schwagerina* sp.，*Pseudofusulina* sp.，*Pseudofusulina huangyanglingensis* 等䗴类化石；在黄羊岭组二段中含有 *Sumatrina annae*，*Lantschichites kalamulunica*，*Neoschwagerina margaritae*，*N. leei* 及 *N. haydeni*，*V. verbeeki*，*Polydiexodina* cf. *ruoqiangensis*，*Dunbarrula nana*，*D. pusilla*，*Afghanella schencki* var. *magaspherica*，*A. kunlun*，*Nankinella* sp.，*Yangchienia compressa*，*Y. iniqua*，*Ozawainella* sp.，*Parafusulina* sp.，*Schwagerina yematanensis*，*S. huagyanglingensis*，*Pseudofusulina nelsoni opima*，*Chusenella mimuta* 等。

黄羊岭组一段所含䗴类化石属 Misellina 类，时代为中二叠世。黄羊岭组二段所含䗴类化石可称为 *Neoschwagerina*－*Polydiexodina* 䗴类动物群。其与中国南方、青海、西藏北部和东部二叠世茅口组及帕米尔地区的层位所含化石类似。黄羊岭组所产 *Neoschwagerina*－*Polydiexodina* 䗴类动物群的层位大致相当于我国南方茅口期的 *Neoschwagerina* 带及 *Yabeinagkp* 带。黄羊岭组所含化石属典型的特提斯海暖水䗴类，生物地理分区属特提斯大区的华夏-特提斯区。时代为中二叠世中晚期。

三、北羌塘地层区

先遣组(P_2x)

1. 地层沿革、分布及划分依据

先遣组为西藏自治区地质矿产局区域地质调查大队在 1∶100 万日土幅区调工作中建立的地层单位，命名地点位于西藏财那哈。

该组出露于图幅东南角，受构造控制呈东西向展布，岩性以一套浅海-海陆交互相沉积的巨厚层碳酸盐岩间夹少量碎屑岩为主，与上覆新近系唢纳湖组呈不整合接触，区内未见底，出露厚度大于3 027.5m。

2. 剖面介绍

本次工作在西藏自治区日土县拜惹布错东实测了该组剖面，现将该剖面介绍如下。

上覆新近系唢纳湖组(N_1s)

～～～～～～ 不整合接触 ～～～～～～

二叠系中统先遣组(P_2x)	**>3 027.5m**
33. 灰黑色薄层泥晶灰岩夹灰色钙质泥页岩	43.3m
32. 灰黑色中薄层泥晶灰岩，岩层较破碎	108.3m
31. 灰黄色薄层钙质细粒岩屑石英砂岩	31.0m
30. 灰黑色中薄层含砾砂质亮晶鲕粒灰岩，底部为厚 9m 的珊瑚灰岩，含动物化石	38.0m
29. 灰黄色薄层钙质细粒岩屑石英砂岩，层间发育砾石，砾石成分主要为石英岩和灰岩，砾石磨圆中等，分选性差	114.0m
28. 灰黑色中薄层泥晶灰岩，含少量陆源碎屑	15.8m
27. 灰黄、灰红色钙质砂砾岩，具粒序层理，由砾岩-砂岩构成的旋回明显，砾岩磨圆、分选较好	38.3m
26. 灰黑色薄层泥晶灰岩夹亮晶含砾鲕粒灰岩	107.9m
25. 灰黑色中层亮晶含豆粒鲕粒灰岩夹生物碎屑灰岩、泥晶灰岩	18.7m

24. 灰、灰黄色薄层含海绿石细粒岩屑石英砂岩 47.1m

23. 灰黑色薄层泥晶灰岩，上部夹 4 层亮晶鲕粒灰岩、生物碎屑灰岩，中部夹两层灰、灰黄绿色页岩；下部夹一层厚约 10cm 的核形石灰岩，含生物化石：*Palaeolima fasciulicosta* Lin(束棱古锉蛤)，*Goniomya agsaaiz*，*Palaeanodonta* cf. *psendolongissima* Lee(假长古无齿蛤)，*Schizodus pinguis* Gan(肥壮裂齿蛤)，*Pinna dissimilicostata* Gan(异褶兆蛤)，*Aviculopecten khinganensis* Lee(兴安燕海扇)，*Pseudomontis eguistriata* Beede(等纹假髻蛤)，*Guizhoupecten regulaare* Gan(规则贵州海扇)，*Nuculopsis* cf. *wymnensis* Gan(维明拟栗蛤)，*Palaeanodonta* cf. *coster* Lin(海狸古无齿蛤)等。*Enteletes tschernyschewi* Diener(车尔尼雪夫全形贝)，*E.* sp. (全形贝) 205.9m

22. 灰黑色薄层亮晶鲕粒灰岩，鲕粒大小约 0.5mm，含量 70%～80% 41.9m

21. 灰黑色薄层泥晶灰岩夹两层厚度为 2～4m 的黄绿色页岩 117.6m

20. 灰黑、黄绿色页岩与灰黑色薄层泥晶灰岩互层，泥晶灰岩中含动物化石 256.0 m

19. 黄绿色钙质页岩夹灰、深灰色薄层泥晶灰岩 100.7m

18. 灰黑色中薄层亮晶含生物碎屑鲕粒灰岩，含生物化石：*Palaeolima fasciulicosta* Lin(束棱古锉蛤)，*Goniomya agsaaiz*，*Palaeanodonta* cf. *psendolongissima* Lee(假长古无齿蛤)，*Schizodus pinguis* Gan(肥壮裂齿蛤)，*Aviculopecten khinganensis* Lee(兴安燕海扇)，*Pseudomontis eguistriata* Beede(等纹假髻蛤)，*Guizhoupecten regulaare* Gan(规则贵州海扇)，*Nuculopsis* cf. *wymnensis* Gan(维明拟栗蛤)，*Palaeanodonta* cf. *coster* Lin(海狸古无齿蛤)，*Enteletes tschernyschewi* Diener(车尔尼雪夫全形贝)，*E.* sp. (全形贝)，*Enteletes* aff. *tschernyschewi* Diener，*Enteletes* cf. *tschernyschewi* Diener 等。 78.5m

17. 灰黄、灰黑色钙质含砾岩屑砂岩，底部为钙质砂岩，向上粒度变细 8.5m

16. 灰黑色中薄层泥晶灰岩夹砂屑灰岩、鲕粒灰岩及珊瑚灰岩，含动物化石 37.3m

15. 灰黑色厚层泥晶灰岩 23.2m

14. 灰、灰黄色中厚层含砂屑亮晶鲕粒灰岩夹钙质中粒岩屑石英砂岩、含砂砾屑亮晶鲕粒灰岩、生物碎灰岩、砾岩，具粒序层理、低角度冲洗交错层理，含丰富的动物化石：*Enteletes tschernyschewi* Diener(车尔尼雪夫全形贝)，*E.* sp. (全形贝)，*Enteletes* aff. *tschernyschewi* Diener，*Enteletes* cf. *tschernyschewi* Diener 145.1m

13. 灰黑色厚层泥晶灰岩夹核形石泥晶灰岩，底部为厚 0.5m 的亮晶鲕粒珊瑚灰岩 24.4m

12. 灰黄色中厚层砾岩-砂砾岩-含砾砂岩-细粒岩屑长石砂岩呈韵律层，砾岩、砂砾岩厚 20～40cm；砂岩厚 1～2m，发育斜层理 89.9m

11. 灰色薄板状含细粒石英粗粉砂岩夹亮晶鲕粒灰岩、泥晶灰岩、细粒岩屑石英砂岩，局部含生物碎片 160.1m

10. 黑色泥晶灰岩、生物礁灰岩，生物骨架间充填有砂质、鲕粒、生物碎片 12.6m

9. 灰黄色薄层含细砂粗粉砂岩夹细粒岩屑石英砂岩 38.7m

8. 黑色泥晶灰岩 9.6m

7. 灰黄色薄层含细砂粗粉砂岩夹细粒岩屑石英砂岩 84.2m

6. 灰黑色薄层泥晶灰岩夹含鲕粒灰岩、核形石灰岩、生物碎屑灰岩，下部泥晶灰岩中缝合线构造发育 132.1m

5. 灰黑色厚层亮晶鲕粒灰岩，局部含生物碎屑 24.6m

4. 灰、灰黄色薄层泥晶灰岩夹黑色中层亮晶鲕粒灰岩、黑色泥岩。从下向上，鲕粒灰岩夹层由少到多再到少 300.6m

3. 灰、灰黄色薄层泥质微晶灰岩夹灰色页岩、灰黑色含生物碎屑鲕粒灰岩、灰色生物碎屑灰岩，页岩层厚度一般2～5m，共夹 5 层，含单体珊瑚化石及角石类化石 306.0m

2. 灰色中薄层含云质微晶灰岩夹灰黑色中层泥晶灰岩 129.5m

1. 黑色薄层含生物碎屑微晶灰岩夹生物碎屑灰岩、内碎屑灰岩，含化石 238.1m

（未见底）

3. 地层特征

该组为一套浅海-海陆交互相沉积的巨厚层碳酸盐岩间有少量碎屑岩(图 2-8)，其地层结构及岩性特征较为复杂，反映了当时的沉积环境多变，海平面变化频率较快，地壳运动强烈。该组主要岩性为鲕粒灰岩和泥晶灰岩及少量的碎屑岩，灰岩中含大量生物碎屑，碎屑岩主要为钙质岩屑石英砂岩，其中由黄绿色钙质泥页岩-泥晶灰岩-鲕粒灰岩或泥晶灰岩-鲕粒灰岩-碎屑岩构成的旋回特征明显，反映了海水由深—浅的变化旋回。

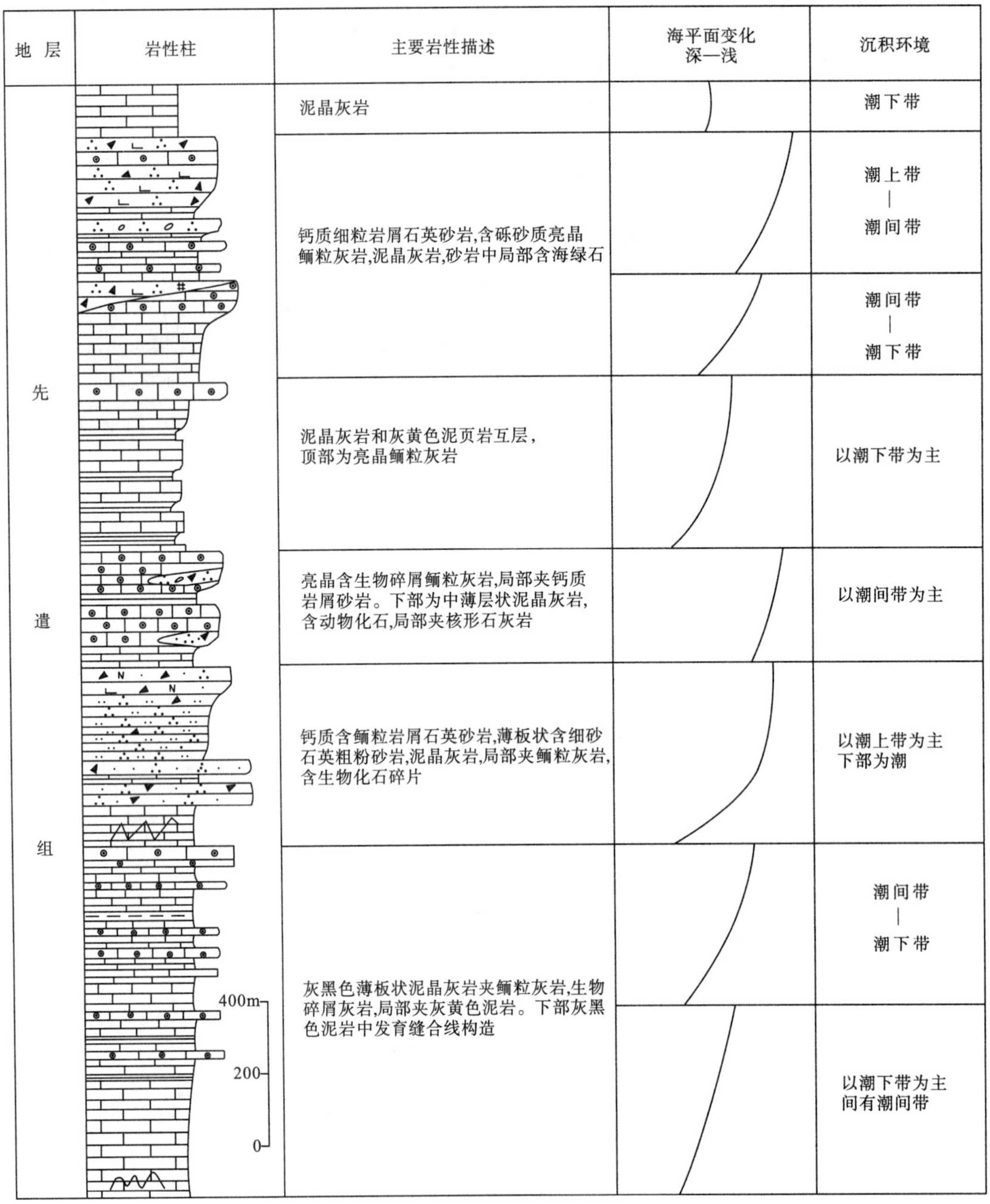

图 2-8　先遣组综合地层柱状图

旋回的下部单元为泥晶灰岩或钙质泥页岩，其中泥晶灰岩多为灰黑色，呈薄层—薄板状，含生物碎屑及核形石；泥岩一般为黄绿色，少量为灰黑色，含钙质，局部页理发育，单层厚度一般 2～4m。黄绿色泥岩一般和灰黑色薄板状泥晶灰岩互层发育。

旋回的上部单元为鲕粒灰岩和富碳酸质碎屑岩。鲕粒灰岩多呈厚—巨厚层状，鲕粒含量一般50%～80%，以圆形—椭圆形为主，大多数鲕以泥晶灰岩核为主，少量为生物碎屑核。鲕粒灰岩中一般含有大量的生物碎屑及陆源碎屑，生物碎屑含量一般10%左右，陆源碎屑不等，最多可达45%以上。富碳酸质碎屑岩实际上是一种与上述鲕粒灰岩呈过渡关系的一种岩石类型，它保留了鲕粒灰岩的结构及特征，但其陆源碎屑的含量超过了50%，少数甚至可达80%左右，富碳酸质碎屑岩多为灰黄色—黄绿色，单层厚度1～2m，斜层理较发育，一般发育次一级的由细—粗—细的沉积旋回，其岩石中碎屑的含量一般60%～70%，胶结物含量一般30%～40%，碎屑中石英含量65%～80%，长石含量5%～10%，岩屑含量10%～20%。碎屑中另发育有含量不同的生物碎屑、鲕粒及内碎屑，含量一般为5%～10%。胶结物的成分主要为钙质、方解石等。

该组地层中含有大量的生物化石，本次工作采集了大量化石（腕足、双壳类化石由中国地质大学杨式溥教授鉴定），主要有：*Palaeolima fasciulicosta* Lin（束棱古锉蛤），*Goniomya agsaaiz*，*Palaeanodonta* cf. *psendolongissima* Lee（假长古无齿蛤），*Schizodus pinguis* Gan（肥壮裂齿蛤），*Pinna dissimilicostata* Gan（异褶兆蛤），*Aviculopecten khinganensis* Lee（兴安燕海扇），*Pseudomontis eguistriata* Beede（等纹假髻蛤），*Guizhoupecten regulaare* Gan（规则贵州海扇），*Nuculopsis* cf. *wymnensis* Gan（维明拟栗蛤），*Palaeanodonta* cf. *coster* Lin（海狸古无齿蛤），*Enteletes tschernyschewi* Diener（车尔尼雪夫全形贝），*E.* sp.（全形贝），*Enteletes* aff. *tschernyschewi* Diener，*Enteletes* cf. *tschernyschewi* Diener 等。

4. 岩石特征、沉积环境及构造环境分析

（1）岩石特征

该组岩石类型较为简单，根据岩性特征及陆源碎屑含量分为碳酸盐岩、富碳酸质陆源碎屑岩及泥质页岩。

1）碳酸盐岩主要是指含陆源碎屑含量在50%以下的泥晶灰岩、鲕粒灰岩、生物碎屑灰岩等，其主要的岩石类型有如下几种，其主要岩石特征见表2-5，岩石化学特征见表2-6。

表2-5 碳酸盐岩岩石特征表

岩石名称	颗粒成分含量(%)				胶结物含量(%)	支撑类型	胶结类型
	鲕	生物屑	内碎屑	陆源碎屑			
亮晶鲕粒灰岩	70	5	9	<5	20	颗粒	接触-孔隙式
亮晶含生物碎屑鲕粒灰岩	68	10	<5	0～25	20	颗粒	接触-孔隙式
鲕粒生物碎屑灰岩	5～45	25～70	0～20	10	25	颗粒	孔隙-基底式
含砂屑亮晶鲕粒灰岩	45	3	10	35	20	颗粒	孔隙式
泥晶鲕粒灰岩	60	5		1	30	颗粒	接触-基底式
含生物碎屑泥晶灰岩		13		5	80	杂基	基底式
亮晶砂屑灰岩	2	5	20	45	25	颗粒	接触式

叠层石灰岩：岩石一般为土黄色，成分主要有纹层状、波状、柱状菌层叠层石，叠层石明暗相间，波状起伏。

含砂屑泥灰岩：岩石一般为灰黄色，成分主要有泥晶方解石、泥质及少量的陆源碎屑，岩石具泥晶结构。

表 2-6 碳酸盐岩岩石化学成分表

岩石名称	化学成分含量(%)													
	SiO_2	Al_2O_3	Fe_2O_3	TiO_2	CaO	MgO	K_2O	Na_2O	MnO	P_2O_5	CO_2	S	H_2O^-	LOI
叠层石灰岩	0.76	0.24	1.35	0.00	53.16	0.66	0.00	0.04	0.04	0.02	42.96	0.06	70.304	3.29
含生物碎屑泥晶灰岩	19.48	7.22	2.30	0.30	37.08	0.60	1.64	0.07	0.04	80.12	29.66	0.03	10.47	31.23
微晶灰岩	4.84	1.22	0.95	0.10	53.56	1.20	0.20	0.02	0.20	0.02	40.90	0.04	30.144	0.91
泥晶鲕粒灰岩	3.40	1.08	0.50	0.10	51.67	0.60	0.16	0.02	0.04	50.04	41.83	0.03	50.19	41.85
含砂屑亮晶鲕粒灰岩	47.09	2.45	1.15	0.10	25.00	0.85	0.60	0.18	0.37	0.13	21.03	0.03	10.10	21.39
亮晶鲕粒灰岩	12.35	0.89	0.82	0.07	49.3	0.53	0.16	0.04	0.68	0.27	39.68	0.04	20.19	39.68
亮晶砂屑灰岩	47.56	3.70	2.20	0.23	23.33	0.90	0.46	0.83	0.07	10.12	19.68	0.06	30.25	19.87
含粉砂屑泥晶灰岩	18.41	4.42	1.95	0.30	39.34	0.85	1.20	0.08	0.06	0.05	31.69	0.02	30.47	32.60
含鲕粒钙质岩屑石英砂岩	53.90	2.04	1.10	0.30	21.71	0.94	0.48	0.04	0.03	0.03	18.17	0.03	10.32	18.36
钙质中细粒石英砂岩	69.00	3.37	2.55	0.30	11.11	1.15	0.96	0.19	0.055	0.065	10.51	0.047	0.34	10.54

核形石泥晶灰岩:岩石主要由泥晶方解石及少量的生物碎屑海胆、介形虫、苔鲜虫、植物碎屑、藻类、核形石、陆源碎屑石英组成,其中核形石具纹层状结构,岩石中生物碎屑含量约5%,植物碎屑含量约25%,陆源碎屑含量>5%,胶结物含量约65%,胶结物成分为泥晶方解石。

亮晶鲕粒灰岩:岩石一般为深灰色,成分主要有鲕粒、亮晶方解石及少量的内碎屑、生物碎屑、陆源碎屑等。岩石具鲕粒结构,亮晶胶结,一般同心层发育,放射状不明显,大多数鲕具有核,核以泥晶灰岩为主,少量为生物碎屑核。岩石化学成分中 SiO_2 含量相差较大,为2.03%~28.64%,岩石中陆源碎屑的含量不均。

亮晶含生物碎屑鲕粒灰岩:岩石一般为灰色,成分主要有鲕粒、生物碎屑、胶结物等。鲕粒有真鲕、薄皮鲕两种,胶结物以亮晶为主,少为泥晶。岩石具鲕粒结构,其中鲕粒多为泥晶灰岩核,放射状、同心层发育,薄皮鲕为生物屑核,形态不一,鲕的外形随生物屑外形变化,大小不一。生物碎屑主要为腕足类、海百合茎、海胆等。

鲕粒生物碎屑灰岩:岩石一般为灰色,成分主要有鲕、生物碎屑、内碎屑、陆源碎屑、胶结物等。鲕粒多呈圆、椭圆形,以泥晶灰岩核为主,放射状、同心层发育。内碎屑主要为泥晶—微晶灰岩、鲕粒灰岩等,一部分内碎屑粒径可达砾级。生物碎屑主要为棘皮类、海百合茎、腕足类碎片等,具单晶结构。陆源碎屑主要为石英、岩屑等。

含砂屑亮晶鲕粒灰岩:岩石一般为灰色,成分主要为鲕粒、亮晶方解石、砂屑等。砂屑的主要成分为石英、长石,次要成分为岩屑灰岩、泥岩、硅质岩、生物碎屑等,鲕粒多为薄皮鲕,粒径在0.1~0.3mm之间。

泥晶鲕粒灰岩:岩石一般为灰色,成分主要有鲕粒和泥晶胶结物,另含少量的生物碎屑,鲕粒呈圆形—椭圆形。大多数为泥晶灰岩核,少量为生物碎屑核,同心层及放射状构造均不发育。

含生物碎屑泥晶灰岩:岩石一般为灰色,成分主要有泥晶方解石和生物碎屑及少量的陆源碎屑和微量的褐铁矿,生物碎屑以棘皮类为主,少有腕足类、介形虫等。

粉砂屑微晶—粉晶灰岩:岩石一般为深灰色,成分主要由微晶—粉晶方解石、砂屑石英、长石、岩屑及少量生物碎屑、铁质组成,生物碎屑主要为棘皮类、腕足类化石碎片。

亮晶砂屑灰岩:岩石一般为灰色,成分主要有砂屑、陆源碎屑、内碎屑,另含有少量的鲕粒、生物碎屑、亮晶胶结物等,其中陆源碎屑的含量可达45%,陆源碎屑的主要成分为长石和岩屑。

2)富碳酸质碎屑岩是指和上述鲕粒灰岩呈过渡关系的一种岩石类型,它保留了鲕粒灰岩的结构及特征，但其陆源碎屑的含量超过了50%，有时甚至可达80%左右。其主要的岩石类型有如下几种，其主要岩石特征见表2-7，岩石化学特征见表2-6。

表2-7　富碳酸质碎屑岩岩石特征表

岩石名称	颗粒成分含量(%)					胶结物含量(%)	支撑类型	胶结类型
	石英	长石	岩屑	鲕粒	内碎屑			
含鲕粒钙质岩屑石英砂岩	78		10	10	0～5	25	颗粒	接触-孔隙式
钙质中细粒石英砂岩	90		10	1		30	颗粒	接触式
钙质中细粒岩屑石英砂岩	75	5	20	5	5	25	颗粒	接触式

含鲕粒钙质岩屑石英砂岩：岩石一般为灰色，成分主要有砂屑石英，岩屑千枚岩、火山岩、细粒砂岩、鲕粒及钙质胶结物。颗粒多为次棱角状—次圆状，大多数碎屑外圈发育碳酸盐矿物，一部分碎屑被钙质交代，仅保留了碎屑轮廓。岩石为颗粒支撑，接触式-孔隙式胶结，岩石的结构成熟度和成分成熟度均较差。

钙质中细粒石英砂岩：岩石一般为浅灰色，成分主要由砂屑石英、岩屑千枚岩、中酸性火山岩、泥岩、变质粉砂岩及少量的岩屑和钙质交结物组成，另外，岩石中含有极少量的鲕粒等碳酸盐岩颗粒，颗粒形态为次圆状，颗粒表面不很光滑。岩石为颗粒支撑，以孔隙式胶结为主，岩石的结构成熟度和成分成熟度均较差。

钙质中细粒岩屑石英砂岩：岩石主要由砂屑、岩屑、胶结物和杂基组成。砂屑的主要成分为石英、长石、云母屑等，岩屑的主要成分为千枚岩、火山岩、泥岩、变质粉砂岩等，胶结物为钙质，颗粒形态多为次棱角状，颗粒表面较粗糙，岩石为颗粒支撑，接触式-孔隙式胶结，岩石的结构成熟度和成分成熟度均较差。

(2)沉积环境

该组以一套浅海-海陆交互相沉积的巨厚层碳酸盐岩为主，间有少量的碎屑岩。由浅海沉积的泥晶灰岩和泥质页岩-海陆交互相沉积的鲕粒灰岩和富碳酸质碎屑岩构成的沉积旋回反映了当时海平面的变化较为频繁，地壳运动较为强烈。地层中不同的岩石类型及沉积构造、相标志等代表了不同的沉积环境。

浅海低能环境：主要指浅海潮间带下部—潮下带，其水动力较低—中等，沉积构造以水平层理为主，沉积物主要为泥晶—微晶灰岩和黄绿色泥质页岩。

浅海高能环境：主要指浅海潮间带鲕粒浅滩沉积，其水动力较高—高，在鲕粒浅滩主要沉积物为亮晶鲕粒灰岩，含生物碎屑鲕粒灰岩等；潮间带主要沉积物以鲕粒灰岩、砂屑灰岩为主，岩石中含有大量的陆源碎屑。

海陆交互环境：主要为潮上带部分，沉积物以碎屑岩为主，偶而受到海水的改造，碎屑岩中含有较多的鲕粒、生物碎屑等内碎屑物质，主要沉积的岩石类型为含鲕粒钙质岩屑石英砂岩、钙质中细粒石英砂岩和钙质中细粒岩屑石英砂岩。

该组总体由下向上碎屑岩含量增加，说明该沉积期经历了一次较大规模的海退。在这次较大规模的海退过程中，次一级的海平面变化的较为频繁，沉积了由泥晶灰岩-鲕粒灰岩-碎屑岩构成的沉积旋回。

5. 时代讨论

该组地层中含有大量的生物化石，本次工作采集的化石主要有：*Palaeolima fasciulicosta* Lin

(束棱古锉蛤)，*Goniomya agsaaiz*，*Palaeanodonta* cf. *psendolongissima* Lee(假长古无齿蛤)，*Schizodus pinguis* Gan(肥壮裂齿蛤)，*Pinna dissimilicostata* Gan(异褶兆蛤)，*Aviculopecten khinganensis* Lee(兴安燕海扇)，*Pseudomontis eguistriata* Beede(等纹假髻蛤)，*Guizhoupecten regulaare* Gan(规则贵州海扇)，*Nuculopsis* cf. *wymnensis* Gan(维明拟栗蛤)，*Palaeanodonta* cf. *coster* Lin(海狸古无齿蛤)，*Enteletes tschernyschewi* Diener(车尔尼雪夫全形贝)，*E.* sp.(全形贝)，*Enteletes* aff. *tschernyschewi* Diener，*Enteletes* cf. *tschernyschewi* Diener 等。西藏自治区地质矿产局区域地质调查大队在 1∶50 万日土幅区调工作中采集的化石主要有䗴类：*Parafusulina shaksgamensis*，*P. visseri*，*P. yunnanica*，*Neoschwagerina colaniae*，*N. simplex* var. *minor*，*Neomisellina* sp.，*Cancellina* sp.，*Yangchienia* sp.；珊瑚化石：*Szechuanophyllum szechuanense*，*Iranophyllum* sp.，*Yatsengia* sp.，*Waagenophyllum* sp.，*W. indicum* Frech，*Akagophyllum* sp.，*Polythecalis* sp.，*Wentzelella* sp.。其化石中䗴类的组合明显反映出我国各区茅口期的晚期特征，珊瑚类化石大多属于特提斯区中二叠世的珊瑚动物群。综上所述，该组时代为中二叠世茅口期。

第二节　中生界

图幅内出露的中生界为三叠系上统巴颜喀拉山群、卧龙岗组、托和平错群；侏罗系中统雁石坪群(占图幅基岩面积的 60%左右)。三叠系巴颜喀拉山群和卧龙岗组分布于巴颜喀拉地层区，三叠系托和平错群分布于西金乌兰-金沙江结合带中，侏罗系雁石坪群分布于北羌塘地层区。

对本区三叠系、侏罗系的研究仅限于 20 世纪 80 年代 1∶100 万日土幅开展的区域地质调查，资料很少，研究程度较低。

一、巴颜喀拉地层区

(一)巴颜喀拉山群(T*B*)

1. 地层沿革、分布及划分依据

巴颜喀拉山群创名于青海省巴颜喀拉山口一带，1982 年编写的《西藏自治区区域地质志》及 1983 年至 1987 年完成的《1∶100 万日土幅区域地质调查报告》均将改则县茶布区北部新藏交界线南、碱水湖北部的一套岩性单调、构造复杂、厚度巨大、化石稀少的以砂泥韵律为特征的地层归属于巴颜喀拉山群。本次调查发现区内该套地层主要分布于图幅南部野鸭湖—碱水湖—碎石山一带，总体呈北东向展布，出露宽度 15～20km。其分布位置与巴颜喀拉地层构造区西延部分吻合，因此本次工作沿用巴颜喀拉山群。

区内出露的巴颜喀拉山群与上覆、下伏地层均为断层接触。据其岩性组合及岩相特征可划分为四个组，分别称为巴颜喀拉山群一组、二组、三组、四组。

2. 剖面描述

剖面位于新疆民丰县与西藏改则县交界的碎石山一带，起点坐标：*X*=3 921 259，*Y*=14 734 836；终点坐标：*X*=3 909 099，*Y*=14 741 417。剖面总体方位为 150°，大部分地段测向与地层走向近垂直，局部地段受地形影响两者间的夹角偏小，现将该剖面介绍如下。

（未见顶）

巴颜喀拉山群（T*B*） **>5 568.3m**

四组（TB_4） **>1 275.8m**

30.灰色薄层白云质细粒岩屑砂岩、白云质细粒长石岩屑砂岩夹黑色泥页岩 188.7m

29.黑色泥页岩夹灰、深灰色薄层白云质粉砂质细粒长石岩屑砂岩、白云质长石岩屑粉砂岩 237.4m

28.灰色薄层白云质细粒长石岩屑砂岩、深灰色页片状泥质粉砂岩夹黑色泥页岩 95.1m

27.黑色泥页岩夹灰色薄层白云质细粒岩屑砂岩 80.2m

26.灰、灰黑色薄层白云质细粒—中细粒岩屑砂岩夹黑色泥页岩、白云质粉砂质细粒长石岩屑砂岩 575.2m

25.黑色页岩与灰色薄层白云质长石岩屑粉砂岩互层、夹灰色透镜状白云质细粒长石岩屑砂岩 99.2m

——— 整合接触 ———

三组（TB_3） **2 263.9m**

24.黑色泥页岩夹灰色中薄层白云质细粒长石岩屑砂岩、白云质细粒岩屑砂岩、白云质砂质长石岩屑粉砂岩 201.9m

23.黑色泥页岩夹灰色中薄层白云质中细粒长石岩屑砂岩、粉砂岩、泥质粉砂岩 172.9m

22.灰色薄层白云质细粒长石岩屑砂岩与黑色泥页岩互层、夹黑色薄层白云质长石岩屑粉砂岩 681.5m

21.黑色薄层硅质岩夹浅灰绿色页岩 8.5m

20.灰黑色薄层白云质细粒长石岩屑砂岩与黑色页岩呈韵律 6.2m

19.黑色薄层硅质岩夹灰、灰绿色页岩 8.3m

18.灰黑色厚层白云质细粒长石岩屑砂岩与黑色泥质粉砂岩、泥页岩互层 9.8m

17.黑色泥页岩夹灰色、灰黑色薄层白云质粉砂质细粒长石岩屑砂岩、中粒长石岩屑砂岩 95.3m

16.黑色泥页岩、灰色薄板状粉砂岩夹灰、灰黑色薄层白云质细粒长石岩屑砂岩、粉砂质粉晶白云岩、白云质粉砂质细粒岩屑石英砂岩 1079.5m

——— 整合接触 ———

二组（TB_2） **1 161.1m**

15.灰色、灰黑色中薄层白云质细粒长石岩屑砂岩与黑色泥页岩互层、夹片理化大理岩、白云质细粒长石岩屑石英砂岩 85.4m

14.灰色、灰白色中层细粒岩屑长石石英砂岩、细粒岩屑长石砂岩夹黑色泥页岩 181.6m

13.灰色薄层细粒岩屑长石石英砂岩夹灰色粉砂岩、黑色泥页岩 115.0m

12.灰色薄层粘土质细粒岩屑长石石英砂岩 35.8m

11.灰、深灰色薄层白云质细粒长石岩屑砂岩、细粒岩屑石英砂岩夹黑色炭质泥岩、灰黑色薄层粘土质砂质粉砂岩 445.7m

10.灰、深灰色薄板状细粒长石岩屑砂岩夹灰黑色泥页岩 123.7m

9.黑、灰黑色薄层片状微晶灰岩 17.6m

8.灰、浅灰色薄层白云质细粒长石岩屑石英砂岩、粉砂岩夹黑色泥岩 35.2m

7.黑、灰黑色薄层粉微晶灰岩夹含白云质微晶灰岩 80.7m

6.灰、浅黄绿色薄层细粒长石岩屑石英砂岩 40.4m

——— 整合接触 ———

一组（TB_1） **867.5m**

5.灰、灰黄色薄层变质绢云母中细粒砂岩、变质细粒长石砂岩、长石岩屑砂岩夹黑色千枚岩、灰红色变质粉砂岩 400.0m

4.灰色薄层变质细粒岩屑长石砂岩与灰、灰黑色千枚岩互层 127.5m

3.灰红色叶片状变质粉砂岩、灰黄色薄层变质细粒岩屑砂岩夹黑色炭质千枚岩 68.2m

2.灰、灰黑色薄层变质白云质细砂岩夹灰黑色炭质千枚岩 195.9m

1.黑、灰黑色炭质千枚岩夹（变质）云质细粒岩屑石英砂岩 84.9m

═══ 断层接触 ═══

3. 地层特征

巴颜喀拉山群一组：岩性主要为灰、灰黑色绢云千枚岩、黑色炭质千枚岩、浅绿色绿泥石英千枚岩、绢云石英千枚岩、浅黄绿色薄层变质细粒岩屑石英砂岩、变质长石岩屑砂岩、变质细粒长石砂岩、变质绢云粉砂岩、变质绢云中细粒砂岩。夹浅绿色条纹状硅质岩、灰黑色泥质微晶白云岩、灰色中薄层中晶白云岩、青灰色白云石大理岩。该组岩石均浅变质，且片理发育(图版Ⅰ,1,2)。下部变质细粒岩屑石英砂岩及千枚岩化粉砂质泥岩中含5%～10%的黄铁矿晶粒，在灰、灰黑色绢云母化页岩、千枚岩化粉砂质泥岩中含黄铁矿和菱铁矿结核，结核呈不规则状，大小1～4cm，含量约5%。中部主要为灰黑色绢云石英千枚岩与炭质千枚岩互层，夹透镜状泥质微晶白云岩、白云石大理岩、变质白云质粉砂岩(粗粉砂岩)。绢云石英千枚岩呈条纹条带状，条纹由厚度小于7mm的灰色石英千枚岩与黑色泥质千枚岩组成，具明显的砂泥韵律特征。上部为灰、灰黑色薄层变质白云质细砂岩、变质绢云母中细粒砂岩、灰红色变质粉砂岩、灰黄色薄层中细粒岩屑砂岩、岩屑长石砂岩夹黑色炭质千枚岩、黑色泥岩。由砂岩-泥岩构成的沉积旋回较为明显，砂岩厚3～10m，泥岩厚2～5m，一般8～14个砂岩-泥岩的沉积旋回构成大一级的沉积旋回，该沉积旋回一般为60～70m。

该组总体岩性以黑色粉砂岩、泥质岩为主，出露厚度大于2 146.4m。在碎石山剖面线以东，灰绿色薄层-薄板状变质细粒长石岩屑砂岩、白云质岩屑砂岩夹层增多，并含较多的微晶黄铁矿，平行层理发育。碎石山以西至碱水湖一带，受构造影响出露厚度变小，岩性以灰黑色绢云石英千枚岩(变质泥质粉砂岩)与灰绿色薄层岩屑长石砂岩互层为特征。碎脊山一带主要为灰黑色(变质)粉砂岩与白云质中细粒长石岩屑砂岩、细粒岩屑石英砂岩互层，夹黑色泥岩。

巴颜喀拉山群二组：底界与一组呈整合接触，顶界与三组呈整合接触。下部夹黑、灰黑色薄层粉微晶灰岩、含白云质微晶灰岩及片状微晶灰岩，水平纹层理发育，灰岩层间夹有灰黄绿色钙质页岩。中部、上部主要是灰、灰黑色薄层细粒岩屑长石石英砂岩、细粒长石岩屑砂岩、岩屑石英砂岩夹页片状泥质粉砂岩及黑色泥岩，对单层砂岩而言，底部岩性为岩屑长石石英砂岩或岩屑石英砂岩，向上很快渐变为长石岩屑砂岩或岩屑长石砂岩，砂岩底面不平整，呈波浪状，与泥岩突变明显，为冲刷-侵蚀间断面(图版Ⅰ,3)，由下向上平行层理、小型斜层理及沙纹层理发育。粉砂岩具生物扰动构造，沿层面分布有形态复杂的遗迹化石，遗迹呈弯曲状、树枝状杂乱分布，迹宽约2mm，末端呈尖状(图版Ⅰ,4)。该组地层结构如图2-9，主要由中厚层细粒岩屑长石石英砂岩-薄层、薄板状细粒长-岩屑砂岩-页片状泥质粉砂岩-黑色泥岩的有序叠加构成了较明显的沉积旋回，总体上可分为以泥岩为主的沉积旋回和以砂岩为主的沉积旋回两种类型，整段地层中，一般7～9个上述沉积旋回构成了大一级的沉积旋回，该沉积旋回一般厚44～65m。由下至上，砂岩由薄变厚变薄，泥岩则由厚变薄再变厚。

该组总体岩性以灰色砂岩夹黑色泥岩为特征，出露厚度1 161.1m。下部灰岩夹层横向变化较大，一般夹3～4层，厚度0.3～4m，局部地段尖灭。岩性从剖面线往西由含白云质微晶灰岩变为白云质亮晶砂屑灰岩-泥晶灰岩-含粉砂质微晶灰岩-粉砂质泥晶灰岩。其中粉砂质泥晶灰岩毫米级纹层发育，具波状水平纹层理。碎脊山一带为黑灰色粗粒岩屑石英砂岩、白云质中粒长石岩屑砂岩夹灰黑色泥岩，砂泥比为3∶2，砂泥韵律特征明显，韵律层厚15～30cm。由于砂岩所占比例较大，该组地貌特征表现为突出的带状山脊。

巴颜喀拉山群三组：与二组、四组均整合接触，下部及上部岩性为黑色泥页岩夹灰色中薄层白云质细粒长石岩屑砂岩、岩屑砂岩、灰色薄板状白云质粉砂岩、白云质砂质长石岩屑粉砂岩；中部砂岩粒度变细，岩性为灰黑色页片状泥质粉砂岩与黑色泥页岩不均匀互层，夹两层厚度8m左右的黑色薄层硅质岩。发育水平纹层理、波状沙纹层理、粒序层理及包卷层理。地层结构如图2-9所示，在出露厚度50～70m间，一般有6～13个较大的砂泥互层，砂岩、粉砂岩厚0.5～1.5m，泥岩厚度小

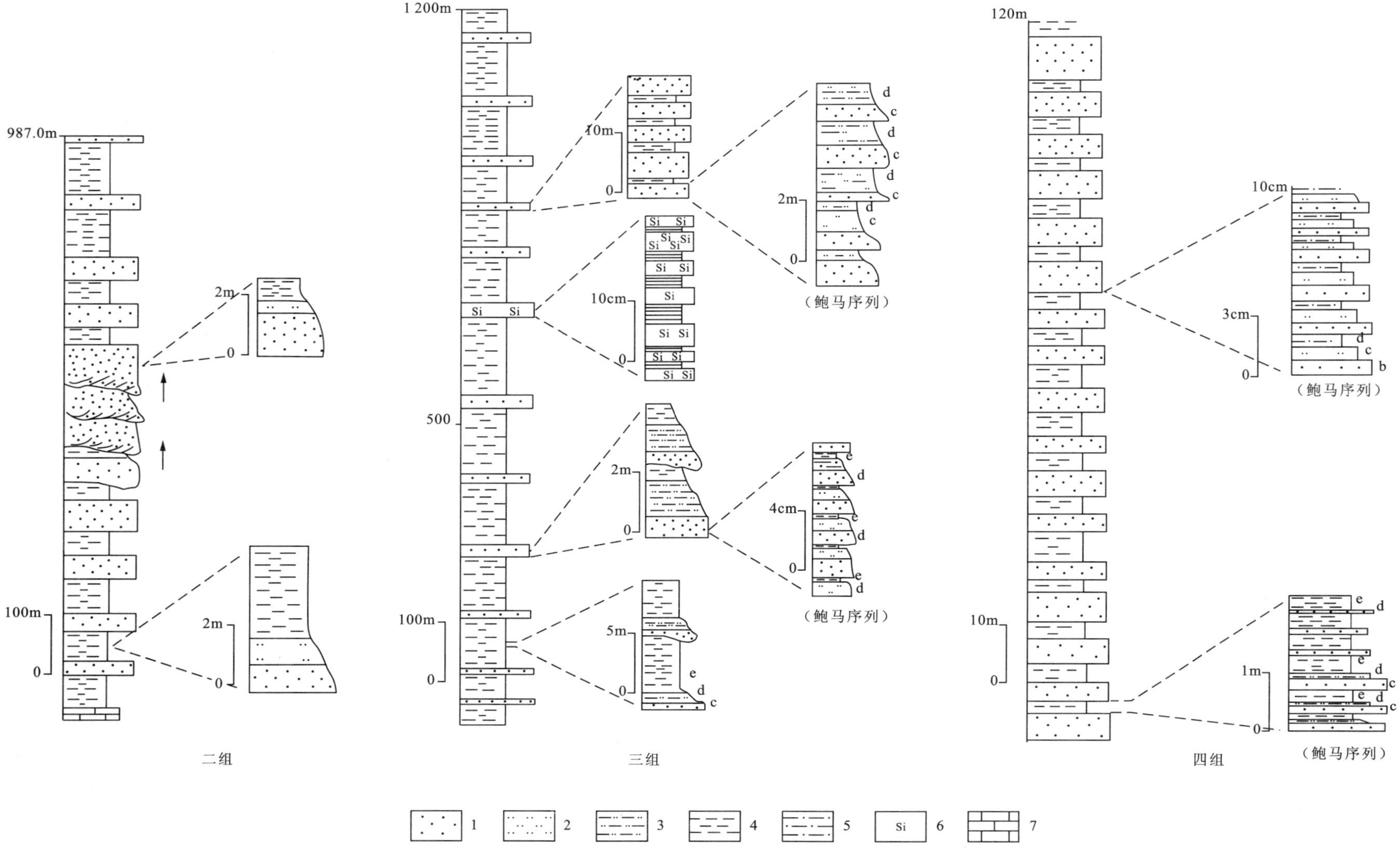

图 2-9 巴颜喀拉山群二、三、四组地层结构及沉积层序示意图

1. 砂岩；2. 粉砂岩；3. 泥质粉砂岩；4. 泥岩；5. 砂质泥岩；6. 硅质岩；7. 灰岩

于 0.5m，砂岩粒序层由 1.2cm 细砂- 1.0cm 粉砂- 0.5cm 泥皮组成。中部硅质岩层间夹有灰黄绿色钙质页岩，两者构成韵律层序(图版Ⅰ,5)，硅质岩单层厚 2～5cm，页岩单层厚 1～3cm，延伸较稳定。上部则以粉砂岩与泥岩构成的韵律层序为特征，砂岩单层厚 5～10cm，泥岩单层厚 15～20cm，每个砂泥韵律层厚 20～30cm。具不完整的鲍马序列，以 de、cde 和 e 段纵向上表现为中扇、扇叶叠覆的岩相组合为特征。

该组总体岩性以黑色泥岩夹砂岩为特征，剖面上实测地层出露厚度 2 263.9m，横向上岩性、岩相变化较小。碎石山以东一带灰黑色泥页岩夹灰褐、浅灰绿色钙质细粒岩屑砂岩、长石岩屑砂岩、钙质粉砂岩，单个砂泥韵律层一般厚 10～15cm，砂岩底面不平整，发育水平纹层理及沙纹层理。碎脊山一带为黑色泥岩夹灰色薄板状杂砂岩，砂岩单层厚度一般小于 1m，细层厚 1～2mm，层系厚 5～15cm。地层中由下向上发育平行层理、沙纹交错层理及水平纹层理，构成不完整的浊流沉积序列 bcd 和 cd 段。碱水湖一带中部夹两层灰绿色页岩与黑色硅质岩，厚度 1～2m。该组泥岩占主导地位，基岩露头相对较差，地貌特征表现为开阔的河床或山间盆地。

巴颜喀拉山群四组：与下伏三组均整合接触，上部被断层截切。岩性为灰、灰黑色薄层白云质中细粒或细粒岩屑砂岩、细粒长石岩屑砂岩、白云质砂质长石岩屑粉砂岩及黑色泥岩。下部及上部岩性为灰、灰黑色薄层白云质中细粒岩屑砂岩夹黑色泥页岩及若干层白云质细粒长石岩屑砂岩。中部为黑色泥岩与灰色薄层白云质细粒长石岩屑砂岩不均匀互层。沙纹层理、波状水平层理发育，局部砂岩底面具槽模、沟模等各种底痕(图版Ⅰ,6)。该组地层结构如图 2-9，由砂岩-泥岩构成的沉积旋回特征明显(图版Ⅰ,7)，砂岩单层厚 20～80cm，泥岩单层厚 4～30cm，一般 7～12 个上述旋回构成了一个较大的沉积旋回，其厚度一般为 60～90m。砂岩内毫米级粒序层理发育，泥岩内粗细粒度变化特征明显。以不完整的鲍马序列 bcd 和 cde 段发育为特征，e 段和 a 段局部地段缺失。

该组地貌特征表现为突出的带状山脊，出露厚度大于 1 275.8m。碎石山以东下部、上部均为浅灰色含白云质细粒岩屑砂岩夹灰黑色页片状泥质粉砂岩，与其互层的泥页岩一般很薄或无；中部为灰黑色页片泥质粉砂岩、泥岩夹细粒岩屑砂岩、深灰—灰绿色菱铁质中细粒岩屑砂岩。碎石山以西至碱水湖一带，为灰、灰绿色中—薄层细粒白云质岩屑砂岩与黑色泥岩互层，砂岩中发育水平纹层理、波状沙纹层理及逆转交错层理。碎脊山一带夹硅质岩，以水平层理为主。

巴颜喀拉山群在碎石山一带出露最好，总体由一套长石岩屑砂岩、岩屑砂岩与粉砂岩、泥岩组成，局部夹硅质岩和碳酸盐岩。发育有浊流沉积构造，砂泥韵律多构成不完整的鲍马序列，反映出一种以陆源碎屑浊积岩为特征的盆地相沉积。其内部岩性变化不大，但据砂岩和泥岩所占比例的不同，综合剖面及路线调查资料，可将其划分成 4 个岩性组，即以上所述的一、二、三、四组。由于出露及构造等原因的影响，区内实测地层剖面的出露厚度为 6 847.2m。据路线观测，碎石山以西碱水湖一带厚度达 4 300m 以上，东部临区羊湖一带厚度达 5 500～9 100m。可见由东往西巴颜喀拉山群出露厚度由厚变薄。

4. 岩石特征及沉积环境分析

(1)岩石特征

按碎屑成分和粒度可分为砂岩、粉砂岩、泥岩及硅质岩、碳酸盐岩，不同类型的砂岩岩矿特征见表 2-8。从表中可知巴颜喀拉山群中，砂岩的成分成熟度及结构成熟度低，其矿物成分为陆源碎屑，且多为不稳定成分。碎屑磨圆度均较差，其杂基含量一般 5%～10%，因杂基部分重结晶成绢云母及微粒石英，相对杂基含量偏低。

粘土质细粒岩屑长石石英砂岩、细粒长石岩屑石英砂岩、白云质(粉砂质)细粒岩屑石英砂岩及细粒岩屑长石砂岩、(变质)细粒长石砂岩，主要分布于一组和二组下部，其碎屑成分石英以单晶为主，少量为硅质岩、石英岩；长石以斜长石为主，钾长石次之；岩屑多为泥岩、千枚岩、火山岩、白云

表 2-8 不同类型砂岩的岩矿特征表

特征 / 岩性	组分及含量(%)						胶结物含量(%)	杂基含量(%)	胶结组构			结构成熟度	成分成熟度
	石英	长石	岩屑	粒度(mm)	形态	其他			胶结类型	支撑类型	粒间关系		
细粒长石岩屑石英砂岩	75	10	15	0.05～0.35	次棱角、次圆状	电气石、磷灰石	小于10	5	孔隙式-接触式	颗粒支撑	点-线接触	较低	较低—较高
白云质粉砂质细粒岩屑石英砂岩	75～79	5	15～20	0.05～0.25	次棱角、次圆状	电气石、锆石	10～25	10	孔隙式	颗粒支撑	点接触	较低	较低
粘土质细粒岩屑长石石英砂岩	75	15	10	0.05～0.5	棱角—次棱角	锆石	大于5	10	孔隙式	颗粒支撑	点-线接触	低	较高
细粒岩屑长石砂岩	64	20	15	0.05～0.35	棱角—次棱角	电气石、锆石	5	10	孔隙式	颗粒支撑	点接触	低	低
白云质细粒长石岩屑砂岩	64～74	10	15～25	0.03～0.45	棱角—次棱角	磷灰石、锆石	10～25	5～10	孔隙式基底式	杂基支撑	点-飘浮状	低	低
白云质中细粒长石岩屑砂岩	59～69	10	20～30	0.02～0.6	棱角—次棱角	电气石、锆石	20	5	孔隙式	颗粒支撑	点接触	较低	低
白云质粉砂质细粒长石岩屑砂岩	64～69	10～15	20	0.03～0.35	棱角—次棱角	锆石	20	5	孔隙式-接触式	颗粒支撑	点-飘浮状	低	低
白云质细粒岩屑砂岩	64～69	5	25～30	0.03～0.45	次棱角、次圆状	磷灰石	25～35	5	基底式	杂基支撑	飘浮状	低	低
白云质中细粒岩屑砂岩	59	5	35	0.03～0.4	次棱角状	电气石、锆石	35	5	基底式	杂基支撑	点-飘浮状	低	低
白云质粉砂质长石岩屑粉砂岩	64	10	25	0.01～0.25	棱角状	电气石、锆石	10～37	10	孔隙式	颗粒支撑	点-飘浮状	低	低
白云质粉砂岩	94	5	少量	0.01～0.15	棱角—次棱角状	电气石、锆石	10	5	孔隙式	颗粒支撑	点-线接触	较高	低

岩、白云母及少量海绿石。碎屑形态呈次棱角、次圆状，大小 0.05～0.50mm，以 0.06～0.2mm 为主，并出现许多碎屑大小 0.03～0.3mm 的砂岩-粉砂岩的过渡类型，样品中细砂级粒占 60%～70%，粉砂级粒占 30%～40%(三组和四组同样发育此类型的砂岩)，且部分碎屑次生加大或碳酸盐化。杂基含量 5%～10%，成分为粘土矿物、石英粉砂、高岭石、绢云母，部分发生重结晶。颗粒支撑，孔隙式-接触式胶结。

细粒长石岩屑砂岩、岩屑砂岩、白云质中细粒长石岩屑砂岩及粉砂质细粒长石岩屑砂岩，主要分布于一组上部和三组、四组。碎屑成分石英占 59%～69%，长石含量 5%～15%，岩屑占 20%～35%，大小 0.03～0.45mm，磨圆度差，呈棱角状、次棱角状。杂基支撑或颗粒支撑，基底式胶结，颗粒间呈点-飘浮状接触，成分成熟度和结构成熟度低。

除表中所列砂岩特征外，泥岩、硅质岩和碳酸盐岩岩石特征如下。

泥岩分布于巴颜喀拉山群所有岩性组，色调多为黑色或深灰色，显微鳞片粒状结构，页状构造不发育。主要矿物成分为高岭石约 95%、水云母约 5%，其次含少量石英、黄铁矿微粒。

硅质岩呈夹层出现于一组和三组，色调多为黑色或灰绿色，(球粒)隐晶质结构，成分中玉髓约 95%，其次为粘土矿物 5%左右，局部重结晶成微粒状椭圆形、圆形，大小 0.003～0.05mm。

碳酸盐岩呈夹层分布于一组和二组下部，岩石类型有泥质微晶白云岩、含泥质砂屑微粉晶白云岩、粉微晶灰岩、含白云石微晶灰岩、片状微晶灰岩。灰岩矿物成分为方解石(85%～95%)、白云石

(5%～10%),其次含少量黄铁矿微粒和陆源碎屑石英、泥质。微晶方解石局部重结晶,由于压溶作用,岩石缝合线构造极发育。白云岩呈深灰色、黑色,粉微晶结构,成分为白云石(约 70%)、泥铁质(含量小于 5%)、粘土矿物(高岭石、水云母占 25%左右)及少量陆源碎屑(成分为泥岩)。

(2)岩石化学特征

巴颜喀拉山群 6 个砂岩样品和 2 个泥岩样品岩石化学特征如表 2－9 所示,SiO_2为 60%～85.3%,多数大于 73%;K_2O/Na_2O 为 0.17～5.22,一般在 0.89 左右;Fe_2O_3＋MgO 为 2.56%～10.05%,大多在 3.98%～4.66%之间;Al_2O_3/ SiO_2为 0.07～0.18,其中 4 个样品在 0.14 左右;Al_2O_3/(CaO＋Na_2O)为 1.53～4.53。经与 Bhatia(1983)不同构造背景砂岩的经验参数比较,具有活动大陆边缘的特征,反映出物源区为活动大陆边缘。利用 Bhatia(1983)的构造环境化学成分函数判别计算公式 F_1和 F_2,计算投点后,大部分落入活动大陆边缘(ACM)区(图 2－10a)。利用 B. P. Roser 和 R. J. Korsch(1986)的 K_2O/Na_2O 与 SiO_2图解模型,经计算投点后,有 5 个砂岩样品和一个泥岩样品落入活动大陆边缘(图 2－10b)。据 Clarre(1924)全部页岩及范德廉(1981)黑色页岩的化学平均成分参数,表 2－9 中泥岩中 SiO_2明显偏低,K_2O 和 CaO 同时偏高,表现出活动区粘土岩化学成分的特征,因此说明巴颜喀拉山群为不稳定或次稳定的沉积构造背景。

表 2－9 不同类型岩类的平均化学成分及参数值

化学成分及参数	粉砂岩	泥质粉砂岩	细粒长砂岩	岩屑长石石英砂岩	长石岩屑粉砂岩	泥岩	硅质岩
SiO_2(%)	79.28	51.49	73.58	73.73	49.01	57.94	90.82
TiO_2(%)	0.60	0.51	0.58	0.48	0.65	0.68	0.19
Al_2O_3(%)	8.63	9.21	13.17	10.75	14.59	14.99	2.60
Fe_2O_3(%)	1.34	4.03	3.04	0.91	4.35	4.37	1.26
FeO(%)	1.08	1.07	0.87	2.10	1.87	1.03	1.62
MnO(%)	0.07	0.08	0.04	0.08	0.09	0.05	0.04
MgO(%)	1.20	3.04	0.75	0.97	3.83	2.52	0.91
CaO(%)	0.97	12.28	0.39	2.80	9.06	4.59	0.59
Na_2O(%)	2.01	0.44	2.52	3.06	0.63	0.31	0.23
K_2O(%)	1.72	1.69	2.25	1.30	3.29	3.02	0.42
P_2O_3(%)	0.08	0.11	0.14	0.10	0.15	0.14	0.04
MgO^+/Fe_2O_3	2.54	7.07	3.79	1.88	8.81		
Al_2O_3/SiO_2	0.11	0.18	0.18	0.14	0.3		
K_2O/Na_2O	0.85	3.84	0.89	0.42	6.22		
Al_2O_3/(CaO＋ Na_2O)	2.89	0.72	4.52	1.83	1.50		

(3)砂岩的碎屑组成特征

碎屑沉积模型分析砂岩的碎屑组成特征与所处的大地构造位置密切相关,砂岩碎屑组分类型反映了沉积建造形成时的大地构造条件,即一定的板块构造背景下形成的物源区和沉积盆地。因此采用岩石薄片的镜下鉴定结果,统计不同类型砂岩的碎屑组分及含量,建立碎屑沉积模型,并利用库克(1974)的研究结果 QFR 图解(Q 为石英类总量,F 为长石类总量,R 为岩屑类总量)投点后(图 2－11),发现巴颜喀拉山群二组中 15 个砂岩样品大多落入安第斯型大陆活动边缘次稳定性区域内,碎屑组分石英类总量平均 72%,长石类总量平均 11%,岩屑类总量平均 17%,碎屑模型为 $Q_{72}F_{11}R_{17}$。巴颜喀拉山群三组中 21 个样品主要集中落入安第斯型大陆活动边缘的次稳定性和非稳定性 1 区内,并靠近前陆盆地区,碎屑组分石英类平均 66%,长石类平均 10%,岩屑类平均 24%,

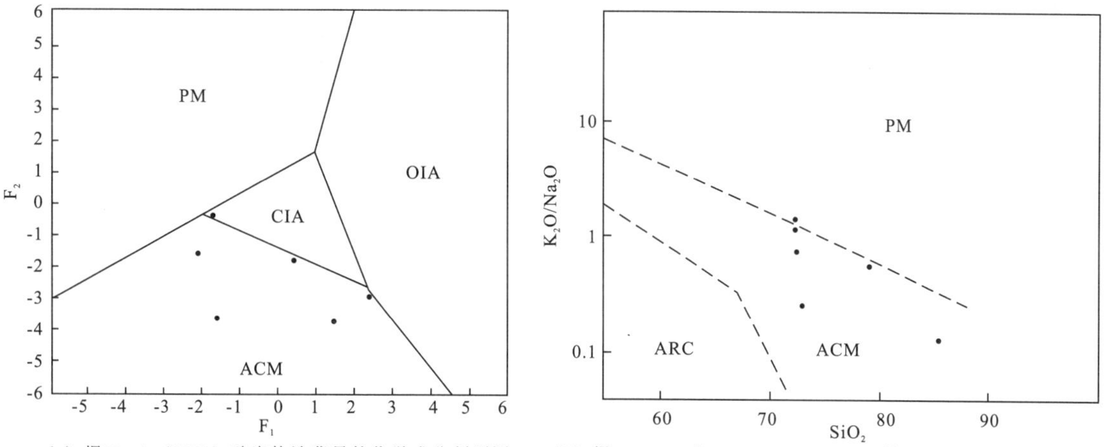

（a）据Bhatia（1983）砂岩构造背景的化学成分判别图　（b）据B. P. Rose和R. J. Korsch（1986）粉砂岩和泥岩K_2O/Na_2O-SiO_2图解

图 2－10　巴颜喀拉山群砂岩沉积构造背景化学成分图解

PM. 被动大陆边缘；ACM. 活动大陆边缘；CIA. 大陆型岛弧；OIA. 大洋型岛弧；ARC. 岛弧

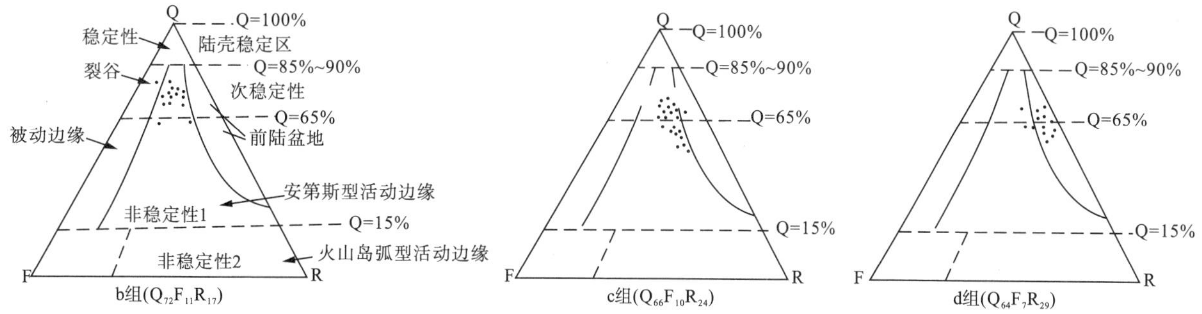

图 2－11　QFR 体系图解巴颜喀拉山群砂岩碎屑沉积模型

碎屑模型为 $Q_{66}F_{10}R_{24}$。巴颜喀拉山群四组中 13 个样品有 10 个点落入前陆盆地区内，碎屑组分石英类小于 65％，长石类小于 10％（平均 7％），岩屑类高者 35％～40％，一般大于 20％，平均为 29％，碎屑模型为 $Q_{64}F_7R_{29}$。综合分析上述各组碎屑沉积模型，说明了其处于不稳定的构造背景下形成的物源区。由二组→三组→四组，石英类含量明显减少，长石类含量略有减少，岩屑类含量明显增高，反映其构造背景由安第斯型活动大陆边缘渐变为前陆盆地。

（4）砂岩的粒度特征

巴颜喀拉山群各岩性组不同类型的砂岩粒度分析参数见表 2－10。运用不同类型的砂岩样品 29 个，绘制了粒度 C－M 图解 2－12 和概率累积曲线图 2－13。

按弗里德曼（1962）划分的分选等级可知，巴颜喀拉山群各类型的砂岩，标准偏差 SD 值均在 0.8～1.4 范围内，说明其分选性中等。从 C－M 图解上，砂岩、粉砂岩的粒度呈平行于 C－M 基线分布，图型较窄，粒度细，分散程度小，并靠近 C＝M 基线，其最大分选指数 I_m 小于 1φ。C 值随 M 值变化，并且 C 值和 M 值的变化幅度都很大，而不同于牵引流沉积的粒度悬浮 C－M 图型，因此属深海浊流型图型。同样从粒度概率累积曲线图上可见，其粒度分布范围较宽，悬浮总体含量大，曲线的斜率很低，一般在 42°～48°间，且与现代哈德逊海底扇粒度曲线相比极其相似，属于浊流沉积粒度概率图型。因此，巴颜喀拉山群各类型砂岩的粒度分布在 C－M 图解或累积曲线图上，都充分表明了浊流沉积所特有的递变悬浮和整体沉积作用的特征，而浊积岩往往是构成海底扇沉积的主要部分。

表 2-10　各岩性组不同类型砂岩的粒度分析参数表

地质单位	岩性	平均值 *M*	标准差 SD	偏度 SK	尖度 *K*
四组	白云质中细粒岩屑砂岩	3.184	0.945	1.060	5.090
	白云质细粒岩屑砂岩	2.716	1.067	1.718	6.588
	白云质粉砂细粒长石岩屑砂岩	2.188	1.195	1.789	7.123
	白云质中细粒岩屑砂岩	2.164	1.100	1.916	7.971
三组	白云质细粒岩屑砂岩	3.562	0.874	0.728	4.062
	白云质粉砂细粒长石岩屑砂岩	3.535	0.903	0.966	4.424
	白云质中细粒长石岩屑砂岩	3.214	0.921	1.387	5.910
	白云质细粒长石岩屑砂岩	3.412	0.896	1.072	5.212
	白云质砂细粒岩屑石英砂岩	3.712	0.796	1.282	5.089
二组	粘土质砂质粗粒长石岩屑粉砂岩	3.818	0.949	1.818	4.075
	白云质细粒长石岩屑砂岩	3.329	0.983	1.527	5.008
	细粒岩屑石英砂岩	3.447	0.859	1.309	5.458
	细粒长石岩屑石英砂岩	3.192	0.953	1.375	5.530

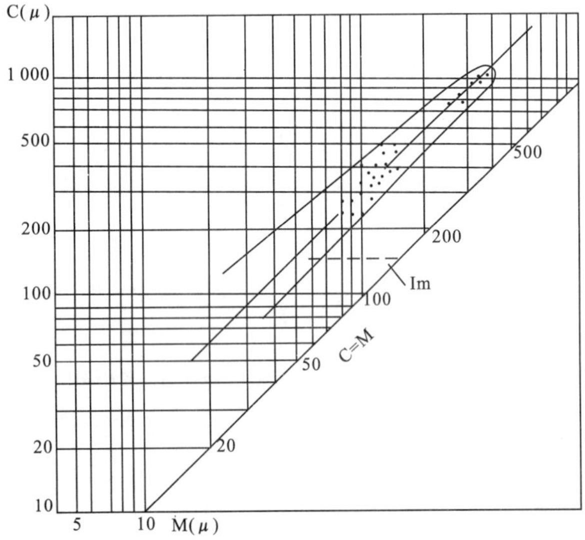

图 2-12　不同类型砂岩粒度分布 C-M 图

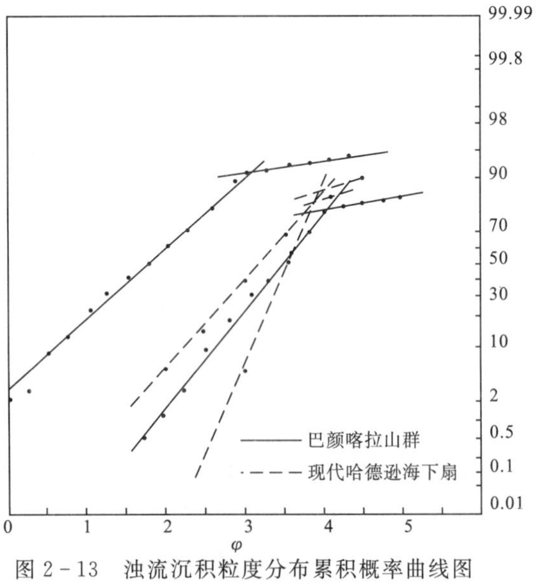

图 2-13　浊流沉积粒度分布累积概率曲线图

总之，巴颜喀拉山群地层特征、岩石特征、岩石化学特征及粒度特征均表现出以下几个特点。

a. 厚度巨大、岩性单调的砂泥互层；

b. 地层色调以深灰、灰黑、黑为主，总体颜色深；

c. 发育粒序层理及不完整的鲍马序列；

d. 粉砂岩层面分布有形态复杂的遗迹化石，呈弯曲状、树枝状杂乱分布，以爬行迹、潜穴为主；

e. 局部可见槽模、沟模等各种底痕；

f. 粒度分析 C-M 图型及粒度概率累积曲线图分属深海浊流型图型和浊流沉积粒度概率图型；

g. 各类岩石的化学参数反映出巴颜喀拉山群的构造环境以活动大陆边缘（安第斯型）为主，而且由二组→三组→四组，构造环境由活动大陆边缘渐变为前陆盆地。

由此可见，巴颜喀拉山群系活动大陆边缘-前陆盆地沉积，以浊流沉积为特征，并形成一套以浊积岩为主的海底扇相组合。

(二)卧龙岗组(T_3w)

1. 地层沿革、分布及划分依据

该组为新疆地矿局第一区调大队一分队齐德义等(1985)在区内卧龙岗处创名。《新疆维吾尔自治区区域地质志》(1993)及《全国地层多重划分对比研究新疆维吾尔自治区岩石地层》(1999)均沿用了这一划分方案,将出露于昆仑山野马滩以北至卧龙岗一带,不整合覆盖于二叠系黄羊岭组之上,岩性为灰黑色、灰色、褐灰色砂岩、粉砂岩、炭质泥岩夹粗砂岩及煤线的一套陆相碎屑岩划归上三叠统卧龙岗组。本次调查仍沿用这一划分方案。

2. 剖面介绍

(1)黄羊岭剖面

位于新疆维吾尔自治区民丰县黄羊岭 51°方向 12.25km。起点坐标:X=4 009 398,Y=14 766 805,高程为 5 145m;终点坐标:X=4 016 190,Y=14 766 890,高程为4 925m。由南往北为本次工作实测,岩性自上而下如下。

上覆地层:侏罗系叶尔羌群(J_2Y)

~~~~~~~~ 不整合接触 ~~~~~~~~

卧龙岗组(T_3w) **厚度 3 880m**

38. 灰黑色页岩夹灰色薄层中细粒长石岩屑,局部砂岩与页岩互层,砂岩中含砂岩球 275.4m
37. 灰绿色薄层细粒长石岩屑砂岩,上部为灰黑色泥岩 114.4m
36. 灰黑色页岩夹灰—灰绿色中—薄层细粒长石岩屑砂岩,斜理层发育 98.1m
35. 灰黑色、灰绿色页岩与灰—灰绿色薄层细粒长石岩屑砂岩、条纹状粉砂岩互层,砂泥韵律层理发育 56.1m
34. 灰黑色页岩夹灰—灰绿色薄层细粒云质长石岩屑砂岩,砂泥比为 1∶4,见 3 层含砂岩球砂岩,砂岩球大小 20～40cm 155.6m
33. 灰色薄层细粒长石岩屑砂岩与灰黑色页岩互层,构成 4 个较大的砂互层,自下而上粒度由粗变细,砂岩由厚变薄,以平行层理为主 69.6m
32. 灰黑色页岩夹灰—灰绿色薄层含硅质页岩,毫米级水平纹层发育,亦见细小波状纹层理 61.4m
31. 灰—灰绿色薄层细粒岩屑长石砂岩与灰—灰绿色页岩互层 24.5m
30. 灰黑色页岩夹灰色—浅灰绿色薄层细粒白云质长石岩屑砂岩及两层 1m 厚的紫红色粉砂质页岩、灰—灰绿色硅质页岩。平行层理发育 276.1m
29. 灰—灰绿色薄层细粒长石岩屑砂岩夹灰黑色泥岩,砂泥比为 4∶1,砂岩风化面呈褐红色 190.5m
28. 灰色页岩夹灰—灰绿色薄层中细粒长石岩屑砂岩,中部两者互层,页岩中夹透镜状黑色含泥质微晶灰岩 113.9m
27. 灰绿色薄层粉砂质细粒长石岩屑砂岩与灰绿色页片状粉砂岩互层,夹灰色薄层钙质中细粒长石岩屑砂岩 219.4m
26. 灰色页岩夹灰—灰绿色薄层不等粒长石岩屑砂岩、粉砂质细粒长石岩屑砂岩,平行层理、小型斜层理发育 190.9m
25. 灰绿色页岩夹灰绿色薄层细粒长石岩屑砂岩。平行层理、砂泥韵律层理 272.7m
24. 灰绿色薄层细粒长石岩屑砂岩与灰绿色页岩互层,砂岩中夹两层砂岩球,其大小一般为 15～20cm 38.3m
23. 灰绿色页岩夹灰绿色薄层粘土质砂质长石岩屑粉砂岩,局部两者互层,并含砂岩球,由下往上砂岩-泥岩构成由粗到细,厚度由厚到薄,发育小型鱼鳞状干涉波痕 148.1m
22. 灰绿色薄层粘土质砂质长石岩屑砂岩与灰绿色页岩互层,夹少量黑色页岩及紫红色页岩。砂岩局部含砂岩球 102.5m
~~~~~~~~

21. 灰绿色页岩夹灰绿色薄层细粒长石岩屑砂岩、灰黑色页岩。砂岩中含两层灰色(风化面呈褐色)的砂岩球　83.5m
20. 浅灰绿色、灰黑色薄层细粒长石岩屑砂岩夹粉砂岩及黑色泥岩，中间夹一层紫红色页岩。粉砂岩和泥岩占30%，砂岩发育平行层理、中型斜层理　72.7m
19. 灰黑色页岩夹灰绿色薄层细粒长石岩屑砂岩，页岩占90%，砂岩层厚5～10cm　52.0m
18. 灰黑色页岩与灰绿色白云质细粒长石岩屑砂岩互层　60.4m
17. 灰绿色页岩夹灰绿色薄层中细粒长石岩屑砂岩、粉砂岩，上部夹黑色泥岩。粉砂岩层中含植物化石碎片。砂泥比为1∶4　262.9m
16. 灰绿色页岩与灰—灰绿色薄层细粒长石岩屑砂岩互层，夹少量黑色页岩　130.2m
15. 灰绿色薄层—厚层细粒长石岩屑砂岩与页片状粉砂岩、灰绿色页岩呈韵律，由下往上砂岩、粉砂岩减少，页岩增多　9.2m
14. 灰绿色页岩夹灰绿色薄层中细粒长石岩屑砂岩，砂岩占10%，具平行层理　53.7m
13. 灰绿色薄层中细粒长石岩屑砂岩-页片状粉砂岩-页岩构成三个较大的砂泥韵律，由下往上粒度由粗变细，砂岩变薄，泥岩变厚。韵律性层理　55.8m
12. 灰绿色页岩夹灰绿色薄层中细粒长石岩屑砂岩，中部砂岩与页岩互层，且砂岩中夹有两层砂岩球，粒度由粗变细，层理由厚变薄。发育小型直线-弯曲状干涉不对波痕　160.4m
11. 灰绿色薄层中细粒长石岩屑砂岩夹灰绿色页岩，砂泥韵律层理发育　49.4m
10. 灰绿色中薄层不等粒长石岩屑砂岩夹灰黑色页岩，中部为灰绿色薄层钙质含粒不等粒岩屑石英砂岩与灰黑色泥岩互层，上部为灰绿—灰黑色页岩夹灰绿色钙质细粒岩屑长石砂岩及透镜状砾岩。块状层理、平行层理、板状斜层理发育　125.0m
9. 灰绿色页岩夹灰绿色中—薄细粒长石岩屑砂岩。底部夹两层灰色薄层钙质细粒岩屑石英砂岩，上部砂岩与灰黑色页岩互层，砂泥韵律层理发育　116.4m
8. 由两个灰红色砾岩-灰绿色粗粒不等粒长石岩屑砂岩-灰黑色页岩韵律构成，由下往上粒度变细，砂砾岩变薄变少，页岩变厚变多。正粒序　16.2m
7. 灰黑色页岩夹灰绿色薄层中细粒长石岩屑砂岩，及1层透镜状砾岩　65.1m
6. 灰绿色厚层不等粒长石岩屑砂岩夹灰红砾岩、灰黑色页岩。粒序层理发育　80.7m
5. 灰黑色页岩夹灰绿色薄层状细粒长石岩屑石英砂岩　165.7m
4. 灰黄绿色、浅灰红色中薄层白云质含砾中粗粒长石岩屑石英砂岩夹灰黑色页岩、炭质页岩，顶部为1.5m厚砂质砾岩　41.8m
3. 灰绿色钙质页岩与灰绿色薄层细粒长石岩屑砂岩互层，平行层理　68.5m
2. 灰绿色中—薄细粒长石岩屑砂岩夹灰绿色页片状粉砂岩。韵律层理　42.2m
1. 灰黑色粉砂质页岩夹灰黑色钙质泥岩、灰绿色细粒长石岩屑砂岩。钙质泥岩呈透镜状，砂岩斜层理发育　8.4m

═══ 断层接触 ═══

下伏地层：二叠系上统黄羊岭组(P_2h)

(2)卧龙岗正层型剖面

由新疆地矿局第一区调大队一分队(1985)测制。剖面位于卧龙岗一带，东经85°13′40″，北纬35°51′05″。剖面自上而下地层如下。

三叠系卧龙岗组(T_3w)　　总厚度>2 523m

(未见顶)

35. 灰黑色薄层状粉砂岩　46m
34. 灰黑色含粉砂钙质泥岩　20m
33. 灰黑色、浅灰黑色薄层状粉砂岩夹褐灰色中—薄层状细砂岩　33m
32. 灰、浅灰色砂岩夹浅灰色粉砂岩　100m

31. 褐灰色砂岩、粗砂岩、细砂岩、粉砂岩不均匀互层，夹少量薄层状砂质泥岩 51m
30. 褐灰色中层粗砂岩、粉砂岩、炭质泥岩不均匀互层 46m
29. 灰黑色砂岩与粉砂岩互层，夹 20mm 厚的煤线，含丰富的植物化石：*Neocalamites carrel*，*Drepanozamites* Pan Sze，*Sinozamites leeiana*，*Glossophyllum shansiensis* 46m
28. 灰黑色粉砂岩夹少量薄层状细砂岩 38m
27. 灰黑色粉砂岩夹灰、褐灰色薄—中层状砂岩 151m
26. 褐灰色、灰绿色中厚层状砂岩，夹少量灰色粉砂岩、泥岩 31m
25. 灰黑色粉砂岩夹深灰、灰褐色薄层状砂岩 121m
24. 深灰色薄层状砂岩夹灰绿色薄层状粉砂岩及粗砂岩 121m
23. 黑色炭质粉砂岩 60m
22. 灰、浅灰色砂岩、粉砂岩、泥岩互层，上部以炭质粉砂岩与泥岩为主 35m
21. 黄褐色中层状长石砂岩夹灰黑色粉砂及劣质煤层(厚 30mm)、薄层炭质泥岩 71m
20. 褐灰色中层状粗砂岩夹含砾粗砂岩 212m
19. 灰色与黄褐色砂岩互层，夹灰白色粗砂岩 86m
18. 灰色中层状砂岩与浅灰色粉砂岩不均匀互层 86m
17. 灰黑色泥质粉砂岩夹细砂岩 86m
16. 暗紫色中层状砂质细砂岩 43m
15. 灰色粗粒岩屑砂岩 45m
14. 灰色中—细粒长石岩屑砂岩 27m
13. 浅灰色、浅灰绿色薄—中层状砂岩与灰黑色薄层粉砂岩互层 55m
12. 浅灰绿色、黄绿色中厚层状粗砂岩，夹灰绿色细砾岩及粉砂岩薄层 39m
11. 灰色中层状中粒岩屑砂岩与灰黑色粉砂岩不均匀互层 78m
10. 褐灰色薄层砂岩、粉砂岩、细砂岩不均匀互层，夹细砾岩及似层状、透镜状砂砾岩 116m
9. 灰黑色粉砂岩夹灰色砂岩 38m
8. 灰色、浅灰色中—细粒复成分砾岩、砂砾岩 37m
7. 浅灰绿色中—厚层状砂岩，顶部为细砂岩与粉砂岩互层 188m
6. 浅灰黑色中—厚层状片理化粉砂岩，夹少量淡褐色薄层状砂岩 82m
5. 黄绿色薄层细砂岩夹灰绿色薄层中—细粒砂岩 61m
4. 浅黄绿色中—细粒岩屑砂岩夹灰色厚层状长石石英粗砂岩 73m
3. 灰、浅灰色片理化粉砂岩 49m
2. 灰褐色中—粗粒岩屑砂岩夹含砾粗砂岩 49m
1. 灰褐色中—粗粒含砾长石岩屑砂岩与灰黑色、浅灰色薄层粉砂岩、细砂岩不均匀互层 75m

═══ 断层接触 ═══

二叠系中统黄羊岭组(P_2h)

3. 地层特征

该组主要分布于卧龙岗—叉叉沟一带，总体走向为北东—南西向，整体向南倾，倾角较陡，一般 40°～60°，南西外延至测区外，北东延伸至叶亦克幅前进达坂—黄羊岭北一带。地貌特征表现为突出的带状—“鱼骨状”山脊，与两侧地层地貌截然不同。底部与二叠系黄羊岭组断层接触，区内未见顶，局部向北邻幅该组被侏罗系叶尔羌群不整合覆盖，主要为一套河流相碎屑岩建造。

底部岩性为灰绿色薄层—中厚层细粒长石岩屑砂岩、钙质细粒岩屑石英砂岩、灰绿色厚层不等粒长石岩屑砂岩、白云质含砾中粗粒长石岩屑石英砂岩、钙质含砾不等粒岩屑石英砂岩、灰红色中薄层砾岩、砂砾岩夹灰黑色页岩、炭质泥岩、灰绿色页片状粉砂岩及透镜状钙质泥岩。块状层理、板状斜层理、水平层理发育，具正粒序。下部岩性为灰绿色薄层细粒长石岩屑砂岩、中细粒长石岩屑砂岩、黄绿色页片状粉砂岩与灰绿色页岩不均匀互层。以砂泥韵律层理、平行层理为主，砂岩层面发育小型直线—弯曲状不对称波痕。砂泥比为 1∶1～1∶2。中下部为灰绿色页岩、灰—灰黑色页岩夹灰绿色薄白云质细粒长石岩屑砂岩、粉砂质细粒长石岩屑砂岩、粘土质砂质长石岩屑粉砂岩，偶夹紫红色泥页岩、深灰色薄层不等粒长石岩屑砂岩。砂泥比为 1∶4～1∶8，粉砂岩中含植物化石碎片，大多为宽 3mm、长约 2cm 的具平行纹的(芦木)叶片。砂岩中含较多的砂岩球，其大小一般 15～20m，大者 40～50m，成分同砂岩基本一致，多顺层产出，且由下往上，砂岩球含量由少到多。平行层理、斜层理发育，局部粉砂岩层面发育小型鱼鳞状干涉波痕。中上部为灰—灰绿色薄层钙质中细粒长石岩屑砂岩、细粒长石岩屑砂岩、白云质细粒长石岩屑砂岩与灰绿色页片状粉砂岩互层，夹灰色页岩及黑色透镜状含泥质微晶灰岩，砂岩风化面呈褐红色，页岩多呈灰黄色。由下往上砂岩颜色由灰绿色渐变为灰—深灰色，并偶含砂岩球。以块状层理、平行层理为主，粉砂岩页理较发育，砂泥比为 4∶1。上部为灰黑色页岩夹灰—灰绿色薄层细粒长石岩屑砂岩、中细粒长石岩屑砂岩、灰绿色含硅质页岩及紫红色泥、泥质粉砂岩，局部砂泥互层。顶部砂岩中含少量砂岩球，粉砂岩具水平纹层理、细小波状纹层理，砂岩发育斜层理、平行层理及砂泥韵律层理。

该组地层结构及沉积层序见图 2-14，底部为灰红色砾岩-含砾粗粒长石岩屑石英砂岩-不等粒长石岩屑砂岩-灰黑色页岩组成由粗到细的沉积层序，砾岩厚度较小，一般 0.5～1.5m，呈扁平透镜体状，砾石杂乱排列，成分以硅质岩、石英岩为主，磨圆度中等，分选一般，具正粒序。含砾砂岩的成分成熟度较高，而结构成熟度低。不等粒长石岩屑砂岩厚一般 0.8～1.0m，碎屑磨圆度、分选性差，

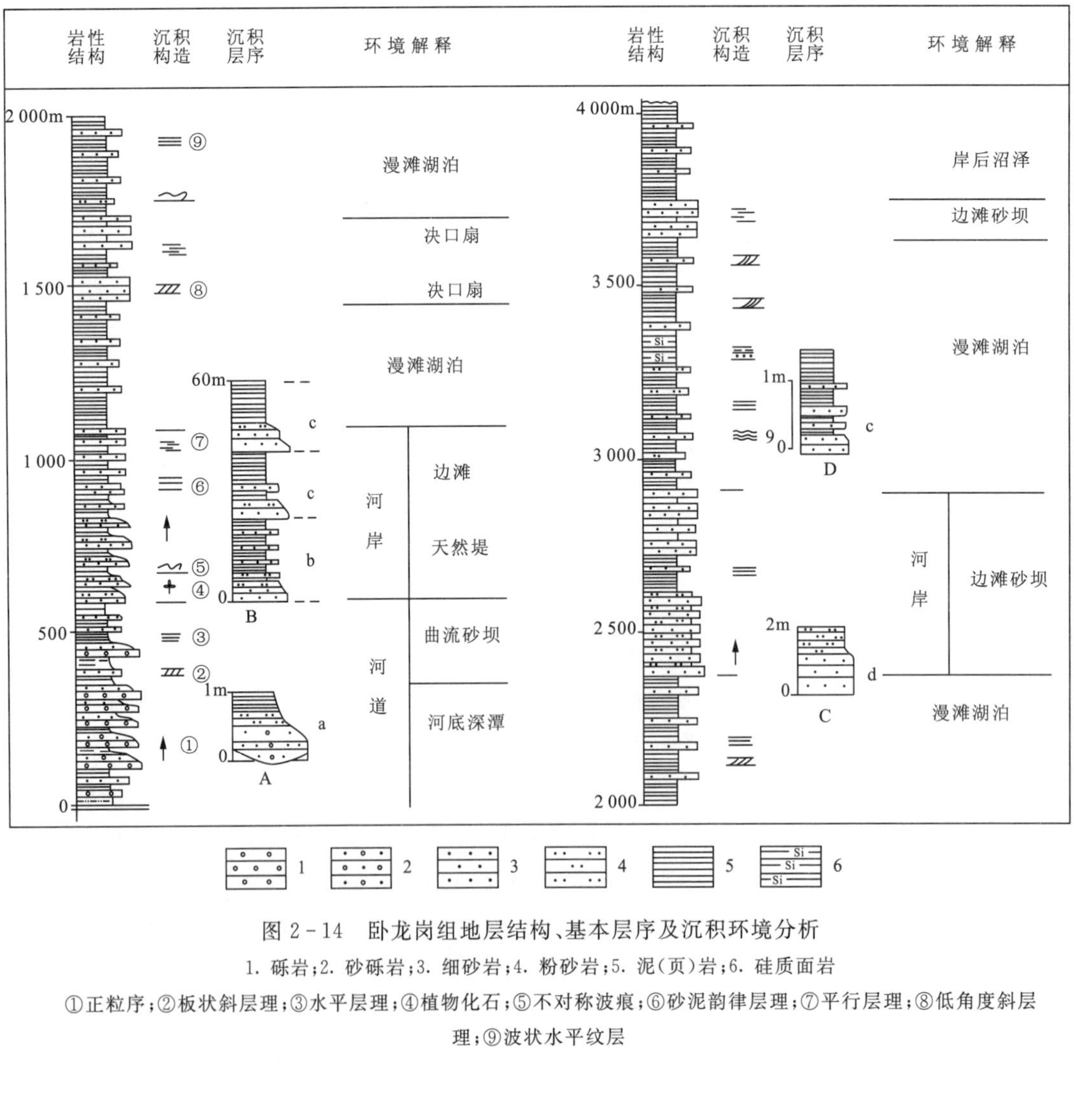

图 2-14　卧龙岗组地层结构、基本层序及沉积环境分析

1. 砾岩；2. 砂砾岩；3. 细砂岩；4. 粉砂岩；5. 泥(页)岩；6. 硅质面岩

①正粒序；②板状斜层理；③水平层理；④植物化石；⑤不对称波痕；⑥砂泥韵律层理；⑦平行层理；⑧低角度斜层理；⑨波状水平纹层

成分成熟度、结构成熟度均低，发育板状斜层理。其特征属河道滞留沉积。下部沉积层序由中细粒砂岩-粉砂岩-页岩组成(图 2－14)，单个沉积层序厚 3～20m，其层序的下部主要由粉砂岩组成，上部为泥岩。粉砂岩中含植物化石碎片，层面见小型直线状不对称波痕。层序由下往上粒度变细，砂岩厚度由厚变薄，页岩则由薄变厚，属河岸边滩或天然堤沉积。中下部及上部沉积层序，由砂岩-页岩组成，砂岩单层厚 0.2～1.0m，页岩单层厚 1.5～6m，砂泥比为 1∶4～1∶5。砂岩主要为细粒长石岩屑砂、粘土质砂质长石岩屑粉砂岩及粘土质砂质长石岩屑砂岩，呈灰绿色、灰黑色条纹状，发育平行层理、水平纹层理、微波状纹层理及小型斜层理、砂泥韵律层理，成分成熟度、结构成熟度均很低。由下往上页岩由灰绿色过渡为灰黑色，局部呈紫红色，具间歇性出露水面、氧化淋滤的特征，属漫滩湖泊及岸后沼泽沉积。中上部沉积层序由细粒砂岩-粉砂岩组成，砂岩单层厚度一般小于 10cm，粉砂岩单层厚度一般小于 2cm。其间夹黑色泥页岩及透镜状黑色含泥质微晶灰岩，砂泥比为 4∶1，块状层理、平行层理发育。由下往上沉积层序由薄变厚，粒度由粗变细，砂岩由灰绿色渐变为灰—深灰色，属河岸边滩或砂坝沉积。

横向上岩性、厚度变化较大，据新疆地矿局第一区调大队一分队所测卧龙岗组剖面资料和路线观测，在卧龙岗附近该组下部岩性为灰褐色、浅黄绿色及灰色中粗粒岩屑砂岩、细粒长石岩屑砂岩、含砾粗粒岩屑石英砂岩与灰黑色粉砂岩不均匀互层，夹灰—浅灰色细砾岩、似层状砂砾岩、砾岩；上部为灰—浅灰色粉砂岩、黑色炭质粉砂岩、灰黑色含粉砂钙质泥岩夹灰—灰褐色薄—中层细砂岩及煤层(线)，煤层厚 30cm，含丰富的植物化石：*Neocalamites carrel*，*Drepanozamites* Pan Sze，*Sinozamites leeiann*，*Glossophyllum shansiensis*。实测地层厚度 2 530m。卧龙岗南西至独尖山间，岩性为灰绿、灰紫色粉砂岩、粉砂质页岩、灰黑色泥岩夹灰绿色硅质页岩、灰褐色钙质细粒岩屑长石砂岩。往西独尖山至叉叉沟一带，岩性为黑色泥页岩、灰色粉砂质泥岩夹灰色含砾细粒长石岩屑砂岩及数层含砂质硅质砾岩、砂砾岩。砾岩厚数十米，底部颗粒较粗，向上变细，具正粒序。下部沉积层序由砾岩-含砾中粗粒长石岩屑砂岩-细粒长石岩屑砂岩组成，上部由细砂岩-青灰色泥岩构成。地层厚度 2 000 余米。卧龙岗北东至前进达坂间，岩性主要以灰—灰黑色页岩、炭质页岩与细粒岩屑长石砂岩互层为特征，局部夹紫红色砂岩、泥岩。外延至叶亦克幅前进达坂—三道河子南间，下部和中部岩性为灰黑色泥岩夹灰绿色含砾不等粒长石岩屑砂岩、细粒长石岩屑砂岩，局部不均匀互层；上部为黄褐色中薄层长石岩屑砂岩夹黑色泥岩，碎屑磨圆度较差，分选性差，砂岩成分成熟度、结构成熟度均很低，地层厚度约 2 300m。黄羊岭北一带，岩性同剖面介绍，实测地层厚度为 4 028.7m。该组在西部独尖山一带砾岩夹层及厚度明显多于东部黄羊岭一带，受断裂构造影响西部地层出露不全，厚度较小，东部地层出露齐全，厚度较大。

4. 岩石特征及沉积环境分析

(1)岩石特征

不同类型砂岩的岩石特征见表 2－11。

砾岩类：多呈灰红色，砂砾状结构，块状构造，主要由砂质和砾质组成，砾石含量 60%～80%，成分主要为硅质岩、燧石、石英，其次含少量泥岩、粉砂质泥岩。砾径一般 2～30mm，次棱角—次圆状，磨圆度较差，分选性中等，具正粒序。均呈扁平透镜体状，出现于该组底部及下部。

砂岩类：分为石英砂岩、长石砂岩、岩屑砂岩和粉砂岩。

石英砂岩类有含砾中粗粒长石岩屑石英砂岩、钙质细粒岩屑石英砂岩、钙质含砾不等粒岩屑石英砂岩，主要出现于该组底部及下部，以灰绿色为主，碎屑成分石英以单晶为主，石英岩、硅质岩、石英砂岩少量；长石以斜长石为主；岩屑由泥质岩、千枚岩、中酸性火山岩、碳酸盐岩组成；碎屑总含量为 80%～87%，胶结物含量 10%，杂基含量小于 2%。成分成熟度较高，结构成熟度低。

表 2-11　卧龙岗组不同类型砂岩的岩矿特征表

特征 / 名称	组分及含量(%)						胶结物		杂基		胶结组构			成分成熟度	结构成熟度
	石英	长石	岩屑	重矿物	粒度(mm)	形态	粒度(mm)	成分	含量(%)	成分	支撑类型	胶结类型	粒间关系		
白云质含砾中粗粒长石岩屑石英砂岩	75	10	15	少量	0.02～0.3	次棱角	13	白云质铁质	2	粘土矿物	颗粒支撑	孔隙式	点-线接触	较高	低
钙质细粒岩屑石英砂岩	80	5	15		0.02～0.3	棱角、次棱角	40	方解石铁质	少量		微晶支撑	基底式	漂浮状	较高	低
钙质含砾不等粒岩屑石英砂岩	84	5	10	1	0.05～1.2	次棱角	10	方解石铁质	3	粘土矿物	颗粒支撑	孔隙式	点接触	较高	低钙
质细粒岩屑长石砂岩	74	15	10	1	0.03～0.25	棱角次棱角	20	方解石铁质	5	粘土矿物	粉晶支撑	基底式	点-漂浮状	低	低
不等粒长石岩屑砂岩	44～57	10～15	30～40	少量～3	0.06～1.2	棱角次棱角	3	方解石铁质	10	粘土矿物绿泥石	颗粒支撑	孔隙式	点-线接触	低	低
中细粒长石岩屑砂岩	43～49	10～20	35～40	1～2	0.05～0.7	次棱角	1～5	铁质硅质	10	粘土矿物绢云母	颗粒支撑	孔隙式	点-线接触	低	低
钙质中细粒长石岩屑砂岩	49	10	40	1	0.03～0.6	次棱角	15	方解石铁质	3	方解石铁质	颗粒支撑	孔隙式	点接触	低	低
细粒长石岩屑砂岩	39～59	10～20	30～45	1	0.03～0.25	次棱角	2～5	方解石白云石	10	粘土矿物绢云母	颗粒支撑	孔隙式	点-线接触	低	低
钙质细粒长石岩屑砂岩	60	10	30	少量	0.03～0.3	棱角次棱角	40	方解石铁质	少量		粉晶支撑	基底式	漂浮状	低	低
白云质细粒长石岩屑砂岩	45	15	40	少量	0.03～0.3	次棱角	15	白云石铁质	3	粘土矿物	颗粒支撑	孔隙式	点-线接触	低	低
粉砂质细粒长石岩屑砂岩	54	10	35	1	0.01～0.3	棱角次棱角	1	方解石铁质	15	粘土矿物	杂基支撑	基底式	点-漂浮状	低	低
粘土质砂质长石岩屑粉砂岩	69	10	20	1	0.01～0.45	棱角次棱角	1	碳酸盐岩	25	高岭石水云母	杂基支撑	基底式	漂浮状	低	低

长石砂岩类为钙质细粒岩屑长石砂岩，呈砂岩球出露于该组中部及上部。碎屑含量60%～70%，胶结物含量30%～40%，碎屑磨圆度较差，分选性中等，微晶或粉晶支撑，基底式胶结，成分成熟度、结构成熟度均低。

岩屑砂岩类有不等粒长石岩屑砂岩、中—细粒长石岩屑砂岩、钙质中细粒长石岩屑砂岩、细粒长石岩屑砂岩、钙质细粒长石岩屑砂岩、白云质细粒长石岩屑砂岩、粉砂质细粒长石岩，其中不等粒—中细粒长石岩屑砂岩主要出现于该组下部，粉砂质细粒长石岩屑砂岩出现于该组上部。该类砂岩以灰、深灰色、灰绿色为主，为不等粒砂状结构或细粒砂状结构，层状构造，碎屑由石英、长石、岩屑及重矿物组成，含量85%～89%；胶结物成分为铁质、硅质，含量1%～5%；杂基为粘土矿物，含量小于10%，且部分重结晶。重矿物有绿帘石、石榴石、锆石、磷灰石、电气石，含量小于1%。成分成熟度、结构成熟度均低。

泥质岩类主要为页岩、硅质页岩、炭质泥岩。以黑色、灰黑色为主，局部呈紫红色，页理构造发育，成分主要由针状、鳞片状粘土矿物组成，含量85%左右，其次含炭质或硅质。

(2)沉积环境分析

该组为一套河流沉积的碎屑岩建造,从下往上,其亚环境大致分为河道、河岸和河漫滩(图 2-14)。

河道:以河底残留沉积、曲流砂坝沉积为主,沉积物主要为粗碎屑物质砾岩、砂砾岩、含砾不等粒岩屑石英砂岩、含砾中粗粒长石岩屑石英砂岩、细粒—不等粒长石岩屑砂岩,其次为粉砂岩、泥质岩。砾岩呈不连续的厚度不大的扁平透镜体状,具正粒序。砂岩发育板状斜层理、平行层理。成分成熟度较高,结构成熟度较低。体现了河道沉积的特点。

河岸:为天然堤或边滩沉积,沉积层序见图 2-14。沉积物为细粒长石岩屑砂岩、钙质细粒长石岩屑砂岩、白云质细粒长石岩屑、粉砂岩、泥页岩,砂岩中含有大量植物化石碎片及有机质,层面见小型直线状不对称波痕,平行层理发育。砂岩成分复杂,岩屑含量达 35%～40%,成分成熟度、结构成熟度低。

河漫滩:以漫滩湖泊和河漫沼泽沉积为特征,沉积物以黑色页岩、炭质泥岩、硅质页岩为主,夹薄层细粒长石岩屑砂岩、粘土质砂质细粒长石岩屑砂岩、粘土质砂质长石岩屑粉砂岩及煤层、煤线。砂岩及粉砂岩多呈灰、灰绿、黑色条纹状,发育水平纹层理、微波状纹层理及小型低角度斜层理。单层厚度一般 0.2～0.5m,粒度较细,成分复杂,成熟度低。砂泥比极小,主要是决口扇沉积的薄的砂质层延伸至漫滩湖泊之中的结果。砂泥质岩多呈黑色、灰黑色,页理构造发育,局部炭质或硅质含量较高,形成炭质页岩和硅质页岩,表明当时气侯温暖潮湿,利于植物生长,局部形成河漫沼泽,横向上沉积形成不连续的劣质煤层、煤线。

5. 时代划分依据

据新疆地矿局第一区调大队一分队所测卧龙岗组剖面资料,在灰黑色粉砂岩中采集到大量植物化石:*Nelcalamites carrel*, *Drepanozamites* sp., *Bernozllin* sp., *Sinozamites leeiana*, *Glossophyllum shansiensis*。所采植物化石 *Bernozllin* sp., *Sinozamites leeiana*, *Glossophyllum shansiensis* 常见于天山南北的晚三叠世;*Drepanozamites* sp. 也在江西、湖南等地的上三叠统中常见。因此,将卧龙岗组的时代划归晚三叠世。

(三)侏罗系叶尔羌群(J_2Y)

1. 地层沿革、分布及划分依据

叶尔羌群为德·泰拉(1932)由塔里木盆地西至昆仑山进行地质考察时所创立。H. A. 别良耶夫斯基(1946)又将该套沉积命名为含煤岩系。地质部第十大队(1957)在艾格留姆河工作时,将该套地层划为艾格留姆岩系。西北煤田地质局 156 队(1962)又将艾格留姆岩系划为叶尔羌群。新疆区域地层表编写组(1981)将出露于托云、昆仑山、阿尔金山等地的一套湖沼相含煤碎屑岩划为叶尔羌群,其时代划归早—中侏罗世。本次对比研究认为,白戈壁、野马滩一带,零星分布着一套岩性主要为灰、灰白色厚层砂砾岩、含砾中粗粒长石岩屑石英砂岩夹灰黑色页岩、灰绿色粉砂岩的地层,与下伏二叠系黄羊岭组角度不整合接触,产出于向斜核部,依据邻幅叶亦克幅(1∶25 万)黄羊岭一带实测侏罗系叶尔羌群地层特征,其应归属侏罗系叶尔羌群,时代为中侏罗世。

2. 剖面介绍

剖面位于民丰县双带梁北,剖面起点坐标:$X=3\ 917\ 020$,$Y=14\ 733\ 058$,高程为 5 024m。剖面介绍如下。

（未见顶）

侏罗系叶尔羌群(J_2Y) **厚度>34.5m**

2.灰、灰黑色页岩夹灰色中细粒钙质岩屑长石砂岩及硅质微晶灰岩透镜体 6.0m

1.灰色中厚层砾岩夹灰白色含砾粗粒岩屑石英砂岩、粉砂岩。砾石成分单一，为燧石、脉石英，含量50%～70%，呈次圆、次棱角状，大小0.2mm～2cm。硅质、铁质胶结 28.5m

~~~~~~~~ 不整合接触 ~~~~~~~~

下伏地层：二叠系黄羊岭组(P_2h)

3.地层特征

该组主要分布于图幅北东双带梁一带，地貌上表现为孤立的不连续的小山包，且多构成向斜核部地层，总体呈北东—南西向断续展布。岩性主要为灰、灰白色厚层砂砾岩、含砾中细粒长石岩屑石英砂岩、灰绿色厚层含砾中粗粒不等粒长石岩屑砂岩，夹黄绿色、灰绿色粉砂岩及灰黑色页岩。砾岩中夹0.6～0.8m厚的透镜状或似层状含砾粗砂岩，砾石成分主要为黑色硅质岩、白色脉石英及少量石英砂岩，含量50%～70%，大小一般2～8mm，最大2～5cm，呈次圆、次棱角状，磨圆度中等，分选性较差。砂砾岩为硅质、钙质胶结，成分成熟度较高，结构成熟度较差。地层结构由下向上表现为由粗到细的基本层序类型，即由砾岩→砂岩→泥岩(或页岩)构成的层序明显。横向上在双带梁以北至云母山一带，顶部灰黑色页岩中夹3～5层厚度10～20cm的粉晶灰岩、微晶灰岩透镜体，延伸一般几米至10余米。在双带梁以南一带，岩性多为灰白色厚层含砾中细粒长石岩屑砂岩夹0.5～2m厚度不等的灰黑色砂砾岩及少量黑色泥页岩。由于后期剥蚀强烈，该组大多保留底部一层砾岩或含砾粗砂岩，厚度一般几米，双带梁剖面上该组厚度为34.5m，但在双带梁以东路线观测中局部地段该组厚度可达70～90m。

幅内的叶尔羌群出露厚度小，岩石组合简单，与邻幅叶亦克幅黄羊岭一带的叶尔羌群对比，该幅出露地层仅相当于其底部层位。

4.岩石特征及沉积环境分析

该组岩石类型较为简单，主要类型为碎屑岩及泥质岩，另发育有少量的碳酸盐岩等，现分述如下。

(1)砂质砾岩

分布于叶尔羌群底部，呈灰、灰白色，厚层状，砾状结构。成分由砂和砾组成，砾石含量60%～70%，砂质含量30%～40%。砾石成分以黑色燧石、灰绿色硅质岩、石英砂岩为主，约占80%；其次为泥岩和灰岩，约占10%。砾石大小一般2～8mm，大者2～5cm，形态呈次棱角状、次圆状，磨圆度较差，分选性中等。砂质由石英和岩屑组成，大小0.1～1.8mm，次棱角状、次圆状。杂基含量小于10%。孔隙式胶结，颗粒支撑，成分成熟度、结构成熟度较高。

(2)长石岩屑石英砂岩

岩石多呈灰色，其中石英+石英岩+硅质岩含量占碎屑总量的80%左右；长石占碎屑总量的10%左右；岩屑的成分主要为中酸性火山岩，其含量占碎屑总量的10%左右；胶结物成分为硅质和铁质，杂基为粘土矿物。颗粒粒径多为0.1～0.6mm，以0.2～0.5mm为主，颗粒为次棱角状，表面一般不光滑，成分成熟度和结构成熟度均较差。

(3)长石岩屑砂岩

岩石呈灰色，含砾砂状结构，块状构造，砾石成分主要为单晶石英、硅质岩、石英岩及泥岩，呈次棱角状，大小2～7mm，含量5%～10%。碎屑含量80%～85%，其中石英+石英岩+硅质岩含量占碎屑总量的60%左右；长石占碎屑总量的10%左右；岩屑的成分主要为中酸性火山岩，其含量占
~~~~~~~~

碎屑总量的30%左右；胶结物成分为硅质和铁质。成分成熟度、结构成熟度低。

(4)微晶灰岩、粉晶灰岩

深灰色，微晶、粉晶结构，块状构造，主要由方解石组成，另有少量的石英、长石、铁质。岩石次生裂隙发育，被方解石充填。

叶尔羌群在叶亦克幅内地层出露较多，沉积构造发育，区内地层仅相当于其底部层位，据岩石特征、地层结构及沉积构造分析，叶尔羌群沉积环境为河湖相。

二、北羌塘地层区

侏罗系雁石坪群($J_{1-2}Y$)

1. 地层沿革、分布及划分依据

雁石坪群由青海区域地质调查队(1970)创名于青海省南部雁石坪地区，主要为一套浅海相碳酸盐岩和陆源碎屑岩，时代划归中—晚侏罗世。《1∶100万日土幅区域地质调查报告》(1987)和《西藏自治区区域地质志》(1993)，均将分布于拜惹布错一带由碳酸盐岩和陆源碎屑岩组成的一套地层划归雁石坪群，时代为中侏罗世，本次工作基本沿用这一划分方案。

2. 剖面介绍

(1)拜惹布错雁石坪群辅助剖面

剖面位于西藏自治区改则县拜惹布错一带，剖面起点坐标：X=3 883 081，Y=14 687 842。路线观测由北向南(图2-15)，岩性由上至下如下。

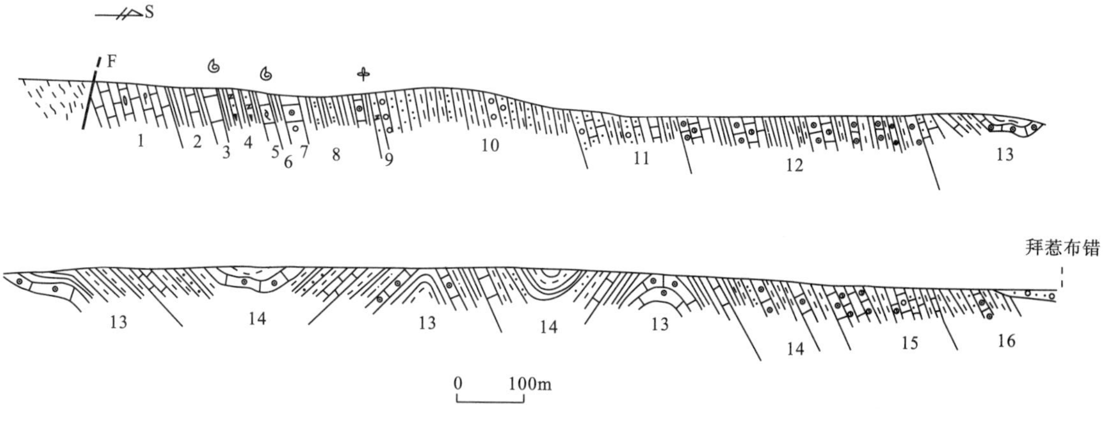

图2-15　西藏改则县拜惹布错雁石坪群地质路线剖面图

上覆地层：新生界砂砾石层

～～～～～　不整合接触　～～～～～

雁石坪群($J_{1-2}Y$)　　**厚度1 800m**

16. 灰黄色泥岩、页岩及灰黄绿色岩屑长石砂岩和黑色鲕粒灰岩　200m
15. 浅橘红色含岩屑石英砂屑鲕粒泥晶灰岩、亮晶鲕粒灰岩、生物碎屑灰岩夹橘红色泥岩及黄绿色长石砂岩　160m
14. 灰红色泥岩夹灰黄绿色中细粒长石岩屑砂岩、鲕粒灰岩　120m
13. 灰黑色鲕粒灰岩、生物碎屑灰岩、泥晶灰岩及灰黑—灰黄色钙质粉砂岩、泥页岩　150m
12. 灰黑色鲕粒灰岩、生物碎屑灰岩、砂质灰岩-灰黄色粉砂质页岩-灰黑色泥岩-煤(层)线组成旋回性

沉积层序，可识别出 9～10 个	350m
11. 灰色含砾钙质砂屑灰岩-含粉砂质泥晶灰岩-灰色钙质泥岩构成沉积层序	150m
10. 灰黄色砾岩-黄绿色砂岩-紫红色泥岩组成旋回性沉积层序，由下往上粒度由粗变细，砾岩厚度变薄，具正粒序	300m
9. 浅灰黄色薄层细粒长石岩屑砂岩	5m
8. 浅灰绿色页岩、粉砂质页岩夹白云质岩屑粉砂岩，上部夹 1m 厚含豆粒亮晶鲕粒灰岩及 20cm 的灰黑色含植物化石碎片泥页岩	100m
7. 下部为灰色含砾钙质粉砂岩，上部为灰黑色含介壳含砾亮晶鲕粒灰岩，两者呈渐变过渡	2m
6. 灰黄绿色页岩、粉砂质页岩夹粉砂岩	30m
5. 粉砂质页岩-含砾含介壳石英砂岩-黑色介壳灰岩组成旋回性沉积层序，由下往上岩性间呈渐变过渡，介壳保存较完整，以腕足类、双壳类为主，含海百合茎和菊石等	3m
4. 灰黄绿色页岩、粉砂质页岩夹灰绿色细粒长石岩屑砂岩	70m
3. 黑色厚层微晶生物屑（腕足）灰岩，几乎全由腕足类及其碎片组成，化石极其丰富，腕足类（*Zeilleria* sp.）占绝对优势，双壳类（*Ctenostreon* sp.）次之	10m
2. 灰黄色、灰黑色泥页岩夹泥质灰岩	50m
1. 灰色中厚层泥晶灰岩夹灰黑色生物屑灰岩、鲕粒灰岩。中部鲕粒灰岩发育，上部生物碎屑灰岩发育	100m

════ 断层接触 ════

(2)拜惹布错雁石坪群实测剖面位于西藏自治区改则县拜惹布错一带，剖面起点坐标：$X=$ 3 891 093，$Y=$14 719 945。地层自上而下如下。

（未见顶）

雁石坪群($J_{1-2}Y$)	**厚度＞598.9m**
4. 灰黄色薄层泥晶灰岩夹灰色中厚层含生物屑泥晶灰岩、泥质灰岩及两层厚层状泥晶灰岩	179.5m
3. 灰色钙质泥（页）岩，风化呈泥土状	120.4m
2. 黑色薄板状泥晶—微晶灰岩与中厚层泥质泥晶灰岩互层，夹灰色页岩	294.0m
1. 灰、深灰色钙质泥（页）岩	15.0m

（未见底）

3. 地层特征

雁石坪群主要分布于图幅东南部拜惹布错、独有洞南一带。拜惹布错西地层受断裂控制，平面上呈三角形展布，走向北东—南西向，倾向南东，倾角较陡，一般 50°～70°。而拜惹布错东至独有洞南一带，该组总体呈东西向展布，倾向南，倾角较缓一般 30°～50°。底界与二叠系、三叠系或新近系呈断层接触，顶界延伸至图幅外或被新生界松散堆积物覆盖。该组岩性下部为灰色中厚层泥晶灰岩、黑色中层微晶生物屑（腕足）灰岩（图版Ⅴ，5）、生物碎屑泥晶灰岩（图版Ⅴ，6）、亮晶鲕粒灰岩夹灰黄色—灰黑色泥页岩、灰绿色粉砂质页岩、白云质岩屑粉砂岩及薄层细粒长石岩屑砂岩。含大量的腕足类、双壳类、海百合茎和菊石等（图版Ⅴ，7，8）。中下部为浅灰黄色、灰黄绿色砾岩、灰绿色细粒长石岩屑砂岩、紫红色泥岩，砾岩、砂岩具正粒序，泥岩中夹黄绿色薄层粉砂岩，并含较多灰白色钙质结核；中上部为黑色泥晶灰岩、灰黑色亮晶鲕粒灰岩、含砾亮晶鲕粒灰岩、灰色含砂屑粉屑灰岩、泥晶含砂质砂屑灰岩及灰绿色—灰黄色粉砂质页岩、粉砂岩、黑色泥岩和煤（层）线，含大量的腕足类、双壳类、海百合茎等；上部为浅橘红色含岩屑石英砂屑鲕粒泥晶灰岩、灰色鲕粒灰岩、含鲕粒生物屑灰岩及橘红色泥岩、黄绿色细粒岩屑石英砂岩。地层厚度 1 800m 左右。

该组地层结构及沉积层序特征较为明显，共可识别出 3 种不同类型的基本层序 A、B、C（图 2－

16)，其中，A 型由粉砂质页岩-含介壳含砾细砂岩-微晶生物屑灰岩、亮晶鲕粒灰岩或泥晶灰岩组成，层序中由陆源碎屑岩渐变过渡为碳酸盐岩，与上覆层序间为沉积突变接触，层序厚一般 3～10m，出现于该组下部；B 型由灰绿色页岩-灰黄色细粒砂岩-砾岩-细砂岩-紫红色泥岩组成细—粗—细对称型层序，层序内沉积渐变接触，层序厚一般 10～30m，出现于该组中下部；C 型由鲕粒灰岩、生物碎屑灰岩、砂质砂屑灰岩-灰黄色粉砂质页岩-灰黑色泥岩-煤(层)线组成旋回性沉积层序，层序下部单元灰岩厚 10m 左右，上部单元砂岩、泥岩厚 20～30m，层序底部的鲕粒灰岩及顶部煤(层)线常常缺失，该类型主要出现于中上部及上部。由下往上，层序厚度变薄，色调由灰、灰黑、灰黄绿色变为橘红色。

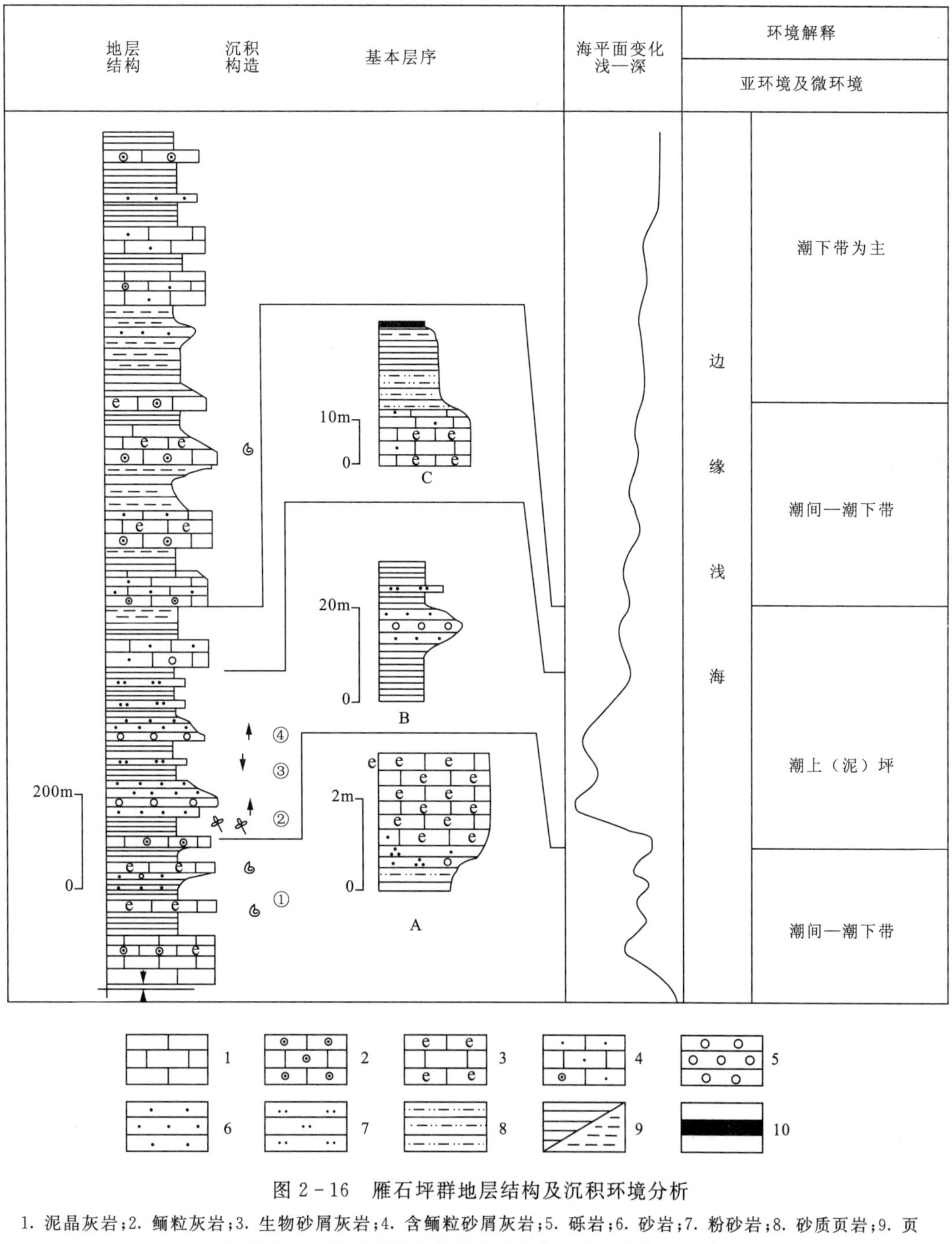

图 2-16　雁石坪群地层结构及沉积环境分析

1. 泥晶灰岩；2. 鲕粒灰岩；3. 生物砂屑灰岩；4. 含鲕粒砂屑灰岩；5. 砾岩；6. 砂岩；7. 粉砂岩；8. 砂质页岩；9. 页岩/泥岩；10. 煤；①腕足类化石；②植物化石；③逆粒序；④正粒序

拜惹布错往西至狼山一带，岩性为紫红色泥岩夹灰黑色中厚层生物碎屑鲕粒灰岩、生物灰岩和少量中粒岩屑石英砂岩、砂砾岩，局部泥岩与灰岩呈不等厚互层。拜惹布错东岸，岩性为黑色泥晶灰岩、灰色泥晶含鲕粒豆粒灰岩、生物屑灰岩、亮晶鲕粒灰岩夹灰白色白云质细粒岩屑石英砂岩、薄层硅质砂砾岩和黑色泥岩，灰岩中含有头足类、双壳类、海百合茎等动物化石，出露厚度约 608.9m。拜惹布错东至独有洞间，该组岩性由下往上分为：①灰黑色薄层泥质灰岩夹灰黑色泥岩；②浅灰色钙质泥岩；③灰黑色泥岩夹浅灰色钙质泥岩；④浅灰色钙质泥岩；⑤浅灰色巨厚层生物碎屑灰岩与薄层泥晶灰岩不等厚互层，含较丰富的动物化石 *Myoholas* cf. *semieostata*(*Agassiz*)(半褶螂海笋)，比较种见于俄罗斯高加索侏罗纪。总体由下往上泥岩减少变薄，灰岩增多变厚，出露厚度约 900m。独有洞南岩性为浅灰色厚层微晶粉屑灰岩、浅灰色泥晶生物碎屑灰岩夹黑色泥页岩，含腕足类动物化石。独有洞往东至图边，岩性为灰黄色泥岩、黑色炭质页岩、灰色薄层泥晶含砂质砂屑灰岩、生物屑灰岩夹浅紫红色粉砂岩和灰绿色泥岩，砂岩层面发育不对称波痕。

4. 岩石特征及沉积环境分析

侏罗系雁石坪群以碳酸盐岩为主，夹陆源碎屑岩，为一套海陆交互的边缘浅海沉积。不同类型砂岩岩石特征见表 2-12、表 2-13。不同类型的碳酸盐岩岩石特征及岩石化学特征表 2-14。

表 2-12　雁石坪群不同类型砂岩的岩矿特征表

岩矿特征 / 岩石名称	组分及含量(%)					胶结物		杂基		胶结组构			成分成熟度	结构成熟度
	石英	长石	岩屑	粒度	形态	含量	成分	含量	成分	支撑类型	胶结类型	粒间关系		
白云质细粒岩屑石英砂岩	80	5	15	0.06～0.3	次棱角—棱角	21	白云石	1	粘土质绢云母	颗粒支撑	孔隙式	线接触	较高	较差
细粒长石岩屑砂岩	59	10	30			5	白云石	10	粘土质	颗粒支撑	孔隙式	线接触	低	较差
灰质中细粒岩屑砂岩	60	少量	40			15	方解石	3	粘土矿物					
钙质岩屑石英粉砂岩	84	5	10	0.01～0.06	棱角状	45	方解石			微晶支撑	基底式	漂浮状	较高	较差
白云质岩屑粉砂岩	64	10	25			10	白云石	5	粘土质	颗粒支撑	孔隙式		低	低

表 2-13　不同类型的颗粒灰岩及其岩石特征表

岩石特征 / 岩石类型	组分及含量(%)							填隙物		胶结类型
	粉屑	砂屑	鲕粒	豆粒	生物屑	陆源碎屑		胶结物	基质	
						砂	砾			
亮晶鲕粒灰岩	3		50～80	5	1～10	5%		15～22	5	孔隙式
泥晶鲕粒灰岩	5		80		少量				15	孔隙式
亮晶含砾鲕粒灰岩			75		少量	5	5	15		孔隙式
泥晶含鲕豆粒灰岩			15	65				20		孔隙式
泥晶含砂质砂屑灰岩		64	5		1	10		30		基底式
含砂屑粉屑灰岩	55	10	1		1	3		30		基底式
泥亮晶含鲕粒生物灰岩			10		75	少量		15		孔隙式
微晶生物屑(腕足)灰岩					70	少量		30		孔隙式
含岩屑石英砂质鲕粒泥晶灰岩			35	5		65		25	5	基底式

表 2-14 碳酸盐岩岩石化学成分表

岩石名称	化学成分含量(%)												
	SiO_2	Al_2O_3	Fe_2O_3	TiO_2	CaO	MgO	K_2O	Na_2O	MnO	P_2O_5	CO_2	S	H_2O^-	LOI
泥晶—微晶灰岩	8.46	1.61	0.75	0.15	47.36	1.4	0.22	0.22	0.013	0.075	38.75	0.18	0.18	38.76
泥晶灰岩	9.95	3.21	1.26	0.14	8.06	1.65	0.64	0.64	0.050	0.041	37.18	0.17	0.26	37.27
粉屑泥晶灰岩	3.36	0.8	0.4	0.08	51.67	1	0.04	0.04	0.026	0.065	41.91	0.047	0.15	41.95
含砂屑泥晶灰岩	6.39	1.6	1.1	0.07	48.19	1.4	0.2	0.02	0.032	0.07	39.95	0.063	0.26	40.38
微晶粉屑灰岩	6.54	1.68	1.1	0.04	48.75	1.1	0.16	0.16	0.036	0.014	40.03	0.09	0.24	40.15

(1)岩石特征

1)陆源碎屑岩按其碎屑成分和粒度分为砾岩类、砂岩类、泥质岩类。

砂砾岩:主要分布于中下部,呈灰黄绿色,砂砾状结构。由砾质和砂质组成,砾石含量 40%~60%,成分以硅质岩、石英岩、脉石英为主,含少量泥岩、砂岩、灰岩砾,大小一般 0.25~8mm,大者 1~2cm,呈次棱角—次圆状;砂质含量 30%~50%,成分以石英为主,岩屑次之。大小 0.2~0.7mm,分选性及磨圆度中等。胶结物含量 5%左右,成分为白云质、铁质。杂基以泥质为主,约占 5%。成分成熟度中等,结构成熟度低。

砂岩类:以细粒长石岩屑砂岩、灰质中细粒岩屑砂岩、白云质细粒岩屑石英砂岩为主。颜色为灰、灰红色、灰褐色,碎屑含量 80%~85%,由石英、岩屑组成,含少量长石和重矿物,胶结物含量 5%~15%,成分为钙质、硅质。杂基由粘土矿物高岭石、水云母组成,含量 3%~10%。成分成熟度、结构成熟度一般较低。

粉砂岩类:主要为钙质岩屑石英粉砂岩、白云质岩屑粉砂岩,多呈夹层出现,颜色为灰、深灰色,粉砂质结构,纹层状构造。碎屑含量 55%~80%,由石英、岩屑组成,长石和重矿物少量,胶结物含量 10%~45%,成分为白云石、方解石、铁质。

2)碳酸盐岩分为泥晶灰岩和颗粒灰岩。

泥晶灰岩:呈灰—灰黑色,泥晶结构,成分主要为泥晶方解石,含少量砂质及生物碎屑。生物碎屑组合为介形虫、苔藓虫、棘皮,含量 3%左右。砂质成分为石英,含量 1%。主要分布于下部和上部。

颗粒灰岩:类型有亮晶鲕粒灰岩、泥晶鲕粒灰岩、泥晶含鲕粒豆粒灰岩、亮晶含砾鲕粒灰岩、含砂屑粉屑灰岩、泥晶含砂质砂屑灰岩、泥亮晶含鲕粒生物屑灰岩、微晶生物屑(腕足)灰岩。鲕粒以真鲕、薄皮鲕及椭球鲕为主,同心放射状结构,鲕核由腕足类、棘皮类、海百合茎等生物屑组成,大小为 0.5~2.0mm,多为亮晶方解石胶结。内碎屑为砂屑、粉屑,成分为泥晶灰岩,呈次棱角状—次圆状,大小 0.05~0.7mm。生物碎屑以腕足类、瓣鳃类为主,海胆次之,腕足类多呈碎片,个体保存一般,海胆个体完整,具放射状、网格状结构。上述不同类型的颗粒灰岩,均属潮间或潮下高能浅滩沉积。

(2)环境分析

据其岩性、岩相组合及岩石特征和地层结构,综合分析认为区内雁石坪群为一套边缘浅海沉积,其微环境大致分为潮下、潮上、潮间及浅滩沉积(图 2-16)。

潮下微环境:以灰—灰黑色泥页岩、钙质岩屑石英粉砂岩、岩屑粉砂岩、生物碎屑灰岩及灰黑色泥晶灰岩为特征,以水平层理为主,含丰富的生物化石,主要有腕足类、双壳类、海百合茎和瓣鳃类等,表明当时气侯温暖,适宜生物繁衍。基本层序以 A 型为主。

潮上微环境:以潮上泥坪沉积为主,沉积物为硅质砂砾岩、细粒长石岩屑砂岩、钙质细粒长石岩屑石英砂岩及紫红色泥岩,砾岩分选性较好,磨圆度中等,具正粒序,泥岩中含大量灰白色钙质结核及少量植物化石碎片,表明间歇性露出水面,基本层序为 B 型,以陆源碎屑沉积为主,具典型的潮上泥坪沉积特征。

潮间及浅滩微环境：由于波浪作用强烈，水动力较强，经过反复搅动和冲刷，形成了特殊的岩石类型，如亮晶鲕粒灰岩、泥晶含鲕粒豆粒灰岩、亮晶含砾鲕粒灰岩、含砂屑粉屑灰岩、泥晶含砂质砂屑灰岩、含鲕粒生物屑灰岩、微晶生物屑（腕足）灰岩。由于海平面变化频繁、陆源物质供应充足，内源岩与陆源岩交替沉积，基本层序为C型，一般由碳酸盐岩渐变过渡为粉砂质页岩、黑色泥岩。并出现许多过渡性岩类，粉砂岩中含大量鲕粒、内碎屑和生物碎屑，而灰岩中又含较多的陆源碎屑石英粉砂及砾，含丰富的生物化石腕足类、双壳类、海百合茎等，但多呈碎片，个体的完整性较差。其岩石类型及特征充分表明了潮间或潮下高能浅滩沉积。

5. 时代划分依据

本次调查在拜惹布错北西地质路线上发现灰岩中含较丰富的腕足类、双壳类、海百合茎等生物化石，腕足类主要为 *Zeilleria* sp.，双壳类为 *Ctenostreon* sp.，*Liostrea* sp.。在独有洞一带地质路线上采集到的双壳类化石为 *Myoholas* cf. *semieostata*（Agassiz）（半褶螂海笋），比较种见于俄罗斯高加索侏罗纪。结合1∶100万日土幅区调工作，在拜惹布错西北侧雁石坪群外延部分的灰岩中采集到腕足类：*Kutchithyris pygmae* Ching，Sun et Ye，*K. lingularis* Ching；双壳类：*Pseudomiltha* sp.，*Chlamys*（*Radulopecten*）*tipperi* Cox，*Cercomya* cf. *undulate* Sowerby，*Pleuromya* sp.，*Pseudotrapezium cordiforme*（Deshayes），*Pholadomya socialia* Morris et Lycett，*Protocardia* sp.，*P. qinghaiensis* Wen，*Plagiostoma* sp.；珊瑚：*Isastrocoenia* sp.，*I. kachensis* Gergory。其中最常见的中侏罗世双壳类分子有：*Chlamys*（*Radulopecten*）*tipperi* Cox，*Pholadomya socialia* Morris et Lycett，*Pseudotrapezium cordiforme*（Deshayes）。腕足类 *Kutchithyris pygmae* Ching，Sun et Ye，*K. lingularis* Ching 等均为藏北及青海省南部雁石坪群的常见分子。因此，本次工作将本区雁石坪群的时代划归早中侏罗世。

三、西金乌兰-金沙江结合带

西金乌兰-金沙江结合带由蛇绿混杂岩、三叠系巴颜喀拉山群和托和平错群组成。其中巴颜喀拉山群地层特征、岩石特征与巴颜喀拉地层区内的巴颜喀拉山群地层一致，在此不再重述，蛇绿混杂岩见本章第四节，以下仅介绍托和平错群。

1. 地层沿革、分布及划分依据

该群由西藏区域地质调查队创名于西藏自治区改则县托和平错一带，岩性为灰、深灰色—暗绿色薄—中厚层粉砂岩、砂岩、粗砂岩、石英砂岩夹薄层灰岩、硅质灰岩、黑色泥页岩。《1∶100万日土幅区域地质调查报告》(1987)将分布于改则县小长岭一带的零星基岩露头划归三叠系巴颜喀拉山群，本次调查发现区内小长岭—拜惹布错北一带，岩性主要为岩屑石英粉砂岩、(变质)石英砂岩、变质粉砂岩夹灰岩、黑色千枚岩化泥岩、炭质板岩，其岩相组合为一套稳定的边缘浅海沉积，与三叠系巴颜喀拉山群岩性、岩相特征截然不同。经综合分析发现，横向上与普尔错东南一带托和平错群的外延部分相吻合，且岩性、岩相组合特征一致，故将区内分布于改则县小长岭一带的陆源碎屑岩-碳酸盐岩建造，沿用托和平错群这一划分方案。结合东部邻幅(1∶25万羊湖幅)在小长岭往东托和平错群外延的相同层位上采集到三叠系的孢子，而将其划归三叠系。

2. 剖面介绍

(1)改则县小长岭剖面

位于西藏自治区改则县小长岭东，起点坐标：X=3 906 325，Y=14 763 064，由北往南测制，岩性自上而下如下。

上覆地层：新近系唢纳湖组(N_1s)

～～～～～　不整合接触　～～～～～

托和平错群(*TT*)	**厚度＞195.0m**
15.浅灰色中细粒变质石英砂岩	11.0m
14.灰黑色灰岩	9.0m
13.灰褐色薄—薄板状中细粒变质石英砂岩	12.0m
12.灰黑色炭质板岩	20.0m
11.浅灰色黝帘石绢云母千枚岩夹绿泥菱铁石英千枚岩，白云母化硬绿泥石化石英脉发育	54.0m
10.浅灰色黝帘石绢云母千枚岩	5.0m
9.灰黑色石英千枚岩	9.0m
8.灰绿色绿泥绢云千枚岩	2.0m
7.灰黑色黝帘石石英千枚岩	3.0m
6.灰绿色绢云绿泥片岩	15.0m
5.浅灰—灰紫色绢云片岩	8.0m
4.浅灰绿色含绿泥石英千枚岩	2.0m
3.灰绿色板岩	33.0m
2.灰绿色变质石英砂岩	5.0m
1.灰黑色变质石英砂岩	7.0m

（未见底）

(2)改则县独有洞南剖面

位于西藏自治区改则县独有洞南一带，剖面起点坐标：X＝3 904 251，Y＝14 749 281。由北往南测制，自上向下岩性如下。

上覆地层：新近系唢纳湖组(N_1s)

～～～～～　不整合接触　～～～～～

托和平错群(*TT*)	**厚度＞1 464m**
13.灰白色中厚层含绢云母石英岩夹黑色千枚岩化泥页岩	300.0m
12.黑色千枚岩与灰白色变质石英砂岩互层	250.0m
11.灰白色细粒石英岩夹灰黄—灰黑色变质石英砂岩	150m
10.黑色泥质千枚岩夹灰黑色石英岩	50.0m
9.黑色千枚岩化泥岩与灰黑、灰黄、灰白色细粒石英岩、微粒石英岩(变质细粒石英砂岩)及菱铁矿石英岩互层	150m
8.黑色炭质千枚岩夹黑色薄层条纹状含石英大理岩	75m
7.灰白色细粒石英岩	85m
6.灰黑色炭质千枚岩夹紫红色条纹状含菱铁矿微粒石英岩	78m
5.灰黑色炭质千枚岩与灰白色细粒石英岩互层	20m
4.灰黑色变质泥岩、变质粉砂岩。含石盐假晶	80m
3.灰白色绢云石英岩、变质粉砂岩夹灰黑色变质泥岩	16m
2.黑色中薄层含菱铁矿中晶灰岩	10m
1.灰白色薄层白云质粗粒岩屑石英粉砂岩	150m

（未见底）

3. 地层特征

该群主要分布于图幅南部小长岭至拜惹布错北一线，位于巴颜喀拉地层区与北羌塘地层区间的接合带。与北侧三叠系巴颜喀拉山群呈断层接触，南侧被新生界松散堆积物覆盖。受断裂构造影响较大，地层总体呈南西—北东向断续分布，产状零乱，倾角一般 50°～70°，出露不全，且岩石大多浅变质。其下部岩性为黑色、灰色变质泥岩、炭质千枚岩、灰色变质粉砂岩、岩屑石英粉砂岩夹薄层含菱铁矿中晶灰岩、灰白色绢云石英岩。粉砂岩中发育较多石盐假晶。中部岩性为黑色炭质千枚岩、灰白色细粒石英岩夹紫红色菱铁质微晶石英岩、黑色薄层条纹状含石英大理岩，局部炭质千枚岩（或千枚岩化变质泥岩）与微粒石英岩（变质细粒石英砂岩）互层。上部岩性为灰白色变质石英砂岩、含绢云母石英岩夹黑色千枚岩化泥岩或黑色千枚岩。实测地层出露厚度大于 1 464m。

横向上在小长岭东一带，出露宽度 1～2km，由北往南岩性为：①灰色变质不等粒石英砂岩、变质石英砂岩夹黑色炭质板岩、含粘土质硅质岩及绢云硬绿泥石片岩、硬绿泥石绿泥白云母片岩，含生物化石海百合茎等生物化石；②黑色不等晶灰岩、细晶—中晶灰岩夹黑色千枚岩化变质泥岩、炭质板岩、变质石英砂岩；③灰色炭质板岩、变质泥岩夹灰黑色薄层变质中—细粒石英砂岩。在小长岭以西至拜惹布错北一带，由北往南地层由老到新岩性为：①灰—灰黑色页岩、灰色粉砂岩与灰黄色薄层条纹状含粉砂质粉晶灰岩、砂质粉晶灰岩互层，黑色泥岩厚 20～30cm，砂质灰岩厚 10cm，水平纹层理、低角度交错层理发育；②深灰色—灰黑色泥岩、褐红色石英粗粉砂岩夹灰红色砂岩、紫红色长石石英砂岩及青灰色灰岩。总体该套地层在小长岭一带变质变形较强，而在拜惹布错北一带变质稍弱变形较强，但岩性及岩相组合基本一致。

4. 岩石特征及沉积环境分析

区内该组岩石变形较强，普遍发生低绿片岩相变质。变质岩类主要有石英岩、石英千枚岩、绢云千枚岩、炭质板岩及大理岩，其原岩均为沉积成因的石英砂岩、石英粉砂岩、粉砂质泥岩、炭质泥岩和泥晶灰岩，岩石特征参见变质岩一章。而未变质的岩石类型及特征如下。

（1）岩石特征

1）陆源碎屑岩有硅质中粒石英砂岩、中细粒石英砂岩、石英粗砂岩及细粒岩屑石英粉砂岩。

硅质中粒石英砂岩：呈灰、灰褐色，主要由碎屑石英（约 99%）和少量长石、岩屑组成，其中石英碎屑以单晶为主，呈次圆状，大小 0.2～0.5mm，硅质胶结，颗粒支撑。成分成熟度及结构成熟度极高。

细粒石英砂岩：呈灰、灰白色，砂状结构，块状构造，成分主要由石英（95%）、长石（2%）、岩屑（2%）、碎屑组成，其中石英以单晶为主，呈次圆状，岩屑由泥岩、中酸性火山岩组成，呈次棱角状。硅质胶结，颗粒支撑，成分成熟度及结构成熟度高。

白云质粗粒岩屑石英粉砂岩：灰白色，粉砂状结构，由碎屑（70%）和胶结物（30%）组成，其中碎屑为石英（84%）、长石（5%）、岩屑（10%），且石英以单晶为主，岩屑成分为泥岩、火山岩和白云母。胶结物为白云石，颗粒支撑。成分成熟度高，结构成熟度较低。

2）碳酸盐岩有含菱铁矿中晶灰岩、不等晶灰岩、亮晶含砾砂屑灰岩、泥晶含砂质砂屑灰岩等。

含菱铁矿中晶灰岩：呈灰色，中晶粒状结构，成分主要为粒状方解石（92%）、菱铁矿（5%）及少量石英，其中方解石晶粒彼此呈镶嵌状分布，菱铁矿较自形，分布集中，石英呈棱角状—次棱角状，星点状分布。

泥晶含砂质砂屑灰岩：灰、深灰色，砂屑结构，成分主要由砂屑、鲕粒及陆源碎屑组成，含少量生物屑。其中砂屑占 64%，由泥晶灰岩、粉晶灰岩组成，呈次圆状；鲕粒占 5%，为薄皮鲕，鲕核为粉屑、砂屑及生物屑；陆源砂含量 10%左右，成分为石英、长石、石英岩、硅质岩、泥岩、火山岩及千枚岩，大小 0.02～0.8mm，次棱角状。胶结物为泥晶方解石，含量为 20%。

3)硅质岩主要为层状含粘土质硅质岩:灰黑色,微晶结构,层状构造,成分主要由隐晶—微晶状玉髓(>85%)及粘土矿物(10%)组成,含少量炭质、铁质。其中玉髓呈隐晶—微粒状,粘土矿物呈针状、鳞片状杂乱分布。

2)沉积环境分析

该组主要岩性为成分成熟度和结构成熟度极高的石英砂岩、石英粗粉砂岩和灰黑色泥岩及少量的碳酸盐岩、硅质岩,其地层结构中由石英砂岩-碳酸盐岩-灰黑色泥岩组成的旋回较为明显,地层中水平层理、低角度交错层理较为发育,石英粉砂岩中发育有较多的石盐假晶,灰岩中含有较多的菱铁矿等,另外地层中发育大量的海百合茎化石。综上所述,该组为一套稳定的边缘海沉积为主的碎屑岩建造。

第三节 新生界

自中生代以来,测区处于持续上升状态,燕山运动形成的山间(或断陷)盆地,成为新生代沉积的主要场所,广泛发育了各种类型的陆相碎屑岩沉积盆地,呈星点状散布于全区。新生界地层基本上反映了高原隆升的全过程。区内的新生界分布最大,成因较多。主要有古近系喀什群,新近系唢纳湖组,新近系拉水河组、黑石北湖组以及第四系多种成因类型的松散堆积物。

一、古近系

区内的古近系地层岩性及厚度变化甚大,本次工作基本上沿用《1∶100万日土幅区域地质调查报告》及《新疆区域地质志》的划分方案,将区内古近系划分为喀什群。

喀什群主要分布于图幅的东北部多梁地一带,总体呈北东向展布,明显受后期断层的改造,与上覆、下伏地层多为断层接触。主要岩性为紫红色砂砾岩夹紫红色粉砂岩和紫红色泥岩。本次工作在新疆多梁地一带实测了喀什群剖面,剖面起点坐标:$X=3\ 998\ 487$,$Y=14\ 728\ 819$,高程为5 381m。现将该剖面介绍如下。

三叠系卧龙岗组(T_3w):灰绿色—灰黑色泥岩夹灰绿色中薄层状砂岩

═══ 断层接触 ═══

喀什群(EK)	**>293.0m**
7.紫红色厚层状—巨厚层状砾岩	78.4m
6.紫红色泥岩夹紫红色砾岩及紫红色砂砾岩	20.3m
5.砖红色泥岩	16.8m
4.砖红色泥岩夹紫红色含砾砂岩及砾岩	12.6m
3.紫红色砾岩、含砾砂岩、砂岩夹紫红色泥岩	39.9m
2.紫红色泥岩夹紫红色砾岩及砂砾岩	35.0m
1.紫红色泥岩	90.0m

═══ 断层接触 ═══

二叠系黄羊岭组一段(P_2h^1):灰黑色泥岩夹中薄—薄层状灰绿色长石岩屑砂岩

该地层主要岩性为紫红色砂砾岩夹紫红色粉砂岩和紫红色泥岩,其砾岩的砾石成分复杂,多为脉石英和灰褐色砂岩,砾石圆,分选较差,一般为次棱角状—棱角状,砾石大小不一,多在1cm×1cm~3cm×5cm之间,砾岩多为砂质或钙质胶结。综上所述,该地层为湖相磨拉石沉积,当时气候为旱热的氧化环境。该地层明显受后期断层的改造,说明其沉积于青藏高原迅速隆升之前。

二、新近系

区内新近系的地层岩性及厚度变化甚大，本次工作基本上沿用《1∶100 万日土幅区域地质调查报告》及《新疆区域地质志》的划分方案，将区内新近系陆相碎屑岩建造划归为中新统唢纳湖组，并将分布于黑石北湖一带的基性—中基性火山岩划分为中新统拉水河组和上新统黑石北湖组。

(一)中新统

1. 唢纳湖组(N_1s)

主要分布在黑石北湖南部、碱水湖北东部及小长岭一带，地层的发育明显受断层控制，多分布于新生界盆地及盆地周围。本次工作在黑石北湖南侧实测了该组剖面，剖面起点坐标：X=3 929 663，Y=14 677 689，高程为 5 323m。将该剖面介绍如下。

黑石北湖组(N_2h)：灰黑色气孔状玄武岩

~~~~~~ 不整合接触 ~~~~~~

唢纳湖组(N_1s)	**24.7m**
8. 紫红—灰黄色粘土夹 15cm 厚的石膏层，底部发育 20cm 的灰紫色砾岩	6.7m
7. 紫红色含砾砂土	2.5m
6. 紫红色粘土	1.3m
5. 紫红色含砾砂土	4.2m
4. 灰黄色绿色铝质粘土	1.6m
3. 灰黄色薄片状含砾岩屑砂岩	0.1m
2. 紫红色中薄—中厚层状砾岩	0.9m
1. 紫红—血红色砂土层，半固结，中间夹紫红色中薄层状砾岩	6.4m

~~~~~~ 不整合接触 ~~~~~~

三叠系巴颜喀拉山群(TB)：灰绿色中薄层状中粗粒岩屑砂岩

该组地层横向上变化较大。黑石北湖南侧一带厚度为 24.7m，主要岩性为紫红色砂砾岩夹紫红色粘土岩，局部夹石膏层。砾岩中砾石成分以脉石英和岩屑砂岩为主，砾石多为棱角状，分选很差，多为砂质-粘土质胶结。下部地层以紫红色砾岩为主，中部为灰黄绿色铝质粘土，上部为紫红色含砾砂土和粘土互层，顶部发育厚 15cm 的石膏层。该组为一种干热、氧化的湖相沉积。

碱水湖东南一带岩性主要为紫红色—砖红色砾岩、砂砾岩夹含砾粗砂岩、中粗砂岩。岩石胶结不甚紧密，砾石成分复杂，明显受周围及下伏地层岩性控制，砾石大小不一，最大砾径可达 50cm，最小仅 1～2cm，一般以 5～10cm 为最多，砾石以棱角状—次棱角状为主，结构成熟度较低，为山间磨拉石堆积，厚度变化在 50～100m 之间。

小长岭东侧一带岩性以含砾砂岩为主，1∶100 万日土幅在这一带测有剖面，剖面起点坐标：东经 83°55′，北纬 35°15′。现将该剖面介绍如下。

(未见顶)

3. 浅灰色厚层状长石石英砂岩	>95m
2. 紫红色薄板状含砾粗砂岩	10.0m
1. 淡紫红色块状砾岩	15～80m

~~~~~~ 不整合接触 ~~~~~~

下伏地层：三叠系巴颜喀拉山群(TB)
~~~~~~

该组地层中的砂岩以含铁质、钙质为主，胶结不甚紧密，下部砾岩横向变化较大，砾石成分复杂，大小不一，结构成熟度较低，以厚层-块状层理为主；上部以砂岩为主，夹有粉砂质泥岩，一般层理较发育。综上所述，其沉积环境为一种山间盆地的快速堆积。该组地层的发育明显受断层的控制，说明其沉积于青藏高原迅速隆升之后。

2. 拉水河组(N_1l)

为本次工作新建的地层单位，主要分布于拉水河一带，出露面积约 112km^2，岩性主要为橄榄玄武粗安岩，其次为橄榄玄武粗安质熔结角砾岩、橄榄玄武粗安质火山碴角砾堆积物。火山锥或火山口大多数形态较好。本次工作在黑石北湖南实测了该组剖面，总厚度大于 13.1m，剖面起点坐标：X=3 926 470，Y=146 780 401，现将该剖面介绍如下(图 2-17)。

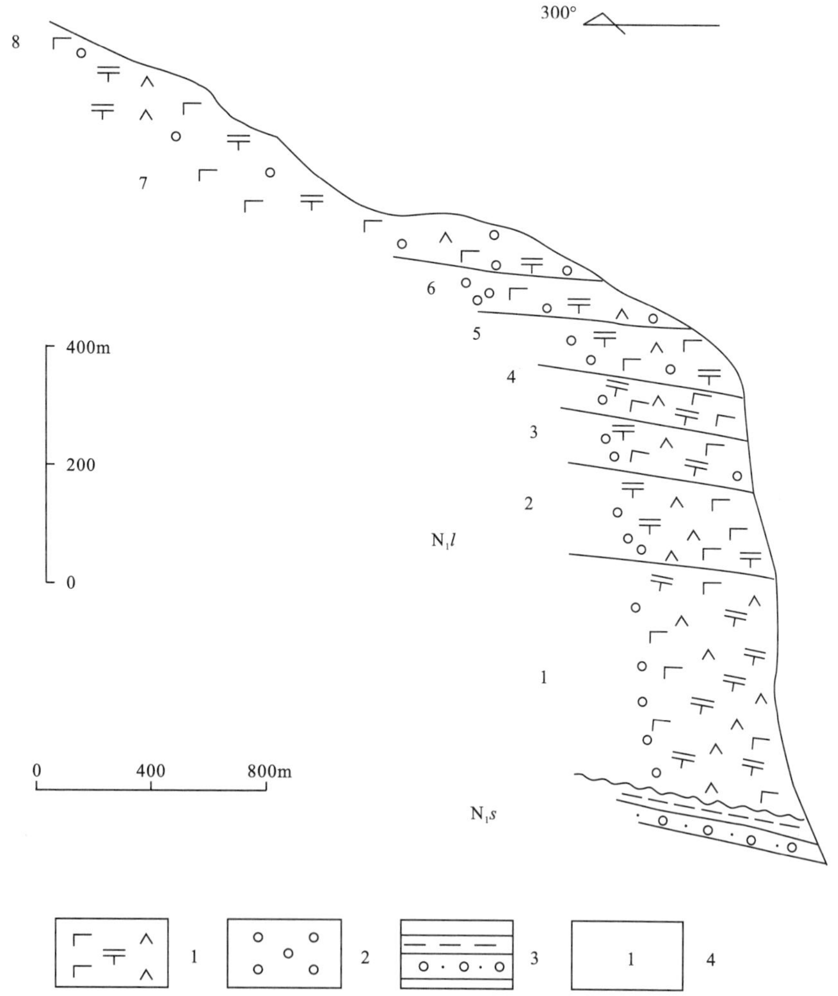

图 2-17 拉水河组火山岩剖面图

1. 橄榄玄武粗安岩；2. 气孔构造；3. 泥岩及砾石层；4. 野外层号

(未见顶)

8. 灰褐色橄榄玄武粗安岩	0.5m
7. 浅灰—灰色橄榄玄武粗安岩	5.5m
6. 红褐色—铁锈色橄榄玄武粗安岩	0.5m
5. 灰褐色橄榄玄武粗安岩	0.9m

4. 灰褐色橄榄玄武粗安岩 0.8m

3. 风化面呈灰褐色，新鲜面呈深灰色橄榄玄武粗安岩 0.6m

2. 深灰色—灰黑色橄榄玄武粗安岩 1.0m

1. 深灰色橄榄玄武粗安岩 3.3m

～～～～～ 不整合接触 ～～～～～

新近系唢纳湖组（N_1s）：砖红色泥夹砂砾石层

（二）上新统

区内上新统仅发育黑石北湖组火山岩，其分布于黑石北湖一带，出露面积约 260km²，多数火山口保存完好，本次工作根据其喷发期次及岩性特征新建黑石北湖组并将其进一步划分为一段、二段。

1. 黑石北湖组一段（N_2h^1）

主要分布于区内黑石北湖—碱水湖一带，出露面积约 200km²，岩性以安粗岩为主，次为安粗质熔结角砾岩、安粗质火山碴角砾堆积物。厚 0～150m。

2. 黑石北湖组二段（N_2h^2）

主要分布于区内黑石北湖南，出露面积约 60km²，岩性主要为安粗岩，次为安粗质熔结角砾岩、安粗质火山碴角砾堆积物、粗面岩，厚 0～145m。该期火山岩根据其岩性特征可划分出溢流相、爆发相和侵出相，以溢流相为主，形成蛇状岩垄、绳状熔岩、熔岩被、熔岩河瀑布等壮观的火山地质景观，局部还保留有流动构造和原生节理。

拉水河组、黑石北湖组的岩石特征、岩相学特征、地球化学特征等详见本书火山岩部分。

（三）岩相古地理分析

古近系—新近系是青藏高原海陆交迁的重要转折时期，渐新世青藏高原开始迅速隆升，至今一直处于上升状态。喜马拉雅运动后，在大面积抬升的基础上出现了许多陆相断陷盆地沉积，这些盆地主要表现为：沉积盆地以中—小型为主，尤以小型的数量最多；盆地成因主要是东西向大断裂与北东、北西向两组断裂有关形成的断陷盆地，这些盆地明显呈东西向菱形分布；沉积物皆以粗碎屑岩的磨拉石韵律堆积为特征，沉积厚度大，显示了地壳快速上升中的差异性。

三、第四系

区内出露的第四系属全新统沉积物，主要分布于山间凹地中。由于区内地形较复杂，因而全新统沉积物的成因类型、岩性、分布特征以及地层发育等均有较大的差别。本次工作第四系按成因类型划分为冲洪积物、洪积物、湖积物、残坡积物和冲积物。

（一）冲洪积物（Qh^{apl}）

主要分布于幅内大量的较低凹的地带，其厚度在横向上变化很大，为区内出露面积较大的地层之一。主要分布在白戈壁、层岩山、黑石湖南、野马滩及部分较大河流下游的开阔地带。主要成分为砂砾石及砂土沉积。砾石以砂岩、脉石英及砂质泥岩为主，砾石磨圆度不均一，分选性不明显，多为次圆至次棱角状，砾石在地层中的含量离基岩区越远越少，砾石成分受周围出露基岩的岩性控制，地层在局部地区偶显层理。

冲洪积沉积物在地貌上很平坦，高原地区由于大多数河流“有头无尾”，大量的残坡积物被搬运至较低凹地带沉积，逐渐填平，形成了现在较平坦的地貌。厚度一般为 0～10m。

（二）洪积物（Qh^{pl}）

主要分布于狼山—碱水湖一带的山体周围，由于高原地区洪水期不太明显，大量的残坡积物只能被搬运至山体周围沉积，在地貌上形成了具一定坡度的丘陵地貌特征，其坡度一般在5°～10°之间，主要成分为砂砾石及砂土沉积。砾石以砂岩和砂质泥岩为主，砂砾石无磨圆，岩性受周围出露基岩的岩性控制。部分较大的河流口形成较明显的洪积扇，厚度一般为0～10m。

（三）湖积物（Qh^{fl}）

主要分布于黑石北湖、拜惹布错、碱水湖等现存湖泊的周围及白戈壁等原来湖泊发育的地方。该沉积物一般可分为湖滨相砾石夹粗砂岩、湖相粉砂质粘土层和湖相化学沉积或化学沉积夹淤泥等。其中黑石北湖的湖积阶地较为发育，保存完好。第一、二级阶地紧围湖周，呈连续环状分布，第三级及其以上的高级阶地大多数残缺不全，保存不好。区内该地层以紫红色—灰绿色亚粘土夹石膏层为特征，局部发育细砂砾石层。厚度一般为0～15m。

（四）残积物（Qh^{el}）

主要分布于狼山一带的平缓山坡，横向上连续性较差，出露厚度一般为0～5m。主要是由于高原地区昼夜和四季温差甚大，夏季与冬季温差可达30℃以上，夏季昼夜温差为20～30℃，冬季温差为30～40℃，地表岩石由于冷热变化大，膨胀收缩而碎裂成碎块，再加上一定的化学作用而形成的。这些残积物的成分严格受下伏基岩和周围出露地层的岩性控制，其为冰川、冲洪积和风积等提供了丰富的物质来源。

（五）冲积物（Qh^{al}）

主要分布于区内拉水河、黄羊沟等较大河流的中下游的宽缓地带，在区内出露面积较小，多沿河床呈带状分布。主要成分为砾石及砂土，局部形成河流的一级阶地。区内第四系主要分布于山间凹地中。由于区内地形复杂，因而第四系沉积物的成因类型、岩性、分布特征以及地层发育等均有较大的差别。厚度一般为0～5m。

第三章　岩浆岩

幅内岩浆岩不发育(表3-1),时代上从早到晚有石炭纪火山碎屑岩、侏罗纪中酸性侵入岩和新近纪的中性火山岩。根据空间分布可划分为卧龙岗岩浆岩带和黑石北湖火山岩区。侵入岩以花岗岩为主,火山岩以橄榄玄武粗安岩和安粗岩为主。

西金乌兰-金沙江结合带从测区南部通过,可划分为两个亚带,其中出露有基性(火山)岩、基性—超基性岩、基性—中酸性火山岩等,归入本章每一节叙述。

表3-1　岩浆岩划分一览表

岩浆岩带	岩性	时代	代号	同位素年龄或时代依据	分布
黑石北湖火山岩区	安粗岩	新近纪上新世	N_2h^2	K-Ar法,3Ma	黑石北湖一带
	安粗岩	新近纪上新世	N_2h^1	K-Ar法,3.19Ma	
	橄榄玄武粗安岩	新近纪中新世	N_1l	K-Ar法,9.23Ma,下伏地层为新近系	
卧龙岗岩浆岩带	长石石英斑岩	侏罗纪	$\eta\lambda\pi J$	与花岗闪长斑岩共生,侵入于二叠系黄羊岭组中	黑石北湖北岸
	花岗斑岩	侏罗纪	$\gamma\pi J$	侵入于二叠系黄羊岭组和三叠系卧龙岗组中	卧龙岗、独尖山
	花岗闪长斑岩	侏罗纪	$\gamma\delta\pi J$	侵入于二叠系黄羊岭组中,K-Ar法,162Ma	盼水河北
	石英斑岩	晚三叠纪	$\lambda\pi T_3$	侵入于二叠系地层中,K-Ar法,223Ma	野马滩南
	橄榄玄武岩	三叠纪	$\sigma\beta T$	侵入于二叠系黄羊岭组中	独有洞

第一节　基性—超基性侵入岩、蛇绿岩

属于侵入成因的基性—超基性侵入岩区内只在图幅南部边缘的独有洞一带有零星分布,岩性为橄榄玄武岩($\sigma\beta T$)。

西金乌兰-金沙江结合带在藏北的延伸问题由于工作程度低、缺少证据,所以长期以来一直悬而未决。《1∶100万日土幅区域地质调查报告》中在描述"龙木错-拜惹布错深断裂"时写到,"图幅范围内,未发现蛇绿岩套及超基性岩体,进入改则幅后有超基性岩体断续出露",本次工作在区内首次发现了蛇绿混杂岩,并且利用大比例尺地质填图对碎石山一带的蛇绿混杂岩进行了详细解剖。目前所发现的蛇绿混杂岩主要集中分布于两个亚带中,一为碎石山亚带,其中出露有基性(火山)岩、基性—超基性岩、碳酸盐岩和硅质岩;另一亚带为小长岭-拜惹布错亚带,在该带中,拜惹布错北西有以断夹块形式产出的基底变质岩,在独有洞北出露有基性—中酸性火山岩。

一、地质特征

（一）基性侵入岩

分布于图幅南部的橄榄玄武岩侵入于二叠系中上统先遣组鲕粒灰岩中，前人未见报道，为本次工作首次发现。橄榄玄武岩呈脉状产出，与围岩呈侵入接触关系，填图只发现一条岩脉，另在周围多见该类岩石转石，推测在其附近也有该类岩脉产出。该岩脉宽 1.5～2m，走向 80°左右，倾向 170°，倾角 70°，岩脉边部发育冷凝边，围岩中可见烘烤现象。

（二）碎石山蛇绿混杂岩

碎石山断裂是西金乌兰-金沙江结合带的北界，其中有以断夹块形式产出的蛇绿混杂岩（表 3－2），构成了西金乌兰-金沙江蛇绿混杂岩带的碎石山亚带。该带呈北东东向，长而窄的长条形出露于碎石山北侧，与两侧三叠系巴颜喀拉山群均呈断层接触，长约 40km，宽数十米～500m。由基性—超基性岩、基性岩、碳酸盐岩和硅质岩等组成，其间多为断层接触。

表 3－2　西金乌兰-金沙江蛇绿混杂岩总体特征

蛇绿混杂岩	碎石山蛇绿混杂岩	小长岭-拜惹布错蛇绿混杂岩
围岩时代	北侧被新生界覆盖，南侧为三叠系巴颜喀拉山群	三叠系托和平错群、侏罗系雁石坪群
围岩岩石组成	复理石建造	碎屑岩-碳酸盐岩建造
围岩变质程度	低级变质	低级变质、未变质
围岩变形特征	北东东向脆性、韧性变形	东西向脆性、韧性变形
蛇绿混杂岩组合	变质超镁铁-镁铁质岩、玄武岩、变质凝灰岩、硅质岩、大理岩、角砾状灰岩岩块等	变质超镁铁质岩-镁铁质岩、片麻岩、角闪岩、石英岩
地幔类型	富集型	过渡型

1. 碳酸盐岩(ca)

碳酸盐岩以岩片的形式产出于碎石山蛇绿混杂岩中，与巴颜喀拉山群、基性岩和基性—超基性岩间均呈断层接触（图 3－1a、b）。碳酸盐岩岩性较为单一，主要为灰黑、灰色中厚层亮晶砂砾屑灰岩、微晶灰岩、白云质砂砾屑灰岩、礁灰岩、泥质微晶灰岩、泥质微粉晶白云岩，大部分岩石变形较强，碎裂岩化、糜棱岩化发育，常形成角砾状灰岩、钙质糜棱岩。砂砾屑灰岩之砂砾屑磨圆度较高、分选较好，成分为微粉晶灰岩、亮晶砂屑灰岩、火山岩等，并含介形虫、钙藻、腕足类等浅海相生物化石，颗粒支撑，胶结物为亮晶方解石或粒状白云石。礁灰岩造礁生物主要为珊瑚、棘皮，其他生物屑有海百合茎、介形虫、腕足类等。碳酸盐岩可能为海山沉积。

2. 硅质岩(si)

出露于碎石山北部，长约 5km，宽数十米～180m，分别与碳酸盐岩和基性岩呈断层接触。岩性为灰黑色绢云千枚岩、夹（含放射虫）硅质岩、白云石化微粒黑云石英岩（变质硅质岩），并夹海山沉积的碳酸盐岩-亮晶砂砾屑灰岩、泥质灰岩、泥质白云岩（图 3－2），为弧间盆地深海沉积。

3. 基性岩(β)

出露于碎石山西北部，长 16km，宽数十米～160m，岩石类型较复杂，常由基性岩、复理石、碳酸盐岩及硅泥质岩组成。

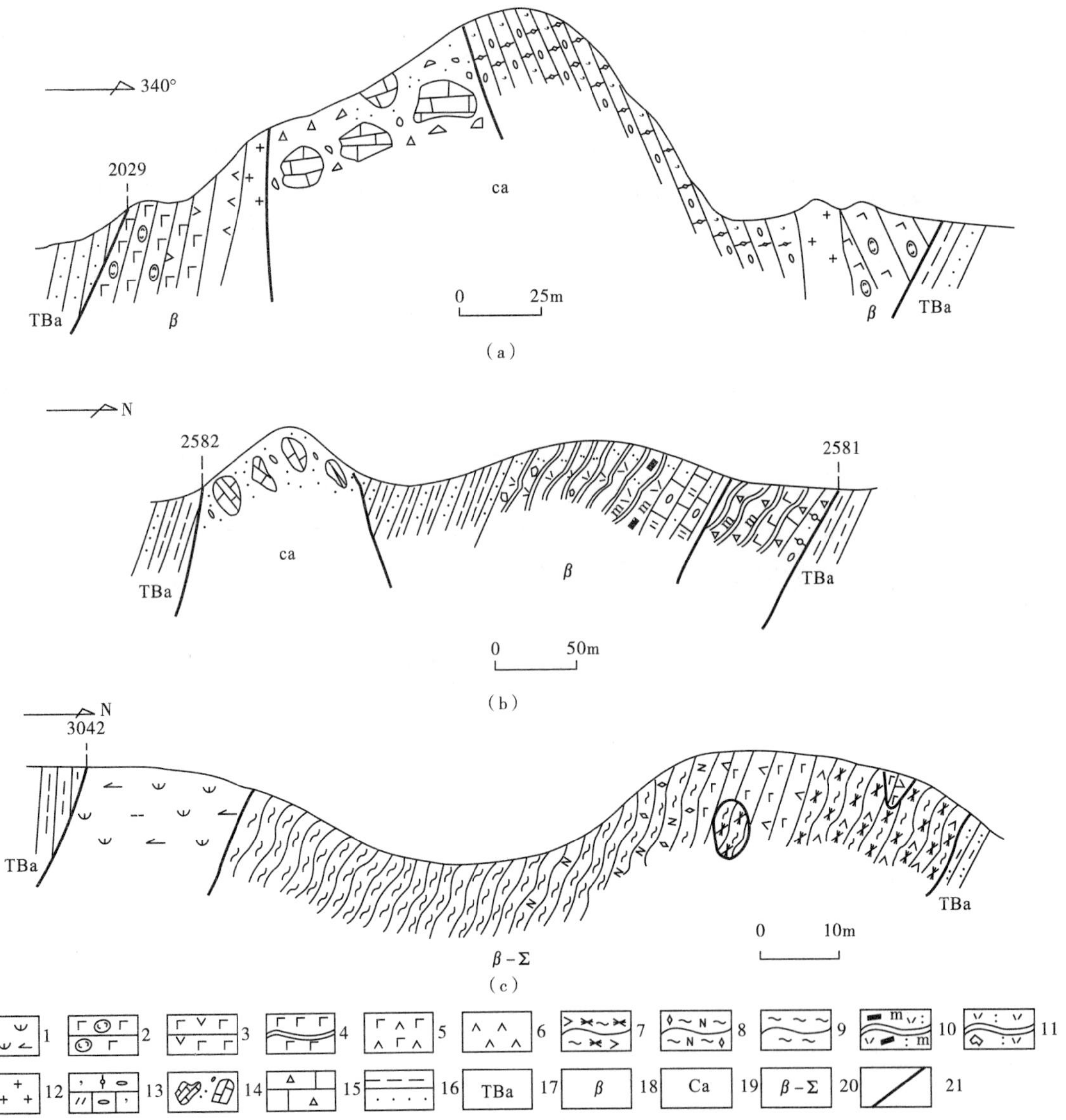

图 3-1　碎石山蛇绿混杂岩信手剖面图

1. 黑云辉石蛇纹岩；2. 气孔状玄武岩；3. 橄榄玄武岩；4. 蚀变玄武岩；5. 中基性火山岩；6. 安山岩；7. 含角闪绿泥阳起片岩；8. 方解斜长绿泥片岩；9. 绿泥片岩；10. 变质熔结晶屑凝灰岩；11. 变质凝灰岩及变质含集块凝灰岩；12. 花岗岩；13. 亮晶砂屑砾屑灰岩及白云质砂砾屑灰岩；14. 灰岩角砾(断层破碎带)；15. 角砾状灰岩；16. 泥岩及砂岩；17. 三叠系巴颜喀拉山群；18. 基性岩；19. 碳酸盐岩；20. 基性—超基性岩；21. 断层

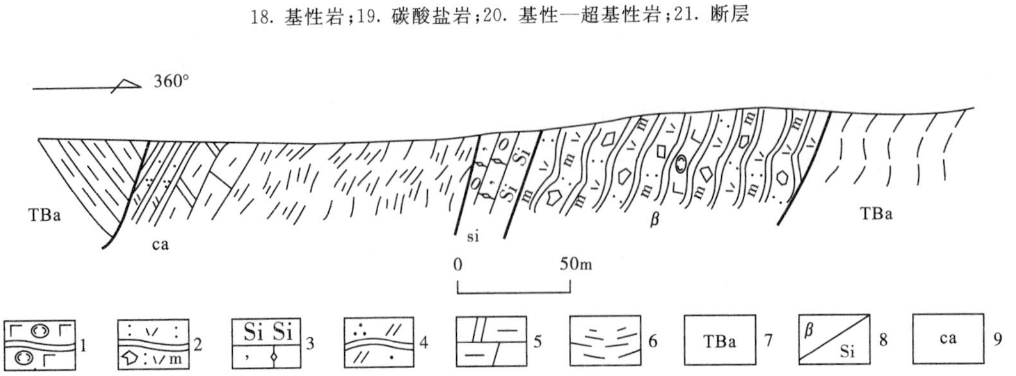

图 3-2　碎石山蛇绿混杂岩路线剖面图

1. 蚀变气孔状基性火山岩；2. 变质熔结凝灰岩及变质熔结含集块凝灰岩；3. 硅质岩及亮晶砂屑灰岩；4. 白云质细粒石英岩；5. 泥质白云岩及泥质灰岩；6. 绢云千枚岩及千枚岩；7. 三叠系巴颜喀拉山群一组；8. 基性岩/硅质岩；9. 碳酸盐岩

基性岩岩性主要为灰绿、灰黑色蚀变气孔状基性火山岩、气孔状玄武岩、橄榄玄武岩、中基性火山岩(玄武安山岩)及变质(中基性)火山碎屑岩-变质凝灰岩、变质熔结晶屑凝灰岩、熔结含火山集块凝灰岩(图 3-1a、b)。复理石与两侧基性岩和碳酸盐岩均呈断层接触关系,长约 2km,宽 100m(图 3-1b),岩性为灰黑色泥岩、细粒砂岩,两者呈互层状产出,具沉积韵律。

4. 基性—超基性岩(β-Σ)

呈北东东向带状出露于碎石山东北部,东端被第四系不整合覆盖,西端与碳酸盐岩呈断层接触关系,长大于 6.5km,宽 110m(图 3-1c)。岩石均发生变质,岩性为灰绿色黑云辉石蛇纹岩、含角闪绿泥阳起片岩(变质基性火山岩)、方解斜长绿泥片岩、方解斜长绿泥片岩、绿泥片岩(变质中基性火山岩)、中基性火山岩(玄武安山岩)。

(三)小长岭-拜惹布错蛇绿混杂岩

1. 拜惹布错基底变质岩(sl)

以断夹块的形式产出于拜惹布错西北部断裂中(图 3-3a),长约 3.7km,宽 330m。其南、北分别与侏罗系雁石坪群和三叠系巴颜喀拉山群呈断层接触关系。主要由变质程度达角闪岩相的基底变质岩和少量蛇绿混杂岩组成,并有较多基性—酸性侵入岩。基底变质岩主要岩性为灰黑、灰绿色条带状中细粒黑云斜长片麻岩、夹斜长角闪岩、含阳起斜长角闪岩、含绿帘绿泥阳起片岩、绿帘阳起绿泥片岩、含榴黑云斜长变粒岩、黑云角闪斜长变粒岩等,岩石经受了峰期角闪岩相变质和后期(低温)动力变质作用的叠加,普遍发育糜棱岩化结构和糜棱结构;超基性岩仅为数米宽的残片,岩性为灰绿色蛇纹岩(纯橄榄岩)。另处,尚有少量硅质石英砂岩、硅质砾岩、灰紫色薄层白云质细粒岩屑石英砂岩及各类中酸性侵入岩。

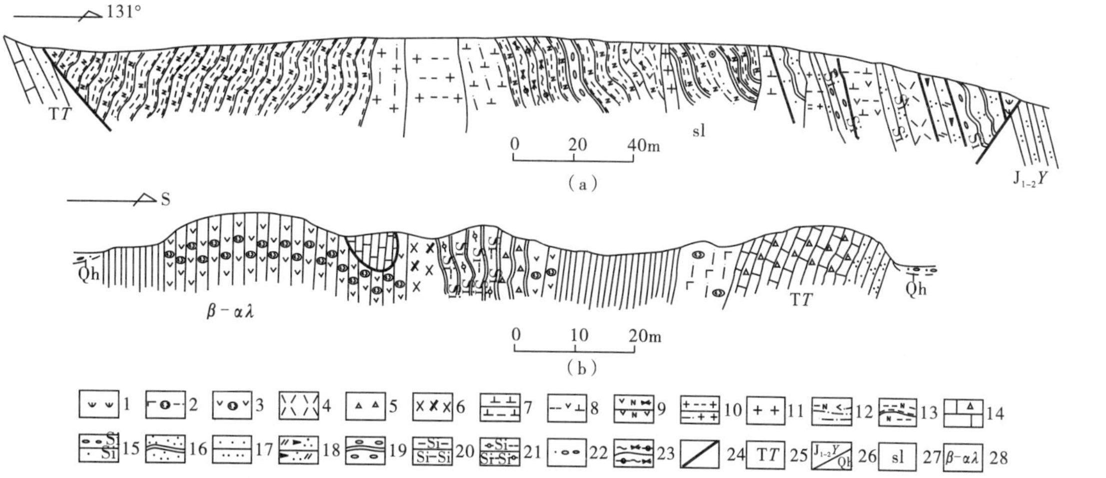

图 3-3　拜惹布错(a)及独有洞(b)蛇绿混杂岩实测剖面图

1. 蛇纹岩;2. 糜棱岩化气孔状玄武岩;3. 气孔状安山岩;4. 流纹岩;5. 火山角砾岩;6. 辉长辉绿岩;7. 闪长岩及糜棱岩化闪长岩;8. 黑云角闪闪长岩;9. 含角闪石斜长角闪岩及斜长角闪岩;10. 黑云母花岗岩及糜棱岩化花岗岩;11. 花岗伟晶岩;12. 黑云角闪斜长变粒岩及含榴黑云斜长变粒岩;13. 黑云斜长片麻岩;14. 角砾状灰岩及微粉晶灰岩;15. 硅质砾岩及硅质石英砂岩;16. 变质石英砂岩;17. 砂岩及粉砂岩;18. 白云质含岩屑石英砂岩;19. 变质砾岩;20. 泥质硅质岩;21. 含绿纤石黑云硅质岩;22. 第四系砂砾石层;23. 含绿帘绿泥阳起片岩及绿帘阳起绿帘片岩;24. 断层;25. 三叠系托和平错群;26. 侏罗系雁石坪群及第四系;27. 基底变质岩;28. 基性—中酸性火山岩

2. 独有洞北基性—中酸性火山岩(β-αλ)

出露于独有洞北约 1.5km 处,除北侧与三叠系托和平错群呈断层接触关系外,其他地方均被第四系不整合覆盖，出露长 3km，宽 200m。除基性—中酸性火山岩外，还有少量硅泥质岩和碳酸盐岩。由于露头不佳，各种岩石类型之间接触关系不清（图 3-3b）。

基性火山岩：为灰绿色糜棱岩化气孔状玄武岩，出露于混杂岩的底部，厚度 20m。

辉长辉绿岩：呈岩墙状基本顺层产出，宽度 5m。

中酸性火山岩：主要为绿色绿泥石化气孔状安山岩，厚度 90m，次为中酸性火山碎屑岩-变质沉火山角砾岩，厚度 50m。

硅泥质岩：为灰黑色页岩和深灰色薄层含绿纤石黑云硅质岩，发生变质和强变形，硅质为玉髓，微晶—隐晶质，含量 60%～65%；黑云母呈棕色，含量 25%；绿纤石含量 5%～10%。原岩为泥质硅质岩，为弧间盆地深海沉积。

碳酸盐岩：为深灰色薄层微晶灰岩，呈透镜体产于安山岩中，海山沉积。

二、岩石特征

（一）基性侵入岩

橄榄玄武岩呈黑色，少斑结构，气孔状构造、块状构造。气孔大小多在 2～10mm；斑晶 10%～15%，成分为橄榄石（4%～10%，呈粒状，较自形，大小 0.15～0.5mm，部分蛇纹石化）、辉石（6%）、斜长石微量；基质 85%～95%，由辉石（25%～30%）、橄榄石（5%）、斜长石（45%～50%）、磁铁矿（5%～10%）等组成。

（二）碎石山蛇绿混杂岩

该带的蛇绿岩组成以（变质）镁铁质岩为主，变质超镁铁质岩仅有少量分布。

1. 变质超镁铁质岩类

岩性为含磁铁黑云辉石蛇纹岩，岩石呈灰绿色，网络结构，块状构造，矿物成分为蛇纹石（75%）、辉石（10%）、黑云母（5%）、绿泥石（5%）、磁铁矿（5%）、磷灰石少量。人工重砂副矿物组合为磁铁矿＋白钛石＋黄铁矿＋磷灰石＋金红石＋自然铅＋锆石，其中锆石为浅紫色，少数为无色，浑圆粒状，颗粒细小，晶面不清，透明，金刚光泽，长宽比为 1∶2.5～1∶3。

2. (变质)镁铁质岩类

多数岩石遭受了后期变质作用，仅个别地段变质极不明显，在同一蛇绿混杂带中，（变质）镁铁质岩类岩性顺走向变化较大，主要有方解斜长绿泥片岩、含角闪绿泥阳起片岩、气孔状玄武岩、橄榄玄武岩、气孔状玄武安山岩、变质凝灰岩、变质熔结凝灰岩、变质熔结细粒角砾岩等，根据岩石化学成分 TAS 图解，多数熔岩类样品为玄武岩，个别为玄武安山岩。

（1）方解绿泥片岩

与方解绿泥蛇纹石岩共生产出，绿灰色，粒状鳞片变晶结构，片状构造，成分为绿泥石（55%）、斜长石（20%）、石英（10%）、方解石（10%）、金属矿物（5%）、黑云母少量，矿物组合为绿泥石＋斜长石＋方解石＋黑云母＋石英。

（2）含角闪绿泥阳起片岩

灰绿色，中细粒鳞片纤状变晶结构，片状构造，矿物成分为阳起石（44%）、角闪石（5%）、绿泥石（30%）、石英（5%）、斜长石（3%）、黑云母（5%）、榍石（3%）、方解石（5%）、磷灰石少量。人工重砂副矿物组合为磁铁矿＋白钛石＋黄铁矿＋方铅矿＋榍石＋磷灰石＋锆石，锆石为浅紫色，浑圆四方柱和四方双锥的聚形，个别晶形较为清晰，半透明，金刚光泽，颗粒内含细小黑色包体，长宽比为 1∶2～1∶3。

(3)玄武岩

该岩是带内的主要组成岩性,各地多有分布,岩石呈灰黑色,气孔-杏仁构造,局部可见枕状构造,枕体大小为(0.3～0.5)m×(0.5～1)m,呈椭圆状,枕间充填物为变质凝灰岩、变质熔结凝灰岩等,枕体定向性不明显。玄武岩多具斑状结构,基质为间粒结构,斑晶占5%～30%,成分为普通辉石、角闪石、橄榄石、斜长石等,其中橄榄石仅呈假象,辉石具角闪石化。基质70%～95%,多由隐晶质、气孔、长石、铁质、碳酸盐矿物、角闪石、金属矿物等组成,其中以隐晶质为主,气孔基本无充填。碎石山一带2029地质点处,玄武岩气孔多被方解石充填,岩石后期蚀变强烈,具碳酸盐化、绿泥石化、褐铁矿化,斑晶全部被蚀变矿物替代,原岩面貌保存不全。

(4)变质凝灰岩

岩石呈灰黑色,变余凝灰结构,片状构造不明显,岩石组成为中基性火山岩岩屑(25%～30%),棱角状,大小0.05～0.3mm,晶屑10%,由辉石组成,为棱角状、柱状,玻屑0～5%,由浮岩组成。基质50%～60%,其中碳酸盐矿物25%、纤闪石0～10%、阳起石0～10%、绿泥石0～10%、长英质20%、绿帘石少量、铁质5%。

(5)变质熔结凝灰岩

灰绿色,变余凝灰结构、鳞片变晶结构,片状构造。岩石组成为砾(10%～20%),由火山岩组成,呈棱角状,长轴定向排列,凝灰级成分(80%～90%)为岩屑(5%～10%),由火山岩组成,棱角状,晶屑5%～10%,主要由角闪石、斜长石组成,基质60%～75%,其中绿泥石40%,长英质20%,铁质、碳酸盐矿物约5%。

(6)变质熔结细粒角砾岩

深灰绿色,变余火山角砾结构,假流纹构造,岩石中角砾占50%以上,主要由安山岩岩屑(45%)和辉石晶屑(5%)组成,凝灰级成分小于50%,由岩屑(10%)、晶屑(10%)、基质(30%)组成。

(7)变质中基性火山岩

深灰色,交织结构,气孔-杏仁构造,矿物成分为纤闪石(0～50%)、绿泥石(5%～35%)、斜长石(20%～50%)、石英(0～3%)、含钛矿物(20%)、金属矿物(1%～10%);杏仁体25%,由方解石、石英等矿物充填。人工重砂副矿物组合为磁铁矿＋黄铁矿＋磷灰石＋白钛石＋金红石＋锆石,其中锆石呈浅紫色,浑圆四方柱和四方双锥的聚形和颗粒碎块,晶面不清,晶棱、顶角浑圆,透明,金刚光泽,颗粒表面具溶蚀坑,长宽比为1∶3。

(三)小长岭-拜惹布错蛇绿混杂岩

小长岭-拜惹布错蛇绿混杂岩的组成与碎石山蛇绿混杂岩有所不同,除角闪岩相变质的片麻岩、变粒岩外(详见本书第四章),组成岩性以(变质)镁铁质岩为主,变质超镁铁质岩只有少量分布,岩性为蛇纹岩(纯橄榄岩),岩石呈灰绿色,块状、放射状、束状,半自形粒状结构,纤维状、片状构造,矿物组成为蛇纹石(99%,可见橄榄石假象)、钛铁矿(1%)、白云母少量。与碎石山亚带一样,该亚带的变质镁铁质岩岩性也较复杂,主要岩性有斜长角闪岩、含阳起石斜长角闪岩、绿帘阳起绿泥片岩等。

斜长角闪岩:灰黑色,细粒粒柱状变晶结构,块状构造,成分为角闪石(50%～60%)、斜长石(30%～50%、)阳起石(0～10%)、金属矿物少量。

绿帘阳起绿泥片岩:深绿色,片状构造,显微柱纤鳞片变晶结构,矿物成分为绿泥石(45%～50%)、阳起石(35%)、绿帘石(5%～20%),另见金属矿物、锆石微量。

三、岩石化学特征

(一)基性侵入岩

橄榄玄武岩的岩石化学成分见表3-3。其中SiO_2为44%左右,与同类岩石相比含量偏低,

Fe_2O_3+FeO 为 10.58%～11.27%，Al_2O_3 为 13.39%～13.49%，CaO 为 10%，含量偏高，Na_2O+K_2O 为 4.95%～5.02%，且 Na_2O 高于 K_2O，里特曼指数(δ)为 9.22～12.54，为钠质碱性岩，据 T. N. Irvine(1971)的硅-碱图为碱性玄武岩系列，据 E. D. Mullen(1983)的 $TiO_2-10MnO-10P_2O_5$ 投点落于大洋岛屿碱性玄武岩区。

表 3-3　橄榄玄武岩岩石化学成分表

序号	野外编号	岩石名称	产地	氧化物含量(%)									
				SiO_2	TiO_2	Al_2O_3	Fe_2O_3	FeO	MnO	MgO	Na_2O	CaO	K_2O
1	GS-407	橄榄玄武岩	独有洞	43.77	2.49	13.49	2.8	8.47	0.19	10.31	3.78	10.08	1.17
2	GS-406	橄榄玄武岩		44.6	2.28	13.39	1.5	9.08	0.17	10.47	3.48	10.05	1.54
序号	野外编号	岩石名称	产地	氧化物含量(%)					有关参数				
				P_2O_5	H_2O^+	CO_2	H_2O^-	合计	A/CNK	SI	σ43	σ25	AR
1	GS-407	橄榄玄武岩	独有洞	0.56	2.11	0.28	0.62	99.51	0.52	38.86	12.54	1.29	1.53
2	GS-406	橄榄玄武岩		0.62	2.10	0.23	1.07	99.50	0.52	40.16	9.22	1.28	1.55

(二)变质超镁铁质岩

西金乌兰-金沙江蛇绿混杂岩的岩石化学成分见表 3-4。

表 3-4　西金乌兰-金沙江蛇绿混杂岩岩石化学成分表

序号	野外编号	岩石名称	产地	氧化物含量(%)														
				SiO_2	TiO_2	Al_2O_3	Fe_2O_3	FeO	MnO	MgO	Na_2O	CaO	K_2O	P_2O_5	H_2O^+	CO_2	H_2O^-	合计
1	GS-315	含磁铁黑云辉石蛇纹岩	碎石山蛇绿混杂岩	39.90	1.92	5.13	10.88	4.15	0.14	24.07	0.10	4.44	0.65	0.26	7.76	0.36	1.62	99.76
2	GS-316	含角闪绿泥阳起片岩		36.33	3.73	9.80	1.74	10.45	0.17	15.61	0.3	10.63	1.57	0.49	5.68	3.23	0.44	99.73
3	GS-207	碳酸盐化气孔状玄武岩		41.10	2.25	9.30	7.81	2.45	0.15	4.53	4.50	15.93	0.77	0.45	1.19	9.28	0.06	99.71
4	GS-208	碳酸盐化橄榄玄武岩		39.82	1.74	7.53	6.87	4.68	0.16	10.30	1.77	16.66	0.99	0.28	2.39	6.56	0.16	99.75
5	GS-210	气孔状碳酸盐化玄武岩		38.50	1.38	5.95	5.11	3.65	0.14	7.90	1.96	19.74	0.7	0.22	2.05	12.51	0.11	99.81
6	XIIIGS-5	变质中基性火山岩		55.28	1.96	13.71	2.46	5.13	0.09	5.46	6.35	5.39	0.34	0.81	2.16	0.92	0.24	100.06
7	GS-209	气孔状玄武岩		48.50	2.40	11.25	7.13	3.45	0.09	5.77	4.39	9.13	1.85	0.40	1.85	3.53	0.28	99.74
8	GS-223	气孔状玄武安山岩		52.85	2.33	10.11	1.17	6.25	0.18	7.91	4	9.82	0.26	0.58	2.04	2.31	0.6	99.81
9	GS-258	变质熔结凝灰岩		45.79	2.44	10.94	3.02	7.95	0.16	12.39	2.08	7.05	0.98	0.35	4.84	1.81	1.73	99.8
10	GS-259	气孔状玄武安山岩		51.1	1.27	13.67	0.76	4.75	0.33	1.58	4.86	10.9	0.44	0.27	2.08	7.72	0.31	99.73
11	GS-122	基性岩		46.02	2.93	13.01	2.75	8.65	0.17	6.88	3.38	8.41	1.22	0.47	3.56	2.31	0.59	99.76
12	VIIGS-1	蛇纹岩	小长岭-拜惹布错蛇绿混杂岩	37.90	0.01	0.71	1.19	4.9	0.11	35.0	0.05	3.09	0.04	0.01	9.74	6.91	0.31	99.66
13	VIIGS-4	斜长角闪岩		47.80	0.67	16.9	0.11	1.03	0.2	6.98	1.49	10.25	1.85	0.1	2.69	0.29	0.23	100.35
14	VIIGS-6	绿帘阳起绿泥片岩		47.55	3.14	14.07	0.28	12.37	0.22	4.94	2.94	9.77	1.01	0.61	2.51	0.36	0.24	99.77
15	VIIGS-5	绿帘阳起绿泥片岩		49.35	1.14	15.50	1.34	8.10	0.21	8.30	2.47	9.28	1.23	0.10	2.44	0.34	0.29	99.8
16	GS-705	绿泥石化玄武岩		49.23	2.31	10.17	1.94	8.07	0.16	12.77	3.08	6.69	0.07	0.26	4.33	0.51	1.16	99.59
17	GS-707	碎裂基性岩		51.9	2.65	12.77	1.43	7.82	0.14	4.9	5.65	8.17	0.41	0.6	1.85	1.91	0.35	100.2

变质超镁铁质岩岩石化学成分各有特点，其 SiO_2 含量为 36.33%～39.90%，平均为 38.04%；Al_2O_3 为 0.71%～9.80%，变化范围较大，平均 5.21%，含量中等偏低，以小长岭-拜惹布错蛇绿混杂岩中的变质超镁铁质岩含量最低；MgO 为 15.61%～35.00%，变化范围也较大，其中小长岭-拜惹布错蛇绿混杂岩中的变质超镁铁质岩高达 35%；Fe_2O_3＋ FeO 为 6.09%～14.95%，小长岭-拜惹布错蛇绿混杂岩中的变质超镁铁质岩含量偏低；CaO 为 3.09%～10.63%，平均为 6.05%。在 R. G. Coleman(1977)的 MgO－CaO－Al_2O_3 图上投点落于超镁铁堆积岩区，反映它们可能属于蛇绿岩的成因，有部分样品投点落入科马提岩区(图 3－4)。

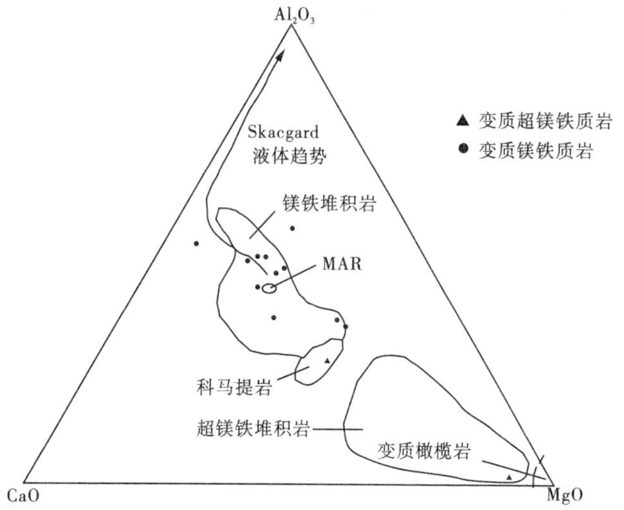

图 3－4 西金乌兰-金沙江蛇绿混杂岩 MgO－CaO－Al_2O_3 图(ωB%)
(据 R. G. Coleman，1977)

(三)(变质)镁铁质岩

(变质)镁铁质岩岩石化学成分见表 3－4。(变质)镁铁质岩中，SiO_2 含量为 46.02%～52.85%，平均为 49.01%，Al_2O_3 为 10.11%～16.9%，平均为 12.84%，含量偏低，MgO 为 4.9%～12.77%，平均为 7.24%，Fe_2O_3＋FeO 为 9.84%，TiO_2 为 0.67%～3.14%，平均为 2.13%，含量偏高，CaO 为 6.69%～10.9%，平均为 8.95%。与大洋拉斑玄武岩(D. W. Hyndman，161 个平均，1973)相比，岩石具富 TiO_2、Na_2O、K_2O，贫 Al_2O_3、MgO、CaO 之特点。Na_2O 为 3.43%，K_2O 为 0.93%，岩石富钠贫钾。里特曼指数多数为 1.23～3.65，为钙碱性岩，个别(3.99～5.21)为碱性岩。据图 3－5 和图 3－6 判别为钙碱性玄武岩系列。在 R. G. Coleman 的 MgO－CaO－Al_2O_3 图(图 3－4)上投点落于镁铁堆积岩区，与变质超镁铁质岩同样反映了其为蛇绿岩的可能成因。

由于本区(变质)镁铁质岩部分岩石经历了绿片岩相变质，原岩面貌不全，故对其原岩进行了恢复。其 CIPW 标准矿物计算结果表明，只有个别样品出现 Ne 和 Qz，据 Ne－Hy－Ol－Q 命名图，带内变质镁铁质岩大部分为橄榄玄武岩和橄榄拉斑玄武岩，个别为石英拉斑玄武岩和碱玄岩。

(四)中基性火山岩

碎石山蛇绿混杂岩局部见有中基性火山岩，其岩石化学成分见表 2－16。该火山岩中 SiO_2 含量为 55.28%，Al_2O_3 为 13.71%，含量偏低，MgO 为 5.46%，Fe_2O_3＋FeO 为 7.59%，TiO_2 为 1.96%，平均为 2.13%，含量偏高，CaO 为 5.39%，Na_2O 为 6.35%，含量明显偏高。K_2O 仅为 0.34%，钠大于钾。里特曼指数为 5.59，为碱性岩类。利用 TAS 火山岩分类命名图解投点，其原岩为玄武安山岩。

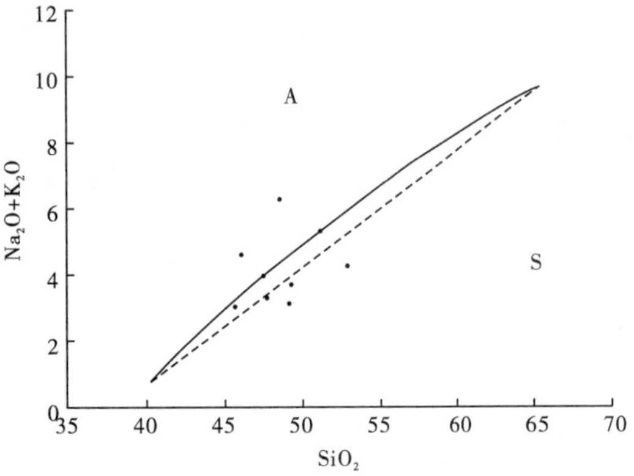

图 3-5　硅-碱图(据 T. N. Irvine,1971)
S. 亚碱性系列;A. 碱性系列

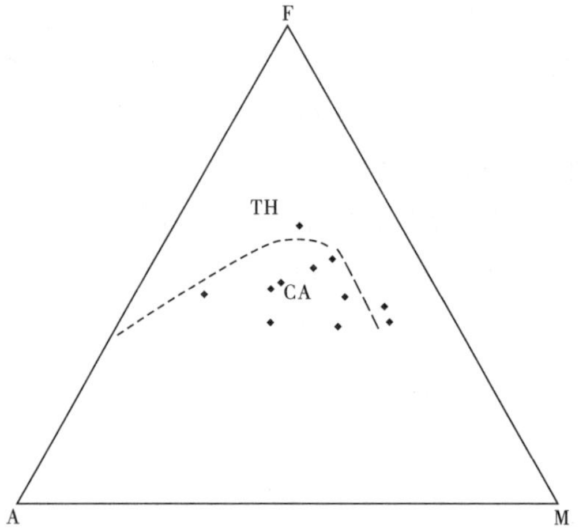

图 3-6　A-F-M 图(据 T. N. Irvine,1971)
TH. 拉斑玄武岩系列;CA. 钙碱性系列

四、岩石地球化学特征

(一)微量元素特征

1. 变质超镁铁质岩

变质超镁铁质岩的微量元素含量见表 3-5。区内碎石山和小长岭-拜惹布错蛇绿混杂岩中的变质超镁铁质岩总体以富集相容元素 Co、Cr、Ni 等(其中 Cr 最高达 2 591×10^{-6}),而亏损不相容

表 3-5　西金乌兰-金沙江蛇绿混杂岩微量元素含量表

硅酸盐编号	微量样品号	岩性	产地	微量元素分析结果(×10^{-6})													
				Nb	Sc	Zr	Th	Sr	Ba	V	Co	Cr	Ni	Rb	Ta	Hf	Y
ⅫGS-1	ⅫWL-1	蛇纹岩	拜惹布错	4.8	6.7	22.6	<2	53.5	<10.	29.0	81.5	2591	1701.0	<3.	<0.5	1.0	1.5
ⅫGS-4	ⅫWL-2	斜长角闪岩		7.3	39.6	35.6	2.5	335.0	231.0	237.0	32.1	89.1	30.2	95.0	<0.5	1.5	9.5
ⅫGS-5	ⅫWL-3	绿帘阳起绿泥片岩		8.9	41.3	90.7	<2	206.0	251.0	239.0	34.2	229.0	61.9	43.0	<0.5	2.9	25.7
ⅫGS-6	ⅫWL-4	绿帘阳起绿泥片岩		26.9	28.7	197	6.4	513.0	524.0	326.0	37.6	66.5	53.1	17.0	1.0	5.1	27.1
ⅫGS-7	ⅫWL-5	含绿帘绿泥阳起片岩		7.2	34.8	63.0	<2.	230.0	210.0	181.0	39.6	6548	158.0	17.0	<0.5	1.6	16.2
GS-315	WL-18	黑云辉石蛇纹岩(变质超镁铁质岩)	碎石山	38.0	15.4	137	3.4	165.0	236.0	148.8	97.4	1165	689.7	15.3	1.4	3.2	9.1
GS-316	WL-19	含角闪绿泥阳起片岩(变质超镁铁质岩)		81.8	37.0	236	7.9	679.0	464.0	286.2	64.8	377.2	165.1	74.5	6.3	6.9	23.5
GS-207	WL-11	气孔状玄武岩		53.1	28.0	154	5.2	259.0	1129.0	179.7	38.3	273.0	111.6	8.5	2.8	4.2	19.3
GS-259	WL-77	气孔状玄武安山岩		135.0	1.4	527	10.7	894.0	232.0	66.8	9.2	<5.0	13.3	6.4		8.5	32.8
GS-122	WL-78	基性岩		55.8	26.2	249	5.4	599.0	195.0	344.2	49.6	186.3	88.2	26.7		5.3	26.85
GS-208	WL-79	碳酸盐化橄榄玄武岩		29.2	35.9	153	2.3	157.0	304.0	220.4	62.5	1154	357.1	12.4		3.2	16.06
GS-209	WL-80	气孔状玄武岩		53.4	19.1	211	4.5	165.0	840.0	297.6	36.4	55.1	64.8	18.9		4.8	21.35

元素 Ba、Rb 等为特征，但两者又各具特征。碎石山蛇绿混杂岩变质超镁铁质岩与原始地幔相比各元素相对富集，特别是 Ba、Th、Ta、Nb 等是原始地幔的数十倍，其他元素也是原始地幔的十倍左右。其原始地幔标准化蛛网图(图 3-7)呈不明显的单一隆起形态，曲线呈向右缓倾的型式，总体显示了富集地幔的特征。小长岭-拜惹布错蛇绿混杂岩中的变质超镁铁质岩微量元素总体较碎石山亚带中的变质超镁铁质岩偏低，其与原始地幔相比，除 Nb、Sr、Hf、Zr 等相对略富集外，其他元素相近或略有亏损，总体表现为过渡地幔的特征。

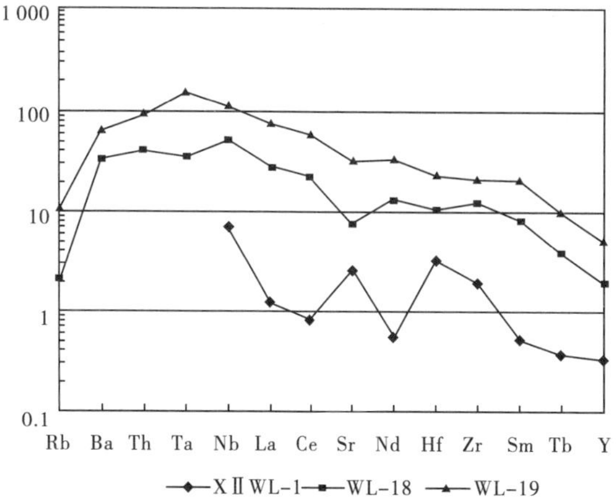

图 3-7　变质超镁铁质岩微量元素原始地幔比值蛛网图

2. (变质)镁铁质岩

(变质)镁铁质岩的微量元素含量见表 3-5。碎石山和小长岭-拜惹布错蛇绿混杂岩中的(变质)镁铁质岩微量元素特征总体上两者以富 Sr、Ba、V，个别富集 Cr、Ni、Zr 等为特征，但两者又有不同之处，碎石山较小长岭-拜惹布错蛇绿混杂岩中的(变质)镁铁岩部分元素含量偏高，如 Nb、Zr、Th 等，在原始地幔标准化蛛网图中，碎石山蛇绿混杂岩呈单一隆起的向右缓倾的曲线型式，而小长岭-拜惹布错蛇绿混杂岩则呈较平缓的曲线型式(图 3-8)。各亚带微量元素含量特征与洋中脊玄武岩(MORB)相比，碎石山蛇绿混杂岩中的(变质)镁铁岩总体呈富集趋势，表现为从 Sr-Ti 的富集和从 Y-Cr 的相近，经洋中脊玄武岩(MORB)标准化的蛛网呈单一隆起的向右陡缓的型式曲线，总体曲线型式与板内玄武岩或洋中脊玄武岩相似。小长岭-拜惹布错蛇绿混杂岩中的(变质)镁铁岩微量元素含量总体与洋中脊玄武岩(MORB)相近，其曲线总体较为平缓(图 3-9)。

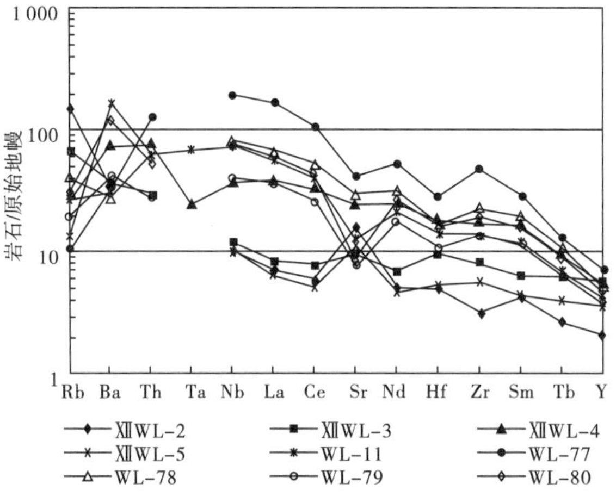

图 3-8　(变质)镁铁质岩微量元素原始地幔标准化蛛网图

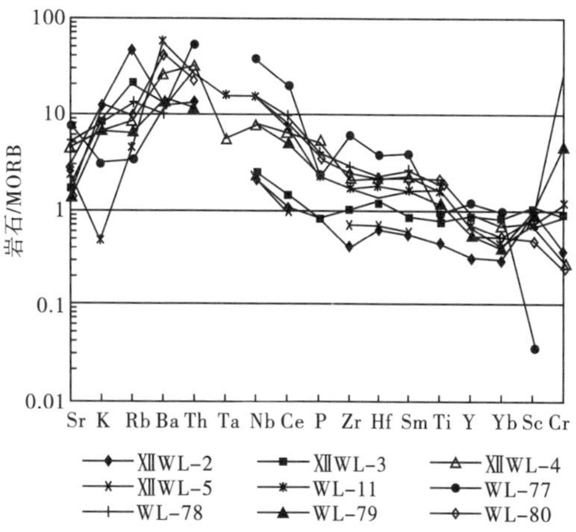

图 3-9　(变质)镁铁质岩微量元素洋中脊玄武岩(MORB)标准化蛛网图

(二)稀土元素特征

1. 变质超镁铁质岩

区内西金乌兰-金沙江蛇绿混杂岩中变质超镁铁质岩稀土元素含量见表 3-6。在该带内两个亚带特征明显不同，其中碎石山蛇绿混杂岩中的变质超镁铁岩稀土元素总量（ΣREE）为 97.32×10^{-6}～250.32×10^{-6}，轻稀土（ΣLREE）为 89.49×10^{-6}～231.2×10^{-6}，重稀土（ΣHREE）为 7.83×10^{-6}～19.23×10^{-6}，轻、重稀土比值（ΣLREE/ΣHREE）为 11.47～12.02，轻、重稀土分馏较强，δEu 为 0.98～1.10，基本无 Eu 异常，其稀土元素球粒陨石标准化型式图（图 3－10）为一向右陡倾的曲线；小长岭-拜惹布错蛇绿混杂岩中的变质镁铁岩稀土元素总量（ΣREE）仅为 4.44×10^{-6}，轻、重稀土比值（ΣLREE/ΣHREE）为 4.41，轻、重稀土分馏较弱，其稀土元素球粒陨石标准化型式图（图 3－10）为一向右缓倾—近于平坦的曲线。

表 3－6　西金乌兰-金沙江蛇绿混杂岩稀土元素含量表

序号	样品编号	岩性	产地	稀土元素分析结果（$\times10^{-6}$）									
				La	Ce	Pr	Nd	Sm	Eu	Gd	Tb	Dy	Ho
1	ⅫXT－1	蛇纹岩	拜惹布错	0.86	1.5	0.2	0.76	0.24	0.06	0.24	0.04	0.22	0.05
2	ⅫXT－2	斜长角闪岩	拜惹布错	5.09	10.65	1.69	6.85	1.82	0.81	1.92	0.29	1.75	0.34
3	ⅫXT－3	橄榄辉石岩	拜惹布错	5.98	14.09	2.18	9.32	2.86	0.99	3.79	0.7	4.64	0.9
4	ⅫXT－4	橄榄辉石岩	拜惹布错	27.56	63.16	8.22	34.01	7.34	2.92	6.86	1.01	5.4	1
5	ⅫXT－5	含绿帘绿泥阳起片岩	拜惹布错	4.53	9.56	1.54	6.45	1.93	0.68	2.44	0.43	2.93	0.56
6	XT－18	黑云辉石蛇纹岩（变质超镁铁质岩）	碎石山	19.65	41.26	4.99	18.74	3.73	1.12	3.15	0.43	2.13	0.36
7	XT－19	含角闪绿泥阳起片岩（变质超镁铁质岩）	碎石山	52.98	108.4	12.1	45.7	8.94	3.08	8.09	1.06	5.09	0.87
8	XT－11	气孔状玄武岩	碎石山	39.6	73.91	7.9	29.5	5.41	1.87	5.16	0.74	3.78	0.67
9	XT－77	气孔状玄武安山岩	碎石山	115.9	195.0	21.99	73.35	12.52	3.71	9.70	1.43	7.43	1.45
10	XT－78	基性岩	碎石山	47.04	93.11	11.12	42.42	8.65	2.69	7.91	1.17	6.17	1.18
11	XT－79	碳酸盐化橄榄玄武岩	碎石山	26.59	49.24	6.50	24.45	5.03	1.51	4.63	0.69	3.71	0.68
12	XT－80	气孔状玄武岩	碎石山	43.42	80.08	9.67	36.95	7.19	2.23	6.29	0.97	5.10	0.92

序号	样品编号	岩性	产地	稀土元素分析结果（$\times10^{-6}$）				有关参数				
				Er	Tm	Yb	Lu	ΣREE	ΣLREE	ΣHREE	ΣLREE/ΣHREE	δEu
1	ⅫXT－1	蛇纹岩	拜惹布错	0.13	0.02	0.1	0.02	4.44	3.62	0.82	4.41	0.76
2	ⅫXT－2	斜长角闪岩	拜惹布错	0.98	0.17	0.97	0.14	33.47	26.91	6.56	4.10	1.33
3	ⅫXT－3	橄榄辉石岩	拜惹布错	2.82	0.42	2.66	0.37	51.72	35.42	16.3	2.17	0.93
4	ⅫXT－4	橄榄辉石岩	拜惹布错	2.69	0.39	2.36	0.34	163.3	143.2	20.05	7.14	1.25
5	ⅫXT－5	含绿帘绿泥阳起片岩	拜惹布错	1.74	0.26	1.67	0.24	34.96	24.69	10.27	2.40	0.97
6	XT－18	黑云辉石蛇纹岩（变质超镁铁质岩）	碎石山	0.87	0.13	0.67	0.09	97.32	89.49	7.83	11.43	0.98
7	XT－19	含角闪绿泥阳起片岩（变质超镁铁质岩）	碎石山	2.05	0.29	1.57	0.21	250.43	231.2	19.23	12.02	1.10
8	XT－11	气孔状玄武岩	碎石山	1.82	0.25	1.49	0.2	172.3	158.2	14.11	11.21	1.08
9	XT－77	气孔状玄武安山岩	碎石山	3.57	0.52	3.16	0.46	450.19	422.5	27.72	15.24	1.00
10	XT－78	基性岩	碎石山	2.85	0.42	2.49	0.36	227.58	205	22.55	9.09	0.99
11	XT－79	碳酸盐化橄榄玄武岩	碎石山	1.61	0.24	1.35	0.19	126.42	113.3	13.1	8.65	0.95
12	XT－80	气孔状玄武岩	碎石山	2.19	0.31	1.73	0.25	197.13	79.5	17.76	10.11	1.00

2. (变质)镁铁质岩

(变质)镁铁岩稀土元素含量特征与变质超镁铁岩具有相近的特征。碎石山蛇绿混杂岩中的(变质)镁铁岩稀土元素总量(ΣREE)为 126.42×10⁻⁶～450.19×10⁻⁶,轻稀土(ΣLREE)为 113.3×10⁻⁶～442.5×10⁻⁶,重稀土(ΣHREE)为 13.1×10⁻⁶～27.72×10⁻⁶,轻、重稀土比值(ΣLREE/ΣHREE)为 8.65～15.24,轻、重稀土分馏中等—较强,其稀土元素球粒陨石标准化型式图为向右陡倾的曲线。小长岭-拜惹布错蛇绿混杂岩中的(变质)镁铁质岩稀土元素总量(ΣREE)为 33.47×10⁻⁶～51.72×10⁻⁶,个别达 163.3×10⁻⁶,轻稀土(ΣLREE)为 24.69×10⁻⁶～26.91×10⁻⁶,个别达 143.3×10⁻⁶,重稀土(ΣHREE)为 6.56×10⁻⁶～16.3×10⁻⁶,个别达 20.05×10⁻⁶,轻、重稀土比值(ΣLREE/ΣHREE)为 2.17～4.10,个别达 7.14,轻、重稀土分馏不明显,δEu 为 0.93～1.33,多数无 Eu 异常,个别具弱的正异常,其稀土元素球粒陨石标准化型式图(图 3-11)呈较平坦的曲线型式。

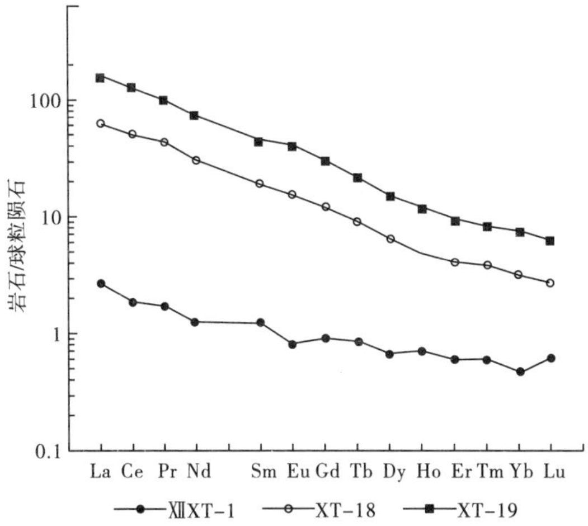

图 3-10　变质超镁铁质岩稀土元素球粒陨石标准化型式图

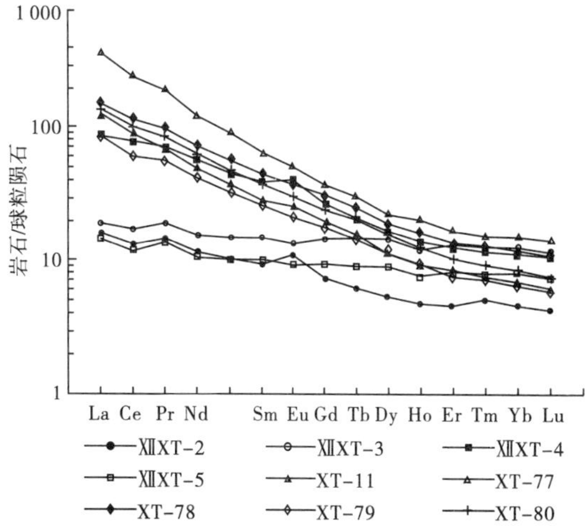

图 3-11　(变质)镁铁质岩稀土元素球粒陨石标准化型式图

五、构造环境判别

目前普遍认为,蛇绿岩可形成于各种构造环境,如大洋扩张脊、弧后盆地带和弧间裂谷带等,甚至可产于被动大陆边缘洋陆过渡带的裂谷带。有的是洋脊扩张形成,有的是底辟上升,有的为下伏地幔岩被构造剥露,这种多环境、多成因机制的蛇绿岩和非蛇绿岩,当它们卷入造山带,混杂在一起时,也带来判别上的困难。青藏高原及其周边蛇绿岩,据李兴振(2000)研究认为,产出构造背景或环境具多样性,既有岛弧的、弧间或弧后的,也有较大洋盆的,但以前两者为主。具双向俯冲(形成北部阿尼玛卿和南部可可西里-金沙江蛇绿混杂岩带)的巴颜喀拉洋和横贯欧亚的地中海-雅鲁藏布江洋可能为较大的洋盆。本区所发现的蛇绿混杂岩带与可可西里-金沙江混杂岩带典型剖面得荣徐麦及哀牢山双沟带剖面相比,缺乏堆晶杂岩单元。据前人研究,该剖面内标准的洋脊型玄武岩少见,多为准洋脊型或洋岛型。区内分布的西金乌兰-金沙江缝合带产出于三叠系巴颜喀拉山群以碎屑岩为主的复理石建造和托和平错群稳定的碎屑岩-碳酸盐岩建造中,由于该带内岩石经历了后期变形变质作用的改造,原岩面貌保存不全,且岩石化学成分有所改变,故其构造环境采用以微量元素和稀土元素为主的方法进行判别。

(1)从微量元素总体特征上看,据 MORB 标准化的地球化学型式图(图 3-9),小长岭-拜惹布错蛇绿混杂岩中变质镁铁质岩显示了具洋脊玄武岩，碎石山蛇绿混杂岩则具板内玄武岩的曲线型式；从稀土元素总体特征上看，小长岭-拜惹布错蛇绿混杂岩具稀土总量低、平坦型的分布型式，除轻稀土含量略高于重稀土处，其特征与洋中脊玄武岩的曲线型式相近；碎石山蛇绿混杂岩稀土特征具稀土总量高，轻、重稀土分馏强，曲线呈向右陡倾的型式，似与洋岛碱性玄武岩曲线相近。在图 3-12 上小长岭-拜惹布错与碎石山蛇绿混杂岩分别显示了具过渡地幔类型和富集型地幔类型的地球化学特征。

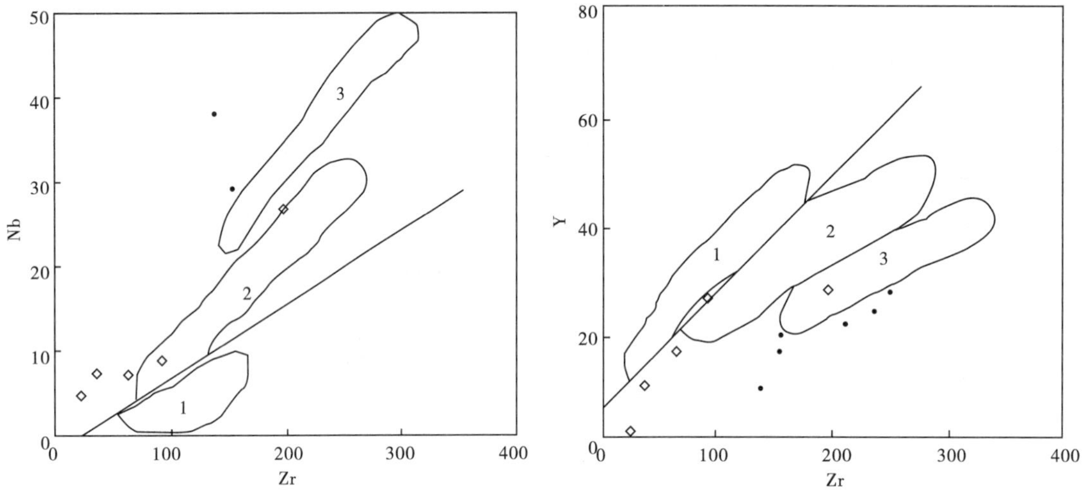

图 3-12 地幔类型图

●小长岭-拜惹布错蛇绿混杂岩；◇碎石山蛇绿混杂岩

1. N-MORB；2. T-MORB；3. P-MORB

(2)各种判别图解结果大致显示了区内碎石山蛇绿混杂岩中的镁铁质岩可能为板内碱性玄武岩或过渡类型板内玄武岩的构造环境(图 3-14—图 3-16)，小长岭-拜惹布错蛇绿混杂岩则具有洋脊玄武岩的成因可能(图 3-13—图 3-15)。这些判别图解的结果与其岩石的地球化学特征基本相符。

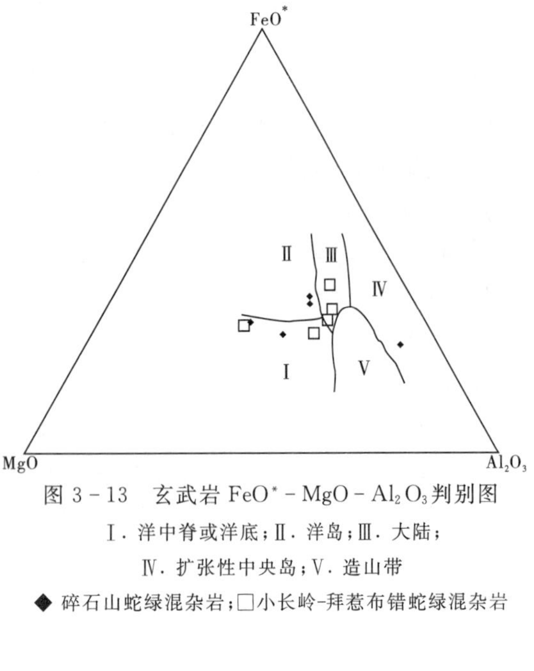

图 3-13 玄武岩 $FeO^*-MgO-Al_2O_3$ 判别图

Ⅰ. 洋中脊或洋底；Ⅱ. 洋岛；Ⅲ. 大陆；

Ⅳ. 扩张性中央岛；Ⅴ. 造山带

◆ 碎石山蛇绿混杂岩；□小长岭-拜惹布错蛇绿混杂岩

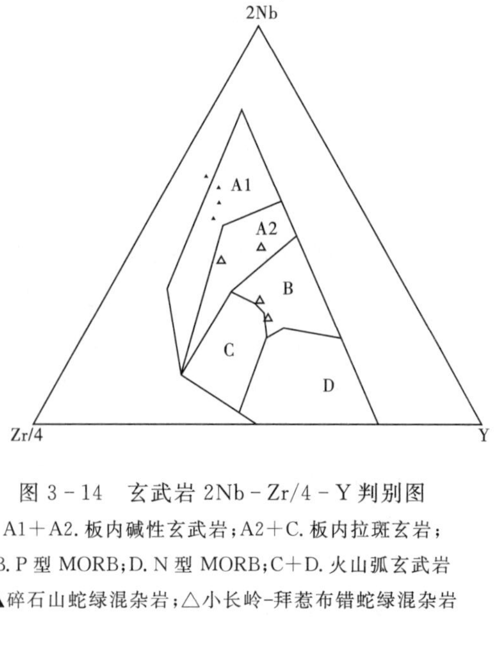

图 3-14 玄武岩 2Nb-Zr/4-Y 判别图

A1+A2. 板内碱性玄武岩；A2+C. 板内拉斑玄岩；

B. P 型 MORB；D. N 型 MORB；C+D. 火山弧玄武岩

▲碎石山蛇绿混杂岩；△小长岭-拜惹布错蛇绿混杂岩

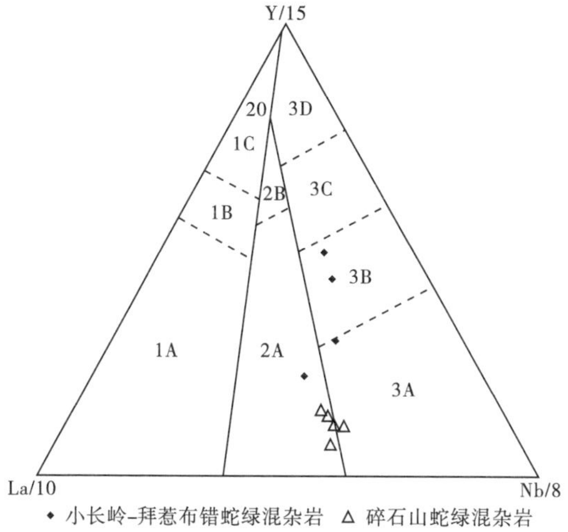

图 3－15　Y/15－La/10－Nb/8 图(据 Cabanis B. & Lecolle M.,1989)

1 区是火山弧玄武岩:1A. 钙碱性玄武岩;1C. 火山弧拉斑玄武岩;1B. 1A 区和 1C 区间的重叠区域。2 区是大陆玄武岩:2A. 大陆玄武岩;2B. 弧后盆地玄武岩。3 区是大洋玄武岩:3A. 大陆内裂谷区的碱性玄武岩;3B. E 型 MORB(富集的);3C. E 型 MORB(弱富集);3D. N 型 MORB

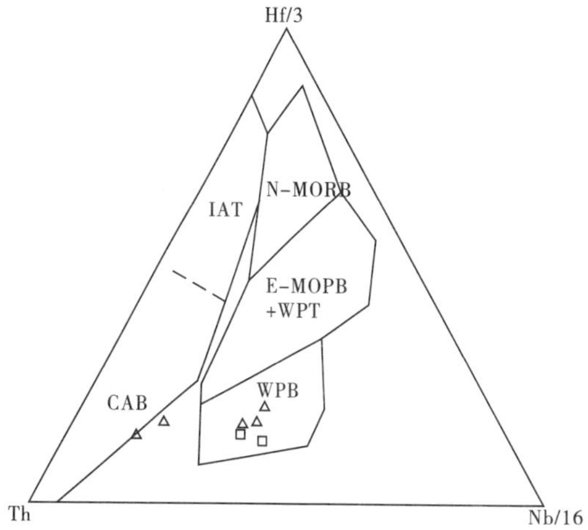

图 3－16　Hf/3－Th－Nb/16 图

N－MORB. 正常型洋中脊玄武岩;E－MORB＋WPT. E 型洋脊型玄武岩和板内拉斑玄武岩及其分异产物;WPB. 板内碱性玄武岩及其分异产物;IAT. 岛弧拉斑玄武岩;CAB. 钙碱性玄武岩(岛弧);□小长岭-拜惹布错蛇绿混杂岩;△碎石山蛇绿混杂岩

六、时代讨论

李兴振认为,蛇绿岩形成和定位的时代(或构造冷侵位的时代)还存在许多不确定的因素,由于蛇绿岩中镁铁质和超镁铁质岩本身测年的困难,以及洋脊不断扩张、新洋壳的不断产生和旧洋壳的不断消减,在洋盆长期发展演化过程中其洋壳本身存在更新换代的变化,因而即使是根据与洋壳玄武岩相伴生的硅质岩中的放射虫所确定的蛇绿岩形成时代,也很难说它是代表最初洋盆形成的时代,道理很简单,现今太平洋中就发育大量第三纪、第四纪放射虫硅质岩,但不能据此认为太平洋的时代形成于第三、第四纪。洋盆形成演化时代的确立需有两侧被动大陆边缘或活动边缘的形成演化历史资料的印证,但在许多构造带中,都缺乏这方面的研究,特别是对前者的研究。区内分布的碎石山和小长岭-拜惹布错蛇绿混杂岩,前人未见报道,为本次工作首次发现,根据其分布位置和区域对比,这两条蛇绿混杂岩带应同属一个结合带,并应东接西金乌兰(可可西里)-金沙江蛇绿混杂岩带。据前人资料,可可西里-金沙江-哀牢山-马江带蛇绿岩的形成时代,根据与洋中脊型玄武岩伴生的放射虫硅质岩、斜长岩和斜长花岗岩锆石的 U－Pb 年龄[分别为(340±3)Ma 和 294Ma],确定为早石炭世,深水泥质灰岩中牙形刺为晚泥盆世,因此有下延至晚泥盆世的可能。

区内发育的碎石山蛇绿混杂岩的围岩为三叠系巴颜喀拉山群的砂板岩、砂岩、砂砾岩、泥页岩和少量硅质岩,拜惹布错蛇绿混杂岩的围岩为侏罗系雁石坪灰岩夹泥砂质沉积岩。小长岭-拜惹布错蛇绿混杂岩侏罗系围岩的时代依据是在灰岩中采获的双壳类分子 *Chlamys* (*Radulopecten*) *tipperi* Cox,*pholadomyasocialia* Morris et Lycett,*Pseudotrapezium cordiforme*(Deshayes),腕足类 *Kutchithyris pygmae* Ching,Sun et Ye,*K. lingularis* Ching 等均为藏北及青海省南部中侏罗世的常见分子。根据北羌塘地层区与巴颜喀拉地层区侏罗纪沉积环境的差异及西金乌兰-金沙江结合带北侧卧龙岗一带发育的同碰撞期花岗岩(详见第二节酸性侵入岩)表明,该蛇绿岩带的就位时代可能为晚三叠世—早侏罗世。

第二节　中酸性侵入岩

幅内中酸性侵入岩不发育，分布也较局限，多集中分布于无水湖以南的独尖山—卧龙岗一带，总面积不足 100km^2。另外，在黑石北湖北的雪山下，据卫星遥感资料解译，在该雪山大面积的雪盖下可能为较大的中酸性侵入体。区内中酸性侵入岩时代依地质依据和同位素资料，多为侏罗纪时期形成，本节从老到新、从中性到酸性分别叙述如下。

一、晚三叠世石英斑岩($\lambda\pi T_3$)

1. 地质特征

石英斑岩仅于野马滩南见一条岩脉，脉宽 3m，长约 60m，侵入于二叠系黄羊岭组二段中，岩脉走向为近东西向。

2. 岩石特征

石英斑岩呈浅灰色，斑状结构，基质具微晶—霏细质结构，块状构造。岩石中斑晶 10%，其中钠-更长石 7%，石英 3%，属高温石英，歪长石少量，白云母少量；基质 90%，其中歪长石 10%，绢云母 5%，褐铁矿 5%，霏细质 70%，岩石具绢云母化、方解石化等蚀变。岩石人工重砂副矿物组合为磁铁矿＋褐铁矿＋钛铁矿＋黄铁矿＋电气石＋重晶石＋锆石＋磷灰石＋榍石等，其中锆石浅紫色，透明，柱状，顶角浑圆晶面不清。

3. 岩石化学特征

石英斑岩的岩石化学成分见表 3－7。其 SiO_2 为 76.57%，Al_2O_3 为 13.22%，CaO 为 0.72%，K_2O为 1.84%，Na_2O 为 3.62%，$Na_2O > K_2O$，岩石富钠贫钾。里特曼指数为 0.88，为钙碱性岩。A/NCK多数样品大于 1.43，结合其实际矿物中出现白云母、CIPW 标准矿物中出现刚玉(C)、人工重砂副矿物组合中出现电气石等富铝矿物，该岩类为强过铝的花岗岩类，据 J. B. Wright(1969)的AR－SiO_2与碱度关系图样品投点位于钙碱性岩区，在侵入岩 SiO_2－K_2O 图解上样品落入拉斑玄武岩系列。

4. 岩石地球化学特征

(1)微量元素特征

石英斑岩微量元素含量见表 3－8。石英斑岩微量元素中除 Sr、Ba、V、Cr 等元素含量偏高外，其他元素含量较低，与同类岩石相比，Nb、Zr、Th、Rb、Ta 等元素含量偏低，Sc、V、Co、Cr、Ni、Y 等元素含量偏高，其他元素含量相近。其洋脊花岗岩(ORG)标准化分布型式图(图 3－17)呈单一隆起的型式，表现为从 K 至 Ta 的富集和其他元素的亏损，与火山弧花岗岩标准化分布曲线型式较为接近。其与侏罗纪长石石英斑岩侵入岩(图中系列 1 和系列 2)相比，具有不同的微量元素洋脊花岗岩比值蛛网图型式，总体上表现为多数元素含量偏低的特征，特别是 Ba 的含量和异常特征较为明显。

(2)稀土元素特征

石英斑岩稀土元素含量见表 3－9，其总量∑REE 为 40.29×10^{-6}，含量偏低，∑LREE 为 32.42×10^{-6}，∑HREE 为 7.87×10^{-6}，∑LREE/∑HREE 为 4.12，轻、重稀土分馏不明显，轻稀土弱富集，δEu 为 0.98，基本无负 Eu 异常，其稀土元素球粒陨石标准化型式图(图 3－18)呈略向右倾斜的平缓型曲线，其与侏罗纪黑石北湖一带长石石英斑岩具有明显不同的稀土曲线型式。

表 3-7　侵入岩化学成分表

序号	样品编号	岩石名称	产地	氧化物含量(%)									
				SiO_2	TiO_2	Al_2O_3	Fe_2O_3	FeO	MnO	MgO	Na_2O	CaO	K_2O
1	GS-102	花岗斑岩	卧龙岗	67.67	0.34	14.01	0.89	2.23	0.05	0.81	3.06	3.17	4.38
2	GS-123	花岗斑岩		69.06	0.35	15.05	0.18	2.90	0.05	0.93	2.97	1.67	4.58
3	GS-124	斜长花岗斑岩		68.64	0.53	12.45	0.36	4.10	0.06	2.05	3.17	3.24	1.55
4	GS-101	花岗斑岩		72.11	0.03	13.25	0.71	1.28	0.03	0.16	4.52	2.35	2.61
5	GS-255	花岗斑岩	独尖山	71.55	0.20	14.06	1.50	1.40	0.05	0.52	3.35	1.82	4.36
6	GS-504	花岗斑岩		70.72	0.23	14.14	0.29	2.85	0.05	0.62	3.37	1.71	4.36
7	GS-503	花岗闪长斑岩		65.74	0.50	15.84	0.96	3.20	0.07	1.15	4.87	1.43	3.76
8	GS-153	花岗闪长斑岩	黑石	67.47	0.44	15.56	1.41	2.27	0.07	1.63	3.49	2.10	3.25
9	GS-154	长石石英斑岩	北湖	75.23	0.10	14.88	0.57	0.75	0.01	0.49	1.64	0.51	3.40
10	XXXI GS-1	石英斑岩	野马滩	76.57	0.02	13.22	1.03	0.67	0.11	0.29	3.62	0.72	1.84
序号	样品编号	岩石名称	产地	氧化物含量(ωB%)					有关参数				
				P_2O_5	H_2O^+	CO_2	H_2O^-	合计	DI	A/CNK	SI	σ43	AR
1	GS-102	花岗斑岩	卧龙岗	0.16	1.81	0.81		99.92	79.23	0.90	7.12	2.20	2.53
2	GS-123	花岗斑岩		0.15	0.22	0.93		99.04	81.45	1.17	8.04	2.16	2.65
3	GS-124	斜长花岗斑岩		0.11	1.60	2.05		99.91	70.27	0.97	18.25	0.85	1.86
4	GS-101	花岗斑岩		0.03	0.87	1.92	0.26	99.87	86.75	0.91	1.72	1.72	2.68
5	GS-255	花岗斑岩	独尖山	0.09	0.41	0.52		99.83	85.49	1.04	4.67	2.07	2.89
6	GS-504	花岗斑岩		0.09	1.05	0.32	0.11	99.8	83.52	1.06	5.40	2.14	2.90
7	GS-503	花岗闪长斑岩		0.18	1.46	0.6	0.41	99.76	82.02	1.08	8.25	3.21	3.00
8	GS-153	花岗闪长斑岩	黑石	0.18	1.86	0.41	1.63	100.14	77.55	1.19	13.53	1.83	2.23
9	GS-154	长石石英斑岩	北湖	0.07	2.12	0.16	0.49	99.93	86.69	2.04	7.15	0.78	1.54
10	XXXI GS-1	石英斑岩	野马滩	0.09	1.34	0.74		100.26	89.61	1.43	3.89	0.88	2.29

表 3-8　侵入岩微量元素含量表

序号	样品编号	岩性	产地	微量元素分析结果($\times10^{-6}$)													
				Nb	Sc	Zr	Th	Sr	Ba	V	Co	Cr	Ni	Rh	Ta	Hf	Y
1	WL-6	花岗斑岩		20.4	5.5	155.0	17.6	200.0	615.0	22.6	8.3	17.6	12.80	189.4	1.6	3.6	13.52
2	WL-15	花岗斑岩		22.3	3.8	127.0	17.1	150.0	552.0	12.1	4.7	9.0	7.90	205.1	1.3	3.4	9.9
3	WL-72	花岗斑岩	卧龙岗	18.4	5.0	147.0	12.5	195.0	694.0	24.1	8.0	12.0	13.3	185.9		3.8	14.86
4	WL-73	斜长花岗斑岩	独尖山	8.7	9.7	169.0	8.3	167.0	424.0	71.0	8.8	61.5	28.9	55.2		3.8	21.00
5	WL-74	花岗斑岩		21.9	1.6	52.0	11.8	86.0	137.0	6.3	2.8	<5.0	6.9	159.3		2.9	2.17
6	WL-82	花岗斑岩		20.6	4.2	128.0	13.2	206.00	661.0	17.0	6.0	13.4	11.4	182.9		3.6	10.48
7	WL-81	花岗闪长斑岩	盼水河	21.3	8.8	200.0	15.4	404.0	910.0	37.9	8.8	10.4	10.8	134.0		4.9	22.0
8	WL-8	花岗闪长斑岩	黑石	18.80	7.60	129.00	9.40	259.00	754.00	46.4	8.70	28.40	19.70	116.30	1.40	3.30	12.59
9	WL-9	长石石英斑岩	北湖	23.80	3.20	63.00	15.4	84.00	174.00	12.4	2.90	8.30	6.20	165.10	1.70	2.20	3.94
10	XXXI WL-1	石英斑岩	野马滩	7.30	27.4	49.00	2.30	326.00	536.00	168	22.00	188.00	50.70	43.00	0.72	1.40	11.74

表 3-9　侵入岩稀土元素含量表

序号	样品编号	岩性	产地	稀土元素分析结果(ωB/×10⁻⁶) La	Ce	Pr	Nd	Sm	Eu	Gd	Tb	Dy	Ho	Er
1	XT-6	花岗斑岩	卧龙岗	32.91	73.01	7.17	26.28	5.04	0.86	3.88	0.54	2.54	0.47	1.25
2	XT-15	花岗斑岩	卧龙岗	29.61	65.85	6.62	22.99	4.42	0.73	3.38	0.41	1.88	0.33	0.82
3	XT-72	花岗斑岩	卧龙岗	37.71	73.09	7.89	29.10	5.73	1.02	4.36	0.60	3.00	0.58	1.52
4	XT-73	花岗斑岩	卧龙岗	25.87	49.37	5.89	21.7	4.45	0.98	4.11	0.66	3.95	0.81	2.29
5	XT-74	斜长花岗斑岩	独尖山	13.56	27.77	3.39	14.36	4.51	0.12	3.09	0.26	0.76	0.08	0.12
6	XT-82	花岗斑岩	独尖山	33.69	61.46	7.29	25.59	5.25	0.79	3.73	0.50	2.37	0.41	0.96
7	XT-81	花岗闪长斑岩	盼水河	56.22	97.04	11.21	39.58	6.93	1.42	5.57	0.82	4.55	0.85	2.27
8	XT-8	花岗闪长斑岩	黑石北湖	28.66	61.45	6.02	21.47	4.11	1.07	3.30	0.49	2.31	0.41	1.09
9	XT-9	长石石英斑岩	黑石北湖	18.72	42.41	4.19	15.77	3.52	0.41	2.25	0.25	0.94	0.15	0.32
10	XXXI XT-1	石英斑岩	野马滩	7.08	13.46	1.93	7.44	1.88	0.63	2.07	0.34	2.05	0.42	1.28

序号	样品编号	岩性	产地	稀土元素分析结果(×10⁻⁶) Tm	Yb	Lu	有关参数 ΣREE	ΣLREE	ΣHREE	ΣLREE/ΣHREE	δEu	δCe
1	XT-6	花岗斑岩	卧龙岗	0.19	1.17	0.17	155.48	145.27	10.21	14.23	0.58	1.08
2	XT-15	花岗斑岩	卧龙岗	0.13	0.79	0.11	138.07	130.22	7.85	16.59	0.56	1.07
3	XT-72	花岗斑岩	卧龙岗	0.23	1.42	0.21	166.46	154.54	11.92	12.96	0.61	0.95
4	XT-73	花岗斑岩	卧龙岗	0.36	2.33	0.34	123.11	108.26	14.85	7.29	0.70	0.91
5	XT-74	斜长花岗斑岩	独尖山	0.01	0.06	0.01	68.1	63.71	4.39	14.51	0.09	0.94
7	XT-82	花岗斑岩	独尖山	0.14	0.85	0.12	153.64	134.07	9.08	14.77	0.52	0.89
6	XT-81	花岗闪长斑岩	盼水河	0.37	2.22	0.35	229.4	212.4	17.0	12.49	0.68	0.87
8	XT-8	花岗闪长斑岩	黑石北湖	0.18	1.07	0.15	143.15	122.78	9.00	13.64	0.87	1.05
9	XT-9	长石石英斑岩	黑石北湖	0.04	0.26	0.04	89.27	85.02	4.25	20.00	0.42	1.09
10	XXXI XT-1	石英斑岩	野马滩	0.2	1.32	0.19	40.29	32.42	7.87	4.12	0.98	0.84

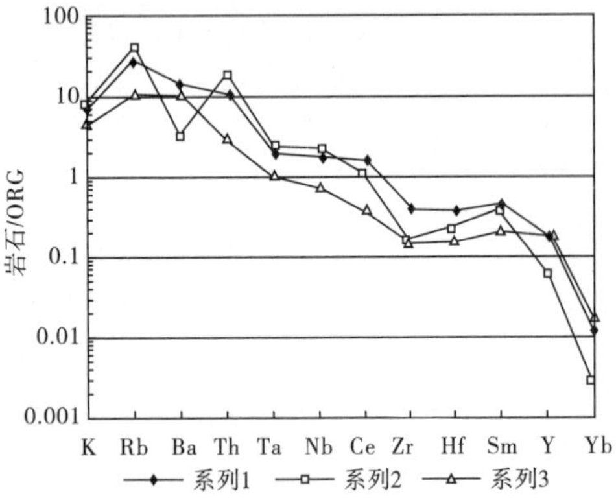

图 3-17　微量元素洋脊花岗岩标准化分布型式图

系列 1. 侏罗纪黑石北湖长石石英斑岩；系列 2. 侏罗纪黑石北湖北花岗闪长斑岩；系列 3. 晚三叠世野马滩石英斑岩

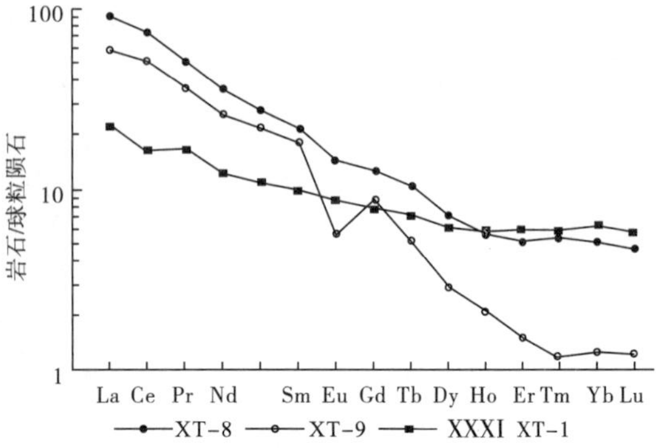

图 3-18　稀土元素球粒陨石标准化型式图

XT-8. 侏罗纪花岗闪长斑岩；XT-9. 侏罗纪长石石英斑岩；XXXI XT-1. 晚三叠世石英斑岩

5. 构造环境判别

野马滩石英斑岩经洋脊花岗岩标准化蛛网图(图 3-17)与 Pearce 等的火山弧(VAG)型花岗岩曲线型式相近,在其 Nb-Y 图上投点位于火山弧和同碰撞期花岗岩区(VAG+synCOLG),而在 Rb-Y+Nb 图上投点落于火山弧花岗岩区,在 Ta-Yb 和 Rb-Yb+Ta 图上投点位于火山弧花岗岩区。综合分析认为,区内野马滩石英斑岩产出于火山弧的构造环境中。

6. 时代讨论

该石英斑岩脉侵入于二叠系黄羊岭组二段地层中,本次工作对其进行了全岩 K-Ar 法年龄测试,结果为 223Ma,据此确定该岩脉的侵入时代为晚三叠世。

二、侏罗纪侵入岩

侏罗纪侵入岩集中呈带状分布于图幅西北部的无水湖断裂和黑石北湖-云母山断裂之间,本书称其为卧龙岗岩浆岩带,带内侵入岩的岩性以花岗斑岩、花岗闪斑岩为主,另见少量长石石英斑岩,这些岩体在遥感图像上与周围地质体区别较明显,其色调呈暗红色,地貌上呈突出的孤山。现由中酸性到酸性分别叙述如下。

(一)花岗闪长斑岩($\gamma\delta\pi$J)

1. 地质特征

侏罗纪花岗闪长斑岩主要集中分布于黑石北湖北岸的雪山下、盼水河上游北岸地,包括大小两个侵入体,出露面积最大的为独尖山南侧、盼水河上游北岸的长条形侵入体,面积超过 30km^2,岩体呈岩株状,局部呈岩枝状侵入于二叠系黄羊岭组地层中。另外,黑石北湖北岸的花岗闪斑岩体被黑石北湖-云母山断裂切割,与二叠系黄羊岭组地层呈断层接触关系。其中盼水河北岸的长条状侵入体展布方向为北东—南西向,与区域断裂带方向一致。岩石类型花岗闪长斑岩,在各个岩体中少见包体或捕虏体。

2. 岩石特征

花岗闪长斑岩呈灰白—灰红色,斑状结构,基质为微晶球粒结构、微粒结构。斑晶 25%,其中斜长石 20%,自形板状晶体,大小为(0.8~1)mm×(1~2.3)mm,黑云母 5%,片状,已绿泥石化,石英微量;基质 75%,其中斜长石 20%,钾长石 15%,球粒 35%(由石英、斜长石微晶镶嵌状组成),黑云母 5%(已绿泥石化),另有少量角闪石、磷灰石和微量锆石。

3. 岩石化学特征

花岗闪长斑岩岩石化学成分见表 3-7。各类岩石中 SiO_2 含量较高的为 65.74%~67.47%,Al_2O_3 为 15.56%~15.84%,较一般花岗岩含量偏高。MgO 为 1.15%~1.63%,CaO 为 1.43%~2.10%,K_2O 为 3.25%~3.76%,含量较高。Na_2O 为 3.49%~4.87%,两个岩体均表现为富钾贫钠。里特曼指数为 1.83~3.21,据 J. B. Wright(1969)的 AR-SiO_2 与碱度关系图(图 3-19)样品投点两个岩体分别呈现不同的特点,盼水河北岸岩体位于钙碱性岩区,黑石北湖北岸岩体位于碱性岩区。据侵入岩的 K_2O-SiO_2 系列划分图(图 3-20),盼水河北岸岩体属于高钾钙碱性系列,黑石北湖北岸岩体为钙碱系列。A/NCK 为 1.08~1.19,显示了富铝的特点。据其岩石矿物组合和岩石化学特征,其相当于巴尔巴林(Barbarin)分类的富钾钙碱性花岗岩类(KCG),也与 Maniar 和 Piccoli(1989)分类的大陆碰撞花岗岩类(CCG)相当。

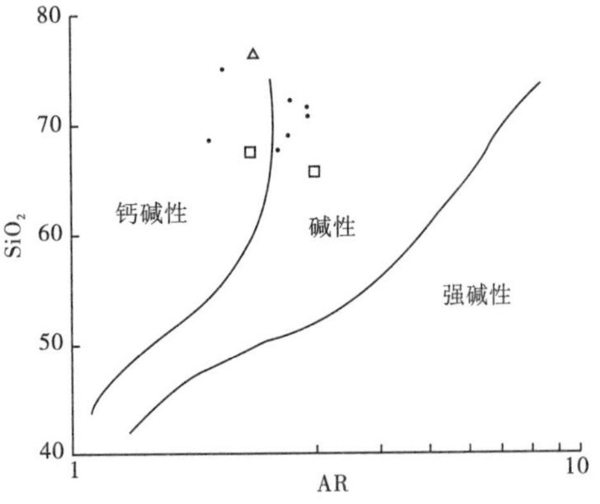

图 3-19　AR-SiO_2与碱度关系图(据 J. B. Wright,1969)

●侏罗纪花岗斑岩;□侏罗纪花岗闪长斑岩;

○侏罗纪长石石英斑岩;△晚三叠世石英斑岩

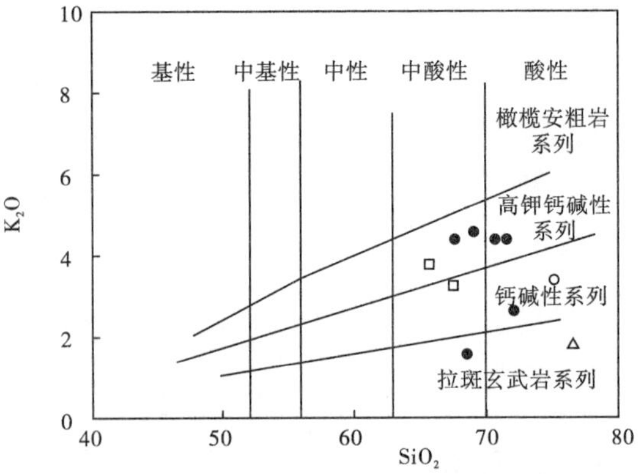

图 3-20　侵入岩的 K_2O-SiO_2系列划分图

●侏罗纪花岗斑岩;□侏罗纪花岗闪长斑岩;

○侏罗纪长石石英斑岩;△晚三叠世石英斑岩

4. 微量元素特征

花岗闪长斑岩微量元素含量见表 3-8,从表中可知花岗斑岩各个侵入体的微量元素含量具有相同的特征,显示了它们具有相同的成因类型,具 Zr、Sr、Ba、Rb 等亲石元素含量较高,Ta、Hf、Sc、Co、Cr、Ni 含量偏低的特征。经洋脊花岗岩标准化蛛网图(图 3-21)呈从 K 至 Ce 富集,从 Zr 至 Yb 亏损的右倾曲线,具 Rb、Th 的弱富集,Ba 的弱亏损,与 Pearce 等的 COLG 型花岗岩曲线型式相近。

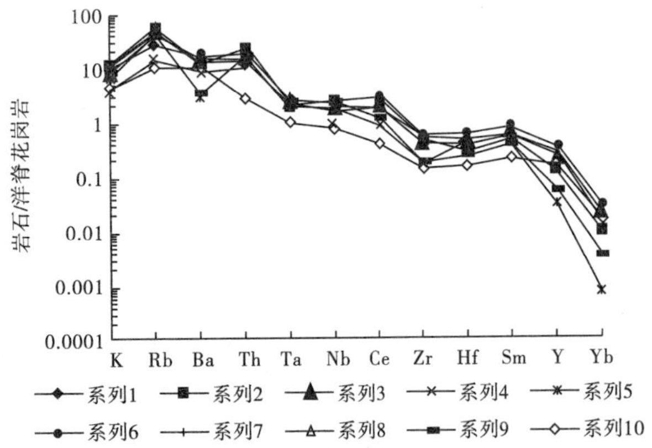

图 3-21　侏罗纪酸性侵入岩微量元素洋脊花岗岩标准化蛛网图

注:系列号与表 3-4 序号一致

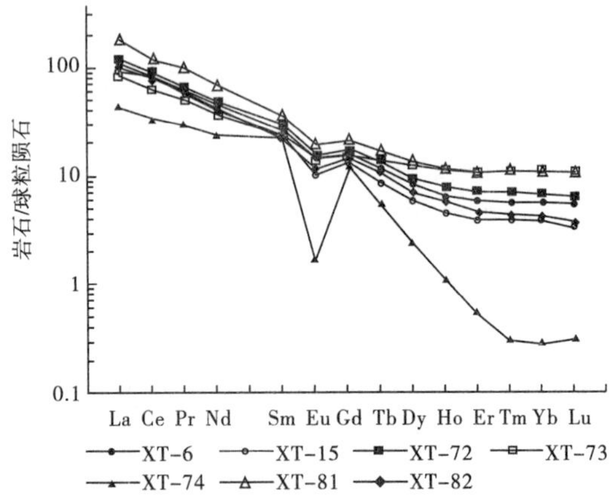

图 3-22　卧龙岗花岗斑岩和独尖山花岗斑岩稀土元素球粒陨石标准化型式图

注:系列号与表 3-9 序号一致

5. 稀土元素特征

花岗闪长斑岩稀土元素含量见表 3-9。花岗闪长斑岩稀土元素总量(∑REE)为 143.15×10^{-6}～229.4×10^{-6},轻稀土(∑LREE)为 122.78×10^{-6}～212.4×10^{-6},重稀土(∑HREE)为 9.00×10^{-6}～17.0×10^{-6},轻、重稀土比值(∑LREE/∑HREE)为 12.49～13.64,为轻稀土强富集型,稀土元素球粒陨石标准化型式图为向右陡倾斜的曲线型式(图 3-23),δEu 为 0.680 87,δEu 负异常

不明显。

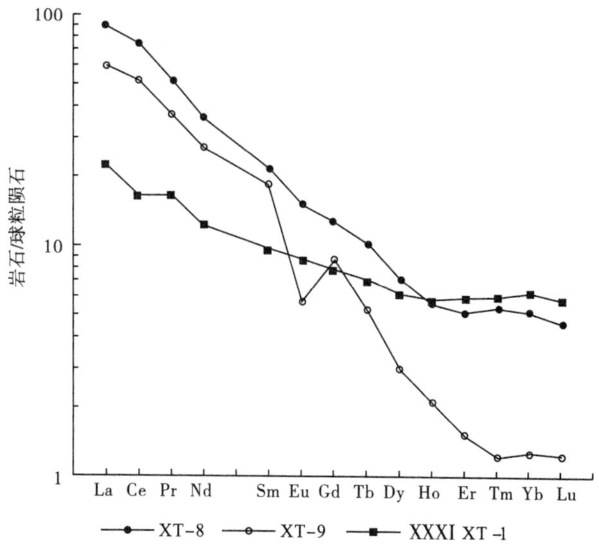

图 3-23 黑石北湖一带中酸性侵入岩和野马滩石英斑岩稀土元素球粒陨石标准化型式图

注:系列号与表 3-9 序号一致

（二）花岗斑岩（$\gamma\pi$J）

1. 地质特征

侏罗纪花岗斑岩主要集中分布于黑石北湖北的雪山地带、独尖山和卧龙岗等地,包括大小 20 多个侵入体,出露面积最大的卧龙岗花岗斑岩体,面积约 $20km^2$,最小的侵入体面积不足 $1km^2$。岩体多呈岩株、岩枝状侵入于二叠系黄羊岭组、三叠系卧龙岗组地层中。侵入体组合展布方向为北东—南西向,受与区域构造线方向一致的断裂带控制。岩石类型有花岗斑岩、斜长花岗斑岩等,在岩体中未见包体或捕虏体。

2. 岩石特征

花岗斑岩是卧龙岗岩体和区内其他酸性侵入体的主要岩性,岩石呈灰白色、浅肉红色,斑状结构,基质为微晶结构、微粒粒状镶嵌结构、显微粒状镶嵌结构,块状构造。斑晶 15%~50%(钾长石 5%~25%、斜长石 4%~22%、石英 3%~10%、黑云母 1%~5%),基质 50%~85%(钾长石 15%~40%、斜长石 15%~20%、石英 10%~15%、黑云母 1%~5%),副矿物为电气石(0~2%),另外还有少量锆石、磷灰石等。蚀变矿物可见白云母、绿泥石、方解石等,卧龙岗岩体边部岩石结晶较细,向内部粒度增粗,且斑晶含量增多,岩体南部斑晶为钾长石和斜长石等,北部斑晶则多为斜长石。人工重砂副矿物组合为磁铁矿+白钛石+磷灰石+金红石+石榴石+黄铁矿+锆石,其中锆石多数呈无色,少数为浅紫色,透明,金刚光泽,少数颗粒表面较为粗糙,呈细小麻点状,个别颗粒内含细小黑色包体,长宽比一般为 1∶3 以上,个别达 1∶4~1∶5。

3. 岩石化学特征

花岗斑岩岩石化学成分见表 3-7。各类岩石中 SiO_2 含量较高,为 67.67%~76.57%,独尖山岩体较卧龙岗岩体总体偏高。Al_2O_3 为 12.84%~15.05%,平均为 13.82%,较一般花岗岩含量略偏高。MgO 为 0.16%～0.93%，个别达 2.05%，变化较大，为岩石中暗色矿物分布不均所致，多数样品含量较低，不足 1%，个别样品含量偏高与岩石中暗色矿物含量较高有关。CaO 为 1.67%～3.24%，含量变化较大，总体上卧龙岗岩体较独尖山一带岩体含量偏高。K_2O 为 1.55%～4.58%，除卧龙岗岩体中斜长花岗斑岩含量偏低外，多数样品含量较高。Na_2O 为 2.97%～4.52%，除少数样品含量偏低外，多数样品含量大于 3%，总体上 $K_2O>Na_2O$，岩石富钾贫钠。里特曼指数(δ)为 0.85～2.20，据 J. B. Wright(1969)的 AR－SiO_2 与碱度关系图(图 3－19)样品投点多位于碱性岩区。据侵入岩的 K_2O-SiO_2 系列划分图(图 3－20)，侏罗纪花岗斑岩属于高钾钙碱性系列。A/NCK 为 0.90～1.17，多数样品小于 1.15，$Na_2O+K_2O+CaO>Al_2O_3>Na_2O+K_2O$，为次铝的花岗岩类。根据卧龙岗和独尖山花岗斑岩体的岩石矿物组合和岩石化学特征，其相当于巴尔巴林(Barbarin)分类的富钾钙碱性花岗岩类。其与侏罗纪花岗闪长斑岩相比，具 Al_2O_3、MgO 含量偏低，SiO_2、K_2O 含量偏高之特征。

4. 微量元素特征

侏罗纪花岗斑岩微量元素含量见表 3－8。从表中可知侏罗纪酸性花岗斑岩各个侵入体微量元素具有相同的特征，显示了它们具有相同的成因类型，具 Zr、Sr、Ba、Rb 等亲石元素含量较高，Ta、Hf、Sc、Co、Cr、Ni 等元素含量偏低之特征。经洋脊花岗岩标准化蛛网图(图 3－21)呈从 K 至 Ce 富集，从 Zr 至 Yb 亏损的右倾曲线，具 Rb、Th 的弱富集，Ba 的弱亏损，与 Pearce 等的 COLG 型花岗岩曲线型式相近。与侏罗纪其他中酸性侵入岩相比，具有相同的洋脊花岗岩标准化蛛网图，表明它们可能具相同的成因。

5. 稀土元素特征

侏罗纪花岗斑岩稀土元素含量见表 3－9。花岗斑岩稀土元素总量(∑REE)为 68.01×10^{-6}～166.46×10^{-6}，稀土总量变化较大，但多数样品集中在 123.11×10^{-6}～166.46×10^{-6} 之间，其轻稀土(∑LREE)为 63.71×10^{-6}～154.54×10^{-6}，重稀土(∑HREE)为 4.39×10^{-6}～14.85×10^{-6}，轻、重稀土比值(∑LREE/∑HREE)为 7.29～16.59，多数样品大于 12，为轻稀土强富集型，稀土元素球粒陨石标准化型式图为向右陡倾斜的曲线型式(图 3－23)，δEu 为 0.09～0.70，多数样品在 0.52～0.70 之间，δEu 负异常较明显，显示岩浆经历了斜长石的早期分离结晶作用。花岗斑岩与花岗闪长斑岩相比，其稀土元素特征相同，同样也反映了它们之间具有同时代、同成因的可能。

(三)长石石英斑岩($\eta\lambda\pi$J)

1. 地质特征

侏罗纪长石石英斑岩仅于黑石北湖北岸的雪山下有所分布，其北侧与二叠系黄羊岭组为侵入接触关系，南侧被新生界覆盖，岩体出露规模、形态等特征由于覆盖而不清。

2. 岩石特征

长石石英斑岩呈灰白色，斑状结构，块状构造，斑晶 10%，由石英(5%)、斜长石(3%)、黑云母(2%)等组成；基质 90%，由霏细质、绢云母、黑云母(5%)等组成，具绿泥石化、绢云母化等后期蚀变现象。

3. 岩石化学特征

侏罗纪长石石英斑岩岩石化学成分见表 3－7。其 SiO_2 含量较高，为 75.23%，Al_2O_3 含量也较高，为 14.88%。MgO 为 0.49%，含量极低，Fe_2O_3+ FeO 仅为 1.32%，与其暗色矿物含量较低一致。CaO 为 0.51%，含量较低。K_2O 为 3.40%，含量较高，Na_2O 为 1.64%，含量偏低，$K_2O>Na_2O$，岩石富钾贫钠。里特曼指数(δ)为 0.78，据 J. B. Wright(1969)的 AR－SiO_2与碱度关系图(图 3－20)样品投点位于钙碱性岩区。据侵入岩的 K_2O-SiO_2系列划分图(图 3－19)属于钙碱性系列。A/NCK 为 2.04，为强过铝的花岗岩类。

4. 微量元素特征

侏罗纪长石石英斑岩微量元素含量见表 3－8。从表中可知侏罗纪长石石英斑岩微量元素与侏罗纪其他中酸性侵入岩具有相同的特征，同样具 Zr、Sr、Ba、Rb 等亲石元素含量较高，Ta、Hf、Sc、Co、Cr、Ni 含量偏低之特征。与晚三叠世野马滩石英斑岩相比，各元素含量明显偏高。经洋脊花岗岩标准化蛛网图(图 3－21)呈从 K 至 Ce 富集，从 Zr 至 Yb 亏损的右倾曲线，具 Rb、Th 的弱富集，Ba 的弱亏损特征，与 Pearce 等的 COLG 型花岗岩曲线型式相近。在洋脊花岗岩标准化蛛网图上与侏罗纪其他中酸性侵入岩相比，表现为 Ba 的亏损更加明显，且 Zr、Hf、Sm、Y、Yb 等元素含量也偏低的特征。

5. 稀土元素特征

黑石北湖一带的长石石英斑岩稀土元素含量见表 3－9。其稀土总量偏低，∑REE 仅为 89.27×10^{-6}，轻稀土(∑LREE)为 85.02×10^{-6}，重稀土(∑HREE)为 4.25×10^{-6}，轻、重稀土比值(∑LREE/∑HREE)为 20.00，轻稀土强烈富集，δEu 为 0.42，δEu 负异常明显，其稀土元素球粒陨石标准化型式图为向右陡倾斜的曲线型式(图 3－23)。

（四）综合对比

1. 特征对比及演化特点

由以上对区内各时代、各岩类的特征讨论可知，区内侵入岩不发育，仅集中分布于西金乌兰-金沙江结合带的北部、无水湖断裂与黑石北湖-云母山断裂之间，时代上产出于晚三叠世和侏罗纪，以中酸性—酸性岩为主，岩性较为单调，仅为斑岩类岩石。在岩石化学成分上、地球化学特征上晚三叠世石英斑岩与侏罗纪侵入岩区别较大，侏罗纪侵入岩基本上具有相近的特征。

2. 构造环境判别

侏罗纪酸性侵入岩侵入于二叠系和三叠系以碎屑岩建造为主的地层中，以大小不等的岩株状产出，总体上呈北东向串珠状分布。在构造位置上，处于西金乌兰-金沙江结合带的北部，区内北东向断裂发育，为岩浆的上升和就位提供了良好的通道，从岩体就位的时代和空间方面分析，该期岩浆活动与西金乌兰-金沙江结合带有着密切的关系。

侏罗纪中酸性侵入岩在常量元素据 R_1-R_2图解(图 3－24)上投点落于同碰撞期花岗岩区或附近，在微量元素方面，经洋脊花岗岩标准化蛛网图(图 3－21)与 Pearce 等的 COLG 型花岗岩曲线型式相近，在其 Nb－Y 图上(图 3－25a)投点位于火山弧和同碰撞期花岗岩区(VAG+synCOLG)，而在 Rb－Y+Nb 图(图 3－25b)上投点落于火山弧花岗岩区、同碰撞期花岗岩区和板内花岗岩的交界处，在 Ta－Yb 和 Rb－Yb+Ta 图上(图 3－26)投点位于同碰撞期花岗岩区并靠近火山弧花岗岩区，综合分析认为，区内侏罗纪酸性侵入岩产出于同碰撞期的构造环境中。

3. 时代讨论

本次工作在黑石北湖北岸雪山下的花岗闪长斑岩体中采集了全岩 K－Ar 法年龄测试样品，获

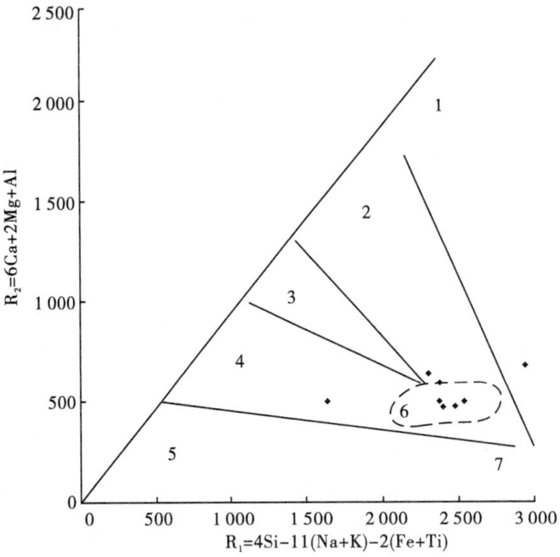

图 3-24　R_1-R_2图解(据 Batchelor & Bowden,1985)

1. 地幔分异花岗岩;2. 碰撞前花岗岩;3. 碰撞后隆起花岗岩;4. 造山晚期—晚造山期花岗岩;5. 非造山区花岗岩;6. 同碰撞期花岗岩;7. 造山后花岗岩

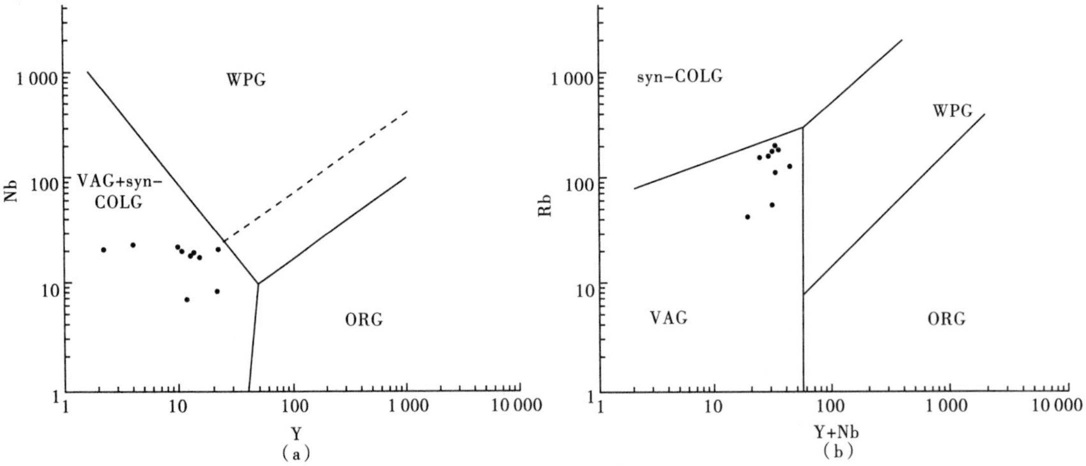

图 3-25　Nb-Y(a)与 Rb-Y+Nb(b)判别图(据 Pearce 等,1984,2002)

syn-COLG. 同碰撞花岗岩;VAG. 火山弧花岗岩;WPG. 板内花岗岩;ORG. 洋脊花岗岩

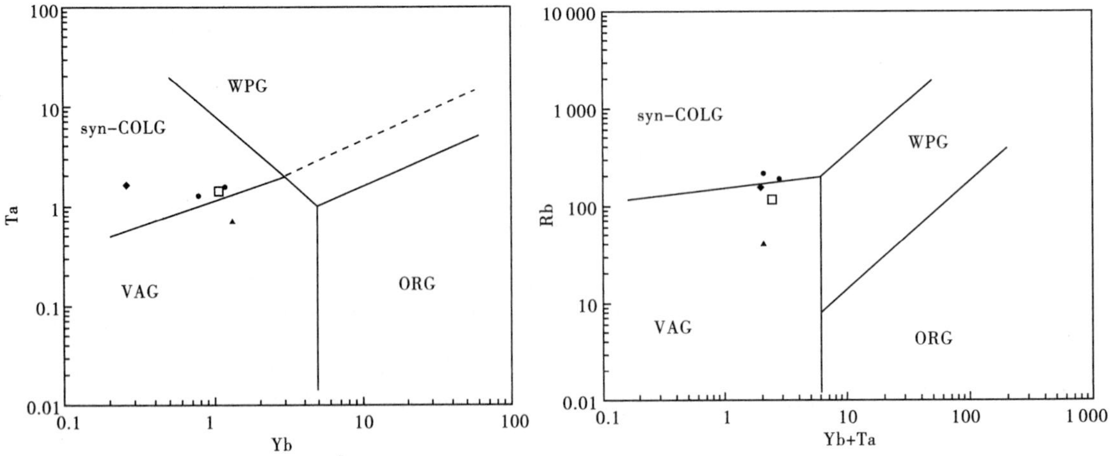

• 卧龙岗花岗斑岩　□ 黑石北湖花岗闪斑岩　◆黑石北湖长石石英斑岩　▲ 野马滩石英斑岩

图 3-26　花岗岩的 Ta-Yb 和 Rb-Yb+Ta 构造环境判别图(据 Pearce 等,1984,2002)

得年龄值为 162Ma(宜昌地矿所同位素室测试),其时代为侏罗纪。同时,从以上讨论可知,区内分布于卧龙岗—独尖山一带的中酸性—酸性侵入岩带在岩石化学成分上,特别是在地球化学特征上具有相近的特征,显示了同源、同时代、同成因的可能,在侵入地层时代上最早地层为二叠纪,最晚时代为三叠纪,在其南部邻幅侏罗系地层中未见该类侵入岩,故本书将卧龙岗岩浆岩带中的侵入岩的时代统一确定为侏罗纪。

4. 岩体形成深度、剥蚀程度

卧龙岗和独尖山一带的花岗斑岩具斑状结构,基质为微晶结构、微粒粒状镶嵌结构、显微粒状镶嵌结构,反映岩浆经历了快速冷凝结晶阶段,在该岩体边部发育冷凝细粒相岩石也表明该岩体就位深度较浅,同时据 Qz - Ab - Or 图解(图 3 - 27)确定的岩浆结晶温度为 700℃左右,PH_2O 为 2Kb 左右,也表明了岩浆的就位深度较浅。

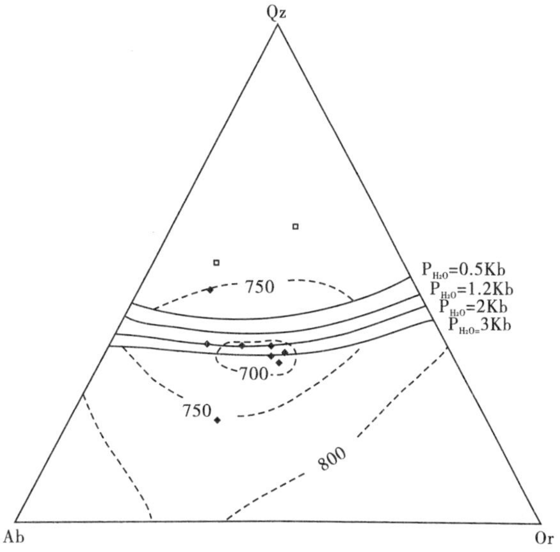

图 3 - 27　卧龙岗和独尖山花岗斑岩 Qz - Ab - Or 图解

区内花岗斑岩在一定区域内呈大小不等的岩株零星分布,形成了突出的中高山地貌,向下几个岩体有连成一个岩体的可能,推测该类侵入岩存在隐伏岩体。在岩体中少见围岩捕虏体,在平面形态上呈椭圆状,岩体的就位造成了围岩的变形,表明岩体具主动就位的可能。综合分析,该类岩体剥蚀程度达浅—中深的程度。

第三节　火山岩

区内火山岩不很发育,以喜马拉雅期为主,主要分布于黑石北湖一带。海西期火山碎屑岩仅在测区西北角无水湖一带有小面积出露(表 3 - 10)。

一、海西期火山碎屑岩

海西期火山碎屑岩主要产于石炭系西长沟组中。西长沟组仅出露于图幅西北角一带,主要岩性为变质凝灰质砂岩夹变质凝灰岩。

表 3-10　火山岩基本特征一览表

岩浆活动时期	构造单元	时代		产出层位	代号	分布地区	产出状态	主要岩石类型	喷发环境	喷发形式	备注
喜马拉雅期	巴颜喀拉前陆盆地	新近纪	上新世	黑石北湖组二段	N_2h^2	黑石北湖一带	锥状层状	安粗岩、粗面岩、安粗质集块岩、安粗质熔结角砾岩、安粗质火山碴角砾堆积物	陆相	爆发溢流侵出	全岩 K-Ar 年龄为 3Ma(本次工作)
				黑石北湖组一段	N_2h^1	黑石北湖一带	锥状层状	安粗岩、安粗质集块岩、安粗质熔结角砾岩、安粗质火山碴角砾堆积物	陆相	爆发溢流	全岩 K-Ar 年龄为 3.19Ma(本次工作)
			中新世	拉水河组	N_1l	拉水河、碱水湖北一带	锥状层状	橄榄玄武粗安岩、橄榄玄武粗安质火山碴	陆相	爆发溢流	全岩 K-Ar 年龄为 0.23Ma(邓万明)
海西期		石炭纪		西长沟组	Cx	无水湖一带	层状	变质凝灰质砂岩、变质凝灰岩	海相	喷发	

变质凝灰质砂岩:灰绿色,变余砂状凝灰结构,块状构造,碎屑 84%(碎屑成分为石英 30%;长石 20%;岩屑 45%,以中酸性火山岩屑为主,少量千枚岩;重矿物 5%:金属矿物、锆石、磷灰石),胶结物 1%(成分为铁质),杂基 15%(成分为泥质、灰质,变为粘土矿物、绿泥石、绢云母)。

变质凝灰岩:深灰色,变余凝灰结构,块状构造,碎屑 83%(碎屑成分为石英 25%,以砂屑为主,少量晶屑;长石 15%,以砂屑为主,少量晶屑;岩屑 60%,以中酸性火山岩为主,少量千枚岩、泥岩、云母屑;重矿物微量:锆石、金属矿物、电气石),胶结物 2%(碳酸盐矿物 1%,铁质 1%),杂基 15%(灰质、绿泥石、绢云母)。结构、成分成熟度很差。

二、喜马拉雅期火山岩

主要产于新近系拉水河组、黑石北湖组中。

1. 地质特征

新近系火山岩分布于测区的东部拉水河、黑石北湖一带,呈近东西向展布,出露面积约 380km²,前人称其为黑石北湖火山岩区,该火山岩受北东向的黑石湖-万层山断裂控制。主要为陆相中心式喷发产物。根据火山岩的接触关系和叠覆规律,初步认为本区火山岩至少有三期,第一期(拉水河组)分布于岩区东面,出露面积约 112km²,岩性主要为橄榄玄武粗安岩,局部还可见钾玄岩、碱玄岩(据邓万明,1998),火山熔岩保留了岩被产状,但熔岩台地已高出周围晚期喷发的熔岩地面数十米,下伏地层为新近系唢纳湖组砖红色粘土岩、砂砾岩(图版Ⅱ,8)或三叠系巴颜喀拉山群三组,下伏地层均受烘烤,第一期火山岩根据发育的红顶构造又可划分为两次活动,中间无沉积夹层,说明两次活动的时间间隔不长;第二期(黑石北湖组一段)分布于岩区南面,出露面积约 200km²,岩性主要为安粗岩,熔岩台地已被剥蚀成低矮的残丘(图版Ⅱ,2),角度不整合于新近系唢纳湖组砂砾石层或三叠系巴颜喀拉山群三组之上,下伏地层均受烘烤,第三期(黑石北湖组二段)分布于岩区北面,出露面积约 60km²,岩性主要为安粗岩,角度不整合于三叠系巴颜喀拉山群三组之上。第三期火山岩明显覆盖于第二期火山岩之上(图 3-28;图版Ⅱ,1)。各期火山活动以中心式喷发为主,各自有自己的主火山口,每期主火山口有 1~3 个不等,具有一定意思的是第三期只有一个主火山口,似乎反映了火山活动从早到晚具有减弱的趋势。区内第二期、第三期火山机构虽经风化剥蚀,残缺不全,但仍可辨认,第三期火山机构保存完好,实地和遥感图像上清晰可辨。黑石北湖火山岩区三期火山岩的全岩 K-Ar 年龄分别为 9.23Ma(邓万明)、3.19Ma、3Ma(本次工作,样品由宜昌地矿所同位素室测试)，将其时代定为新近纪。

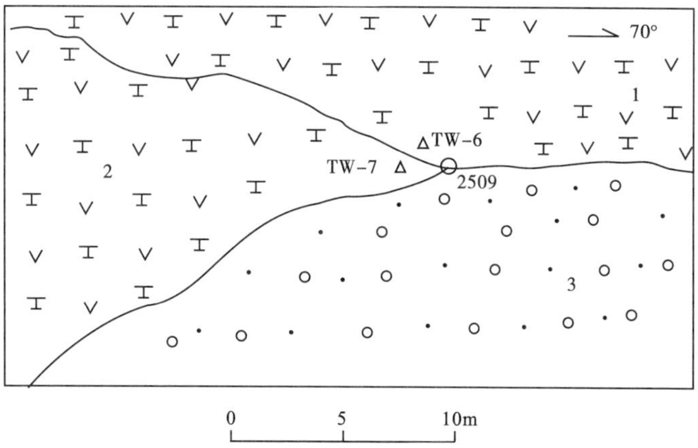

图 3-28　第三期和第二期火山岩接触关系示意图

1. 第一期火山岩；2. 第二期火山岩；3. 新近系唢纳湖组；TW-6、TW-7. 年龄样品取样位置

(1)火山机构

黑石北湖新生代火山岩区共发现 24 个火山口(其中 7 个形成火山锥，5 个为破火山口)，火山口大小不一，火山锥高度不等，从火山口向外由爆发相变为溢流相。第一期火山岩(拉水河组)共发现 4 个火山口(1 个破火山口)，火山口直径一般为 50m 左右，5508 高程点处为一保存完整的典型火山锥，锥顶呈近圆形，宽而平坦，由爆发相火山角砾、火山碴堆积物构成方山；第二期火山岩(黑石北湖组一段)发现 13 个火山口(4 个破火山口、4 个火山锥)，火山口直径一般为 20～300m，最典型的 1 个火山锥体，海拔高度为 5 060m，其相对高差达 140m；第三期火山岩(黑石北湖组二段)发现 7 个火山口(2 个火山锥)，典型的一个火山锥体，海拔高度为 5 344.6m，相对高度 145m(图版Ⅱ,4)，火山锥顶部为马蹄形的火山口，直径约 400m，在内陷的火山口内还见有两个 10～12m 的小锥体，为侵出相的产物，此火山口附近还见两个寄生火山口和 4 个次生火山口，寄生火山口直径一般为 50～100m，次生火山口直径一般为 10～30m(图版Ⅱ,3)。

(2)火山岩相

根据火山岩的产状及岩石特征可划分出爆发相、溢流相、侵出相和潜火山岩相。

a. 爆发相：呈环形分布于火山口附近，第一期火山岩岩石类型主要为紫红—砖红色橄榄玄武粗安质火山碴角砾堆积物、橄榄玄武粗安质熔结角砾岩；第二期、第三期爆发相火山岩岩石类型均为铁锈色安粗质集块岩、安粗质熔结角砾岩、安粗质火山碴角砾堆积物，产状杂乱。

b. 溢流相：分布面积较大，构成火山岩的主体，主要由偏碱性的中性熔岩组成。第一期火山岩常形成熔岩被，已被切割成熔岩桌(图版Ⅱ,5)、方山，熔岩被厚 13～30m。岩石类型主要为橄榄玄武粗安岩，有时显示红顶构造，反映火山岩形成时为陆相氧化环境；第二期火山岩常形成熔岩被，岩石类型主要为安粗岩；第三期火山岩常形成蛇状岩垄、绳状熔岩(图版Ⅱ,7)、熔岩被、熔岩流(图版Ⅲ,1)、熔岩河瀑布等壮观的火山地质景观，局部还保留有流动构造和原生节理(图版Ⅱ,6)，熔岩流沿着红层的冲沟直泻湖滨。岩石类型主要为安粗岩。

c. 侵出相：仅在岩区北部第三期火山岩中见到，分布于火山口内部，地貌上呈突出的岩钟，高约 12m，直径约 50m。岩性为深灰、灰黑色粗面岩，岩石节理发育，易垮塌。

d. 潜火山岩相：分布局限，仅在岩区的南部第二期火山岩(5060 高地)火山口中见潜安粗岩。

2. 岩石特征

黑石北湖新近系火山岩结晶程度极低，不能测定岩石的实际矿物含量，故采用火山岩全碱-二氧化硅(TAS)图解分类和命名(图 3-29),区内主要有如下岩性。

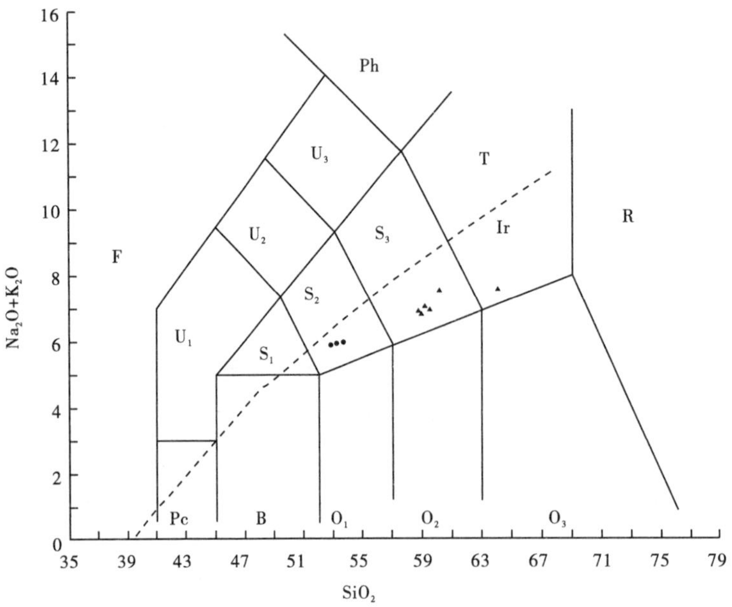

· 第一期火山岩　▴ 第二期火山岩　◆ 第三期火山岩

图 3-29　新近系火山岩 TAS 图

Pc. 苦橄玄武岩;B. 玄武岩;O_1. 玄武安山岩;O_2. 安山岩;O_3. 英安岩;S_1. 粗面玄武岩;S_2. 玄武粗安岩;S_3. 粗安岩;T. 粗面岩;R. 流纹岩;F. 副长石岩;U_1. 碱玄岩、碧玄岩;U_2. 响岩质碱玄岩;U_3. 碱玄质响岩;Ph. 响岩;Ir. Irvine 分界线,上方为碱性,下方为亚碱性

(1)橄榄玄武粗安岩(第一期火山岩)

浅褐灰—浅褐色,岩石具斑状结构、聚斑结构,基质具间粒结构,气孔杏仁构造、块状构造,斑晶占 15%左右,其中拉长石约 5%、橄榄石 2%(大小为 1.3mm×1.5mm,边缘已伊丁石化)、辉石大于 8%;基质约占 85%,其中中长石 5%、拉长石 40%、歪长石 30%、橄榄石 3%、辉石 5%、磁铁矿 2%,副矿物为磷灰石、磁铁矿、金红石等,据邓万明(1998)电子探针分析区内橄榄石属贵橄榄石种属,辉石斑晶属紫苏辉石,长石类斑晶为钠透长石和拉长石。

(2)安粗岩

第二期与第三期安粗岩特征不尽相同,以下分别描述。

第二期安粗岩(黑石北湖组一段):灰褐—灰黑色,岩石具斑状结构,基质具玻晶交织结构,气孔构造。斑晶约占 20%,其中斜长石 15%、中长石 5%、普通辉石 5%;基质约占 75%,其中玻璃质约 60%、斜长石 5%、辉石 3%、磁铁矿 2%、气孔 5%。

第三期安粗岩(黑石北湖组二段):灰黑—褐黑色,岩石具斑状结构,基质具玻晶交织结构,气孔构造、气孔杏仁构造、流动构造,斑晶占 5%~10%,其中钠更长石小于 5%(大小为 1mm×2.1mm 左右)、石英占 1%~2%(大小为 3mm×5mm 左右)、角闪石 1%~2%(大小为 0.15mm×0.6mm 左右)、中长石 0~3%、透长石 0~1%、捕虏体 1%(为正长岩)、微量金属矿物、磷灰石;气孔占 20%~30%,多呈椭圆、不规则形状,大小 0.03mm×0.05mm~0.15mm×1mm;基质占 60%~75%,其中玻璃质 40%~75%、斜长石小于 3%、角闪石 0~2%、副矿物 0~5%、金属矿物 0~4%、磷灰石少量。

(3)粗面岩(第三期侵出相)

灰黑色,玻基斑状结构,岩石中见有(安山岩)捕虏体,大小为 0.5~1.54mm,外形呈次棱角状,气孔构造。斑晶小于 10%,其中钠更长石小于 3%(大小为 0.85mm×1.2mm)、石英大于 1%、角闪石 1%(大小为 0.5～1mm)、黑云母 1%、钾长石 1%、中长石 2%、捕虏体 2%;基质 85%,其中玻璃质 55%、长石 1%、角闪石 2%、气孔 25%左右(呈圆形、椭圆形,长轴定向,大小 0.5mm 左右,较大者可达 2mm×0.2mm),副矿物为锆石和金属矿物。

(4)火山碎屑岩

橄榄玄武粗安质火山碴角砾堆积物(第一期):呈紫红—砖红色,未固结,松散堆积,角砾成分为橄榄玄武粗安岩,气孔极发育,质轻。

橄榄玄武粗安质熔结角砾岩(第一期):岩石呈紫褐色,熔结火山角砾结构,块状构造,角砾级火山碎屑含量一般为 50%～65%,呈棱角状—次棱角状,成分为橄榄玄武粗安岩,凝灰级火山碎屑含量一般为 20%～25%。

安粗质火山碴角砾堆积物(第二期、三期):铁锈色、灰褐色、灰黑色,未固结,松散堆积,角砾成分为安粗岩,气孔发育。

安粗质集块岩:仅分布在第三期主火山口附近,紫褐色,火山集块结构,块状构造,集块级火山碎屑含量一般为 75%～85%,呈棱角状,成分为安粗岩。

安粗质熔结角砾岩(第二期、三期):岩石呈灰褐色—紫褐色,熔结火山角砾结构,块状构造,角砾级火山碎屑含量一般为 60%～70%,凝灰级火山碎屑含量一般为 25%～30%。火山碎屑成分主要为安粗岩。

3. 岩石化学特征

新近系火山岩化学成分见表 3-11。在 TAS 图(图 3-29)中主要为安粗岩、橄榄玄武粗安岩,个别为粗面岩。从表 3-11 中可知第一期火山岩 SiO_2平均为 52.74%,MgO 平均为 4.74%;第二期火山岩 SiO_2平均为 59.01%,MgO 平均为 2.22%;第三期火山岩 SiO_2平均为 59.5%,MgO 平均为 2.16%。从时代上看,新近系火山岩由早到晚 SiO_2含量增高,MgO 含量降低。新近系火山岩K_2O和 Na_2O 平均值分别为 3.8%和 3.06%,普遍为 $K_2O/Na_2O>1$;在 K_2O-SiO_2图(图 3-30)中,橄榄玄武粗安岩落入高钾钙碱性系列,安粗岩、粗面岩落入橄榄安粗岩系列;火山岩里特曼指数(δ=2.8～3.5),为钙碱性岩石。在 A-F-M 图(图 3-31)中,火山岩均落入钙碱性火山岩域内。

表 3-11　拉水河、黑石北湖一带新近系火山岩化学成分表

序号	野外编号	岩性	时代		氧化物含量(%)													合计
					SiO_2	TiO_2	Al_2O_3	Fe_2O_3	FeO	MnO	MgO	Na_2O	CaO	K_2O	P_2O_5	H_2O^+	CO_2	
1	ⅣGs-3	粗面岩	侵出相	第三期	63.21	1.43	14.17	1.53	4.38	0.11	1.72	3.00	3.80	4.66	0.73	0.49	0.74	99.97
2	Gs-1	安粗岩	溢流相		58.78	2.35	14.08	1.52	6.50	0.13	2.25	3.03	4.98	3.98	1.27	0.34	0.23	99.44
3	Gs-2	安粗岩			58.02	2.30	13.96	4.63	4.02	0.12	2.35	2.91	5.11	4.04	1.24	0.50	0.40	99.60
4	Gs-254	安粗岩			57.99	2.34	13.87	2.37	5.73	0.12	2.33	2.96	5.58	3.91	1.23	0.37	0.91	99.71
5	Gs-252	安粗岩	第二期溢流相		59.13	1.99	14.22	1.37	5.97	0.11	2.13	3.19	5.06	4.23	0.92	0.28	1.13	99.73
6	Gs-253	安粗岩			57.46	1.75	13.93	1.83	5.50	0.12	2.58	2.93	6.18	3.96	0.87	0.82	1.47	99.39
7	Gs-353	安粗岩			60.44	1.62	14.56	1.69	5.20	0.11	1.97	3.55	4.36	4.21	0.72	0.65	0.57	99.64
8	Gs-202	橄榄玄武粗安岩	第一期溢流相		54.38	1.63	13.73	2.17	4.23	0.10	4.15	2.75	5.94	5.35	1.00	0.80	3.06	99.29
9	ⅤGs-8	橄榄玄武粗安岩			52.27	1.70	15.07	6.01	3.80	0.16	4.64	3.13	8.22	2.67	0.67	0.45	0.85	99.64
10	Cs-7	橄榄玄武粗安岩			52.73	1.69	15.18	6.93	2.93	0.14	4.46	3.16	7.98	2.70	0.68	0.58	0.62	99.78
11	Cs-4	橄榄玄武粗安岩			51.47	1.62	14.72	6.19	3.53	0.16	5.72	3.10	7.72	2.63	0.66	0.50	1.36	99.38
12	Cs-1	橄榄玄武粗安岩			52.56	1.67	15.04	6.55	3.35	0.15	4.66	3.13	7.58	2.70	0.68	0.77	0.79	99.63

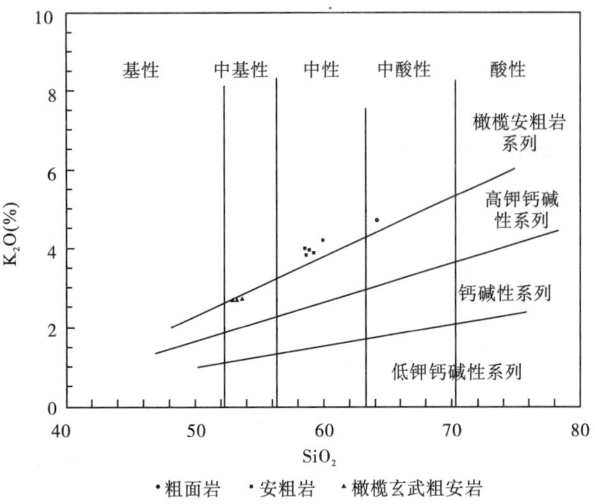

图 3-30　黑石北湖火山岩 K_2O-SiO_2 图

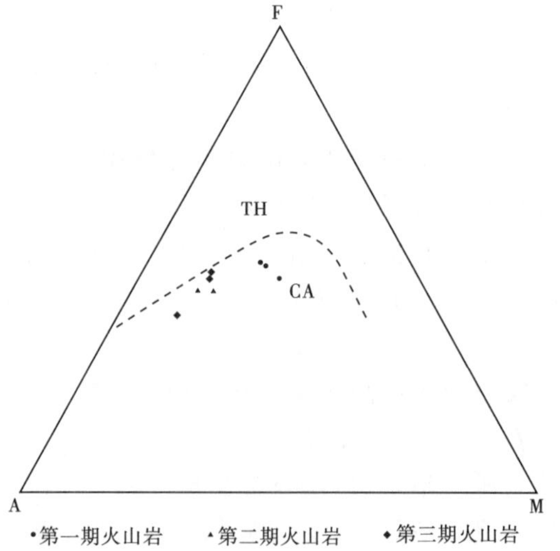

图 3-31　黑石北湖火山岩 A-F-M 图

F. FeO*；A. Na_2O+K_2O；M. MgO；TH. 拉斑玄武岩系列；CA. 钙碱性岩系列

4. 岩石地球化学特征

(1)微量元素特征

新近系火山岩微量元素含量见表 3-12。黑石北湖火山岩中大离子亲石元素 Rb、Sr、Ba 等、放射性生热元素 Th、不活动元素 Nb、Zr 等富集，且随岩石酸性程度增高各元素含量具增高的趋势。在原始地幔标准化蛛网图(图 3-32)上，曲线具多隆起的型式，表现为 Th、La、Ce、Nd 等的正异常，Ta、Nb、Sr、Hf、Ti 等的负异常，从不相容元素向相容元素含量逐渐降低，右倾特点明显。在以球粒陨石为标准的蛛网图(图 3-33)上，与上地壳和平均地壳的曲线极为相似，且各元素含量较为接近，表明区内火山岩的源区物质成分与地壳关系较为密切，地壳成分占主导地位。

表 3-12　拉水河、黑石北湖一带新近系火山岩微量元素含量表

序号	样品号	岩性	时代	微量元素分析结果($\times10^{-6}$)													
				Nb	Sc	Zr	Th	Sr	Ba	V	Co	Cr	Ni	Rh	Ta	Hf	Y
1	ⅤWL-1	橄榄玄武粗安岩	第一期	30.8	17.8	263	15	833	1 187	154	28.6	102	28.9	88	1.7	5.1	23.16
2	2	橄榄玄武粗安岩		31.5	17.6	270	12.3	852	1 216	160	29.4	104	30.6	84	1.2	5.5	25.11
3	WL-12	安粗岩	第二期	57.8	8	590	41.9	827	1 890	95.1	15.8	20.3	14.3	182.2	3.4	12.3	22.71
4	13	安粗岩		53.4	9.4	516	36.9	765	1 706	95.3	17.1	38.4	22.8	158.1	3.4	8.9	25.45
5	ⅣWL-1	安粗岩	第三期	67.2	9.7	764	36.1	820	1 774	115	16.1	17.7	13.4	180	4	12.8	30.5
6	2	粗面岩		52.2	7.1	541	57	558	1 233	73.6	11.8	19.9	13.7	297	3	10.3	20.2
7	14	安粗岩		63.6	9.4	575	34.6	804	1 933	103.9	18.4	6.2	15.4	169.1	3.4	12.3	29.49

在图 3-34 的微量元素洋脊玄武岩比值蛛网图中，显示突出的 Th、Ce、Rb、Sm 的异常峰值和 Sr、Nb、Ta、P、Hf、Ti 的亏损特征，总体上为峰谷相间的驼峰状分配型式，类似于板内熔岩的驼峰状分配型式。

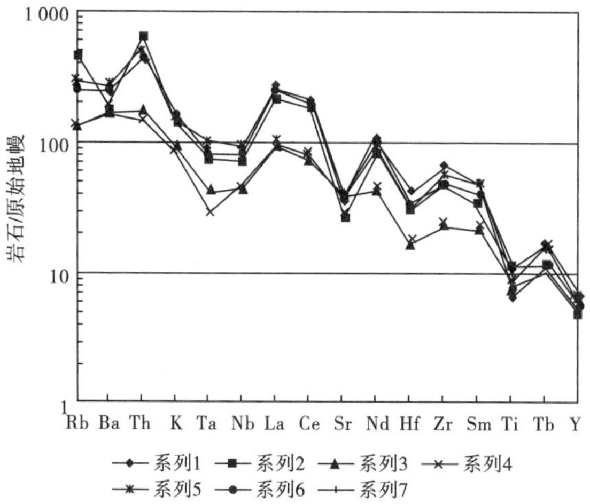

图 3-32　黑石北湖火山岩微量元素原始地幔标准化蛛网图

系列 1—7. 黑石北湖火山岩,其编号与表 3-8 对应

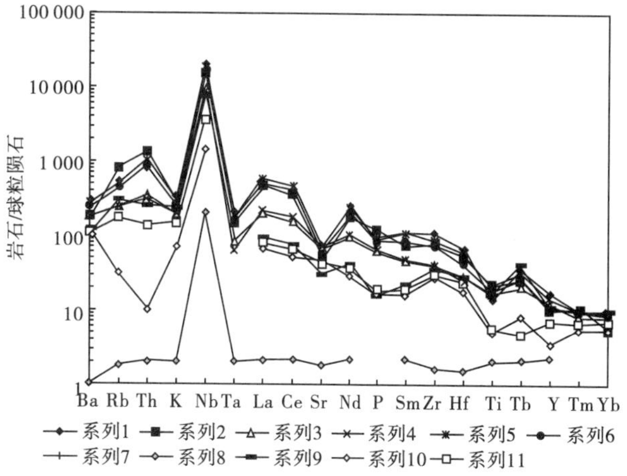

图 3-33　黑石北湖火山岩微量元素球粒陨石比值蛛网图

系列 1—7. 黑石北湖火山岩,其编号与表 3-8 对应;系列 8. 原始地幔(Mcdonough,1992);系列 9. 上部地壳(Taylor,1981);系列 10. 下部地壳(Weaver,1984);系列 11. 平均地壳(Weaver,1984)

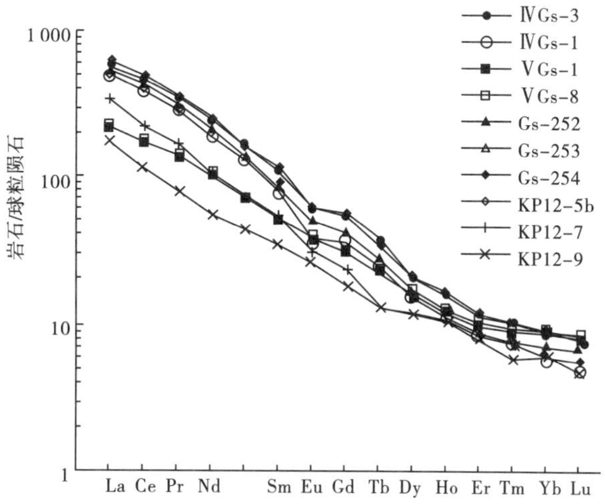

图 3-34　新近系火山岩微量元素比值蛛网图

(2)稀土元素特征

新近系火山岩稀土元素含量见表 3-13。第一期火山岩∑REE 平均为 323.5×10^{-6},∑LREE 平均为 303×10^{-6},∑HREE 平均为 20.2×10^{-6},轻重稀土比值∑LREE/∑HREE 平均为 15,为轻稀土富集型,δEu=0.93～0.94,基本上无铕异常,在稀土配分曲线(图 3-35)中,为右倾型。第二期、第三期火山岩富含稀土元素,∑REE 为 658×10^{-6}～839×10^{-6},平均为 753.8×10^{-6};∑LREE 为 638×10^{-6}～810×10^{-6},平均为 729×10^{-6};∑HREE 为 19.9×10^{-6}～29.2×10^{-6},平均为 24.78×10^{-6};轻重稀土比值∑LREE/∑HREE 为 27.3～32.7,平均为 29.7,为轻稀土特别富集型,δEu 为 0.62～0.75,显示弱的负铕异常,在稀土配分曲线(图 3-35)中,为向右陡倾型,轻重稀土分异明显。

表 3-13　拉水河、黑石北湖一带新近系火山岩稀土元素含量表

序号	稀土样品编号	岩性	时代	稀土元素分析结果(×10⁻⁶)										
				La	Ce	Pr	Nd	Sm	Eu	Gd	Tb	Dy	Ho	Er
1	ⅤXT-1	橄榄玄武粗安岩	一期	68.6	139	16	60.1	9.82	2.79	8.23	1.09	5.21	0.89	2.2
2	ⅤXT-2	橄榄玄武粗安岩		70.2	148	16.3	63.3	9.8	2.85	8.5	1.11	5.03	0.93	2.28
3	XT-12	安粗岩	二期	172	375	36.1	127	18.4	3.71	11.2	1.32	5.26	0.9	1.89
4	XT-13	安粗岩		160	337	33.9	117	17.1	3.56	11.1	1.3	5.54	0.99	2.52
5	ⅣXT-1	安粗岩	三期	181	398	41	149	21.2	4.43	14.3	1.77	6.76	1.22	2.58
6	ⅣXT-2	粗面岩		158	317	32.9	112	15.2	2.59	9.71	1.2	4.76	0.84	1.75
7	XT-14	安粗岩		188	405	41.8	148	22.2	4.38	14.1	1.61	6.8	1.16	2.51
8	KP12-2	安粗岩		172	312	36	120	17	3	9	1.2	4.9	0.89	1.9
9	KP12-2P	安粗岩		184	320	36	120	17.5	3	9.1	1.2	4.6	0.91	1.9
10	KP12-5b	安粗岩		180	320	34	112	16	2.9	8.3	1.03	4.1	0.76	1.7
11	KP12-7	钾玄岩		110	182	19	60	10.7	2.2	6.2	0.64	3.8	0.76	1.7
12	KP12-9	响岩质碱玄岩		56	92	9.2	32	6.6	1.9	4.7	0.6	3.8	0.76	1.8

序号	稀土样品编号	岩性	时代	稀土元素分析结果(×10⁻⁶)					有关参数			
				Tm	Yb	Lu	ΣREE	ΣLREE	ΣHREE	ΣLREE/ΣHREE	δEu	δCe
1	ⅤXT-1	橄榄玄武粗安岩	一期	0.3	1.86	0.26	316	296	20	14.8	0.93	0.62
2	ⅤXT-2	橄榄玄武粗安岩		0.34	1.94	0.28	331	310	20.4	15.2	0.94	0.64
3	XT-12	安粗岩	二期	0.26	1.42	0.19	755	733	22.4	32.7	0.74	0.69
4	XT-13	安粗岩		0.33	1.8	0.26	693	669	23.8	28.1	0.75	0.67
5	ⅣXT-1	安粗岩	三期	0.34	1.89	0.26	824	795	29.2	27.3	0.74	0.68
6	ⅣXT-2	粗面岩		0.25	1.21	0.16	658	638	19.9	32.1	0.62	0.64
7	XT-14	安粗岩		0.33	1.83	0.25	839	810	28.6	28.3	0.71	0.67
8	KP12-2	安粗岩		0.22	1.4	0.17	679.68	660	19.68	33.54	0.67	0.89
9	KP12-2P	安粗岩		0.22	1.4	0.18	700.01	680.5	19.51	34.88	0.66	0.88
10	KP12-5b	安粗岩		0.19	1.3	0.15	682.43	664.9	17.53	37.93	0.70	0.91
11	KP12-7	钾玄岩		0.2	1.3	0.18	398.88	383.9	14.78	25.97	0.76	0.87
12	KP12-9	响岩质碱玄岩		0.23	1.53	0.21	211.33	197.7	13.63	14.50	1.00	0.88

注:序号 8—12 为引自邓万明(1998)《青藏高原北部新生代板内火山岩》

5. 构造环境分析

采用图 3-36 的方法以常量元素的分析结果对拉水河、黑石北湖一带新近系火山岩喷发的构造环境进行了初步鉴别(邱家骧等,1991)。投影结果表明,拉水河、黑石北湖一带新近系火山岩绝大多数密集在图 3-36 的 C 区,均属于板内造山后演化的火山岩类型。由此看来本区火山岩是形成于板内造山后的大地构造环境。

6. 火山岩的同位素特征及源区性质

(1)Sr、Nd 同位素

本次工作采集了一件同位素组成分析样品,其余结果据邓万明(1998)。黑石北湖新生代火山

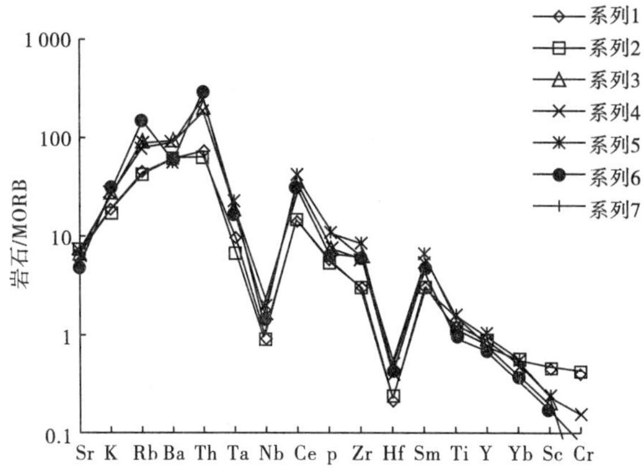

图 3-35　新近系火山岩稀土配分曲线

系列 1. 安粗岩；系列 2. 粗面岩；系列 3. 安粗岩；系列 4. 安粗岩；系列 5. 橄榄玄武粗安岩；系列 6. 橄榄玄武粗安岩；系列 7. 安粗岩

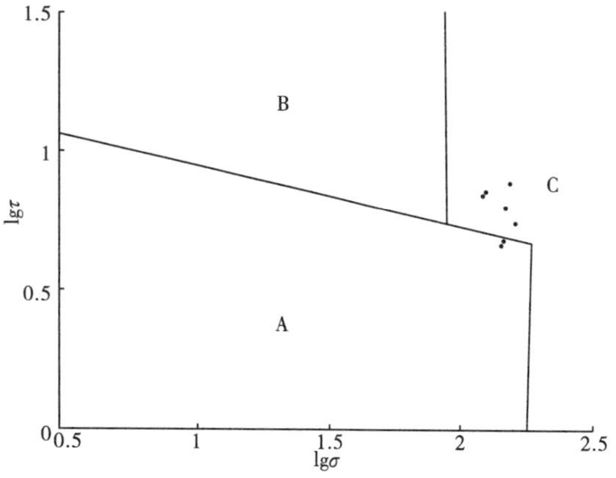

图 3-36　新近系火山岩 $\log\tau-\log\sigma$ 图[$\log\sigma=\log(\sigma_{25\times100})$]

A. 板内稳定区火山岩；B. 消减带火山岩；C. A、B 区演化的火山岩

岩的 $^{87}Sr/^{86}Sr$ 同位素比值、$^{143}Nd/^{144}Nd$ 同位素比值详见表 3-14，因黑石北湖一带的火山岩年龄较小，故未对结果进行时间校正。

(2)Pb 同位素

从表 3-14 中可以看出黑石北湖安粗岩、钾玄岩 $^{206}Pb/^{204}Pb$ 同位素比值分别为 18.714、18.711；$^{207}Pb/^{204}Pb$ 同位素比值分别为 15.673、15.668；$^{208}Pb/^{204}Pb$ 同位素比值分别为 38.987、38.997。利用火山岩的 Sr-Nd-Pb 同位素组成，可对其形成源区进行判别，火山岩源于富集地幔。

表 3-14　黑石北湖新生代火山岩的 Sr、Nd、Pb 同位素组成

样号	岩性	产地	$^{87}Sr/^{86}Sr$	$^{143}Nd/^{144}Nd$	$^{147}Sm/^{144}Nd$	$^{87}Rb/^{86}Sr$	$^{206}Pb/^{204}Pb$	$^{207}Pb/^{204}Pb$	$^{208}Pb/^{204}Pb$
VTW-1	橄榄玄武粗安岩	黑石北湖	0.706 138	0.511 715	0.103 9	0.406 5			
KP12-4	安粗岩		0.709 171				18.714	15.673	38.987
KP12-7	钾玄岩		0.707 346				18.711	15.668	38.997
KP12-2	安粗岩		0.709 327	0.512 277	0.087 073	0.747 2			
KP12-5b	安粗岩		0.709 842	0.512 253	0.088 645	0.745 4			
KP12-7	钾玄岩		0.707 573	0.512 336	0.094 244	0.730 4			

注：除 VTW-1 为本次工作样品由天津地质矿产研究所测定外，其余引自邓万明著《青藏高原北部新生代板内火山岩》(1998)

7. 火山岩成因探讨

青藏高原隶属于东特提斯构造域，其演化过程经历了自海西、印支、燕山至喜马拉雅期的一系列弧-陆和陆-陆碰撞作用，自北向南由老到新形成多条缝合带。藏北地区在侏罗纪末结束海相沉积，白垩纪接受河湖相沉积。印度板块与欧亚板块的碰撞发生在 40～55Ma。因此，黑石北湖火山作用发生在两大板块碰撞后的陆内构造演化阶段。黑石北湖火山岩分布于黑石湖-万层山断裂(昆仑南缘断裂带西延)以北。断裂带从新生代以来，有过多次活动的迹象，如断裂带中古近纪的红层沉积，断裂的复活作用使这些沉积地层发生了挤压—剪切—引张的转化。第四纪以来，断裂带中的一系列断陷谷地是左行雁列式，反映在引张作用时，曾经伴随有左旋的走滑位移。沿昆南断裂带常发生地震和成群出露的泉，表明它是伴随青藏高原隆起而强烈活动的近东西向活动断层带。黑石北湖火山岩在时间上和空间上与黑石北湖-万层山断裂(昆仑南缘断裂带西延)有密切的关系,指示两者在成因上有某种联系,这种深断裂的活动极有可能产生岩浆。尽管在地壳较厚的地区,基性岩浆在较高的压力下经充分的分离结晶,能产生富钾的岩浆,但是,黑石北湖橄榄玄武粗安岩、安粗岩的 δEu 为 0.71~0.94,显示弱负异常,反映岩浆存在早期的分离结晶作用。因此,黑石北湖橄榄玄武粗安岩、安粗岩较可能的成因模式是 EMⅡ型地幔的部分熔融形成安粗质、橄榄玄武粗安质岩浆,当新近纪岩浆沿断裂多次喷发至地表时便形成了拉水河组、黑石北湖组橄榄玄武粗安岩、安粗岩。

第四章　变质岩

第一节　变质岩石

区内变质岩石分布局限，只在西金乌兰-金沙江结合带中的三叠系托和平错群、巴颜喀拉山群以及一些时代不明的构造岩片中产出，而且明显受结合带的两条边界断裂所控制。除拜惹布错基底裂解岩片变质程度较深外，其余变质岩均为浅变质岩，岩石类型主要以变质砂岩、板岩、千枚岩、大理岩、石英岩为主，原岩结构构造及原岩类型清楚。

一、拜惹布错北西基底变质岩

基底变质岩呈断夹块形式产出，由变质程度不同、岩性岩相各异的岩块（微岩片）组成（表 4-1）。角闪岩相、绿片岩相、次绿片岩相（甚至是未变质）岩石混杂在一起。主要变质岩石有变粒岩类、角闪岩类、绿片岩类、糜棱岩类及碎裂岩类。糜棱岩类岩石有糜棱岩化岩石和初糜棱岩，岩石普遍发育糜棱岩化结构和糜棱结构，碎斑含量 60%～90%、基质含量 10%～40%，角闪石、斜长石裂纹发育，双晶断裂，多呈眼球状、透镜状，石英则具波状消光、带状消光、粒化重结晶，且集中呈带状、透镜状，片状矿物绕残斑定向分布。

二、三叠系托和平错群变质岩

托和平错群变质岩石主要分布于图幅东南部小长岭一带，变质岩类有石英岩、千枚岩、板岩、大理岩和变质砂岩，变质岩石多具变余结构构造，原岩容易确定，主要为石英砂岩、泥岩、粉砂岩、灰岩等。

1. 板岩类

与千枚岩、石英岩呈互层状产出，岩性为炭质板岩，变余泥质结构，变余层理构造、变余条纹状构造、条带状构造、板状构造，岩石中炭质 60%～80%、石英团块 0～10%、石英粉屑 2%～15%、石英条带 0～10%、泥屑 8%～13%、绢云母 0～2%。原岩为泥质岩。

2. 石英岩类

与千枚岩、板岩呈互层状产出，主要岩石类型有石英岩、含绢云母石英岩、方解石石英岩和菱铁矿石英岩，原岩以石英砂岩为主。岩石具粒状变晶结构，定向构造、千枚状构造，韧性变形强者呈线柱状构造和条带状构造。石英岩中石英含量 90%～96%，含少量绢云母、白云石、菱铁矿和副矿物；含绢云母石英岩中绢云母含量 5%～10%；方解石石英岩中方解石 25%、石英 75%；菱铁矿石英岩中菱铁矿 15%、石英 80%，含少量氧化铁、炭质和微量锆石。

表 4-1 西金乌兰-金沙江结合带基底裂解岩片变质岩石特征

岩类	岩石类型	结构构造	矿物成分及含量	矿物组合及世代关系	原岩
变粒岩类	黑云角闪斜长变粒岩	变余细粒半自形柱粒状结构、细粒鳞片粒状变晶结构，块状构造	Hb<20%、Bi=15%、Pl=60%、Sph<1%、Ap<1%、Pre<3%，Zr 微量、金属矿物少量	Hb+Bi+Pl+Sph	
角闪岩类	含阳起石斜长角闪岩	细粒粒柱状变晶结构，块状构造	Hb=59%、Pl<30%、Act<10%、金属矿物<1%，Ap 微量	Hb+Pl+Act	
片岩类	绿帘阳起绿泥片岩	显微柱纤鳞片变晶结构，片状构造	Ch<45%、Act=35%、Ep<20%，Cc、Zr、金属矿物微量	Chl+Act+Ep	基性火山岩
	含绿帘绿泥阳起片岩	鳞片纤(针)状变晶结构，片状构造	Act<65%、Ch=25%、Qz=3%、Ep=5%、Sph=2%，Pl、Cc 少量	Act+Ch+Ep+Pl	
糜棱岩类	糜棱岩化黑云斜长片麻岩	中细粒鳞片粒状变晶结构、糜棱岩化结构，片麻状、眼球状构造	Pl=50%、Q=35%、Bi>15%，Mu、Zr、Ap 少量，金属矿物微量	Pl+Q+Bi (Pl-Ser 化、Bi-Ch 化)	
	糜棱岩化二云母花岗岩	糜棱岩化结构，透镜状、条带状构造	碎斑>90(Pl、Kf、Q、Bi、Mu)，基质<10%(Q、Bi、Ser、Zr、Ap，金属矿物微量)		二云母花岗岩
	含石榴黑云斜长变粒岩(初糜棱岩)	鳞片粒状变晶结构、糜棱结构，眼球状构造	碎斑 80%(Pl、Q、Bi、Gt)，基质 20%(Q、Pl、Bi、Gr、Zr、Ap、金属矿物微量)	Gr+Pl+Bi+Q	沉积岩
	斜长角闪岩(初糜棱岩)	糜棱结构，眼球状构造	碎斑 80%(Hb)，基质 20%(Hb、Bi、Pl、Q、Sph、Ap)	Hb+Pl+Bi+Qz+Sph(Ch 交代 Bi)	
	眼球状初糜棱岩	糜棱结构，眼球状、透镜状、定向构造	碎斑 55%～60%(Hb，部分 Act 化)，基质 40%～45%(Q、Pl、Act、Sph、Ap、金属矿物)		中性玢岩
	闪长质初糜棱岩	糜棱岩化结构，定向构造	碎斑 85%(Pl、Hb)，基质 15%(Qz、Pl、Act、Ap、金属矿物、Bit、Ch、Zr)		闪长岩
	眼球状花岗质初糜棱岩	糜棱结构，眼球状、透镜状、定向构造	碎斑 60%(Pl、Qz)，基质(Qz、Bi、Pl、Sph、Ap、Ep、Zr)	Pl+Qz+Bi (Ser 交代 Pl、Ch 交代 Bi)	花岗岩
碎裂岩	碎裂变质石英砂岩	变余砂状结构、碎裂结构，块状构造	碎斑 60%(变质砂岩)、碎粒 10%(Q)、碎基(Q、Ser、Do)		石英砂岩

注：Qz. 石英；Pl. 斜长石；Bi. 黑云母；Hb. 角闪石；Fs. 长石；Sph. 榍石；Ap. 磷灰石；Zr. 锆石；Zo. 黝帘石；Act. 阳起石；Gr. 石榴石；Mu. 白云母；Ser. 绢云母；Pre. 葡萄石；Ep. 绿帘石；Cc. 方解石；Ch. 绿泥石；Do. 白云石

3. 千枚岩类

与板岩、石英岩呈互层状产出，岩石具显微鳞片柱状(针状)粒状变晶结构、斑点状结构，千枚状构造。岩石中含有新生变质矿物硬绿泥石、黝帘石、绿泥石和绢云母。原岩为泥岩及砂质泥岩(表 4－2)。

表 4－2 千枚岩类矿物成分及含量表

岩石名称	矿物成分及含量(%)						
	硬绿泥石	绿泥石	绢云母	黝帘石	菱铁矿	石英	炭质
炭质千枚岩			30～35			20	45
硬绿泥石石英千枚岩	25	5	5			65	
黝帘石英千枚岩			5	>40		50	<5
黝帘石绢云千枚岩			50	25		25	
绿泥菱铁千枚岩	5	20			25	50	

4. 大理岩类

呈夹层状产出，岩性为含石英大理岩，细粒粒状变晶结构，变晶矿物方解石(95%)长轴定向排列显示出定向构造，石英不均匀分布，含量约 5%，岩石中含微量的绢云母、电气石和金属矿物。

5. 变质砂岩类

夹于千枚岩、板岩中，岩性为变质石英砂岩、变质粉砂岩。

变质石英砂岩：鳞片粒状变晶结构、变余砂状结构，千枚状构造不发育，岩石主要由变余石英砂屑(80%～85%)、少量长石、金属矿物、变晶片状矿物绢云母、黑云母组成，含微量重矿物电气石、锆石。

变质粉砂岩：变余粉砂状结构，定向构造不明显，碎屑以石英(60%～65%)为主，胶结物、杂基已变质为绢云母及再生加大的石英。岩石裂隙发育，被碳酸盐矿物白云石、菱铁矿及石英、铁质、少量白云母充填。

三、巴颜喀拉山群变质岩

集中分布于碎石山断裂两侧的巴颜喀拉山群中，为区域低温动力变质作用的产物，岩石定向组构明显，新生变质矿物主要为黑硬绿泥石、绢云母、绿泥石，变质程度为低绿片岩相，变质岩类有千枚岩类、板岩类、大理岩类、变质砂岩类、碎裂岩类等。

1. 板岩类

夹于千枚岩中，岩性为含粉砂粘土板岩，变余含粉砂泥状结构，板状构造，主要由粘土矿物(93%)及少量粉砂(5%)、炭质(2%)组成，针状粘土矿物定向排列。原岩为泥岩和粉砂质泥岩。

2. 千枚岩类

为变质岩石的主体岩性，岩石具显微鳞片变晶结构、显微放射状束状变晶结构、变余粉砂状结构，千枚状构造、变余层状构造，主要矿物成分见表 4－3。鳞片状矿物绢云母、绿泥石、黑硬绿泥石定向排列，石英普遍具波状消光。原岩为粉砂岩和粉砂质泥岩。

表 4-3　千枚岩类矿物成分及含量表

岩石名称	矿物成分及含量(%)					
	黑硬绿泥石	绿泥石	绢云母	斜长石	石英	炭质
绢云千枚岩		<5	90～95		2～5	0～3
绢云石英千枚岩		<3	15～30	<5	60～80	
绿泥石英千枚岩		35		<5	60	
黑硬绿泥石石英千枚岩	40			长英质 55～60		

3. 变质砂岩

夹于千枚岩中，也是主要的变质岩石，岩性有变质岩屑石英砂岩、变质长石砂岩、变质白云质砂岩、变质绢云母砂岩、变质粉砂岩和变质长石岩屑砂岩。岩石具变余砂状结构、变余粉砂状结构，千枚状构造、定向构造，部分石英砂屑具次生加大现象，波状消光普遍，杂基、胶结物全部重结晶，鳞片状定向排列。

四、碎石山碳酸盐岩

产于碎石山断裂带中，为碎石山蛇绿混杂岩的组成部分。岩性为碎裂岩(碎裂片状白云石大理岩)：长板状粒状变晶结构、碎裂结构，片状构造，碎块(75%)为白云石，白云石呈压扁拉长的板状晶体，其长轴定向排列，晶体内部具双晶断裂、弯曲变形等应变特征；基质(25%)为细粉晶白云石、粘土矿物及少量石英粉砂、氧化铁。

五、碎石山基性火山岩

为碎石山蛇绿混杂岩的组成部分，主要由变质(中)基性火山岩和变质火山碎屑岩组成。

变质(中)基性火山岩：灰绿色，变余玻晶交织结构、变余斑状结构，块状构造，岩石主要由斜长石、绿泥石、含钛矿物及少量石英、磁铁矿组成。本书第三章中对变质基性火山岩和变质中基性火山岩的岩石化学特征、岩石地球化学特征、稀土、微量元素特征进行了详细总结，并进行了原岩恢复，变质基性火山岩的原岩主要为橄榄玄武岩和橄榄拉斑玄武岩，少量为石英拉斑玄武岩和碱玄岩，变质中基性火山岩的原岩为玄武安山岩。

变质火山碎屑岩：主要岩性有变质熔结凝灰岩、变质熔结角砾岩、变质熔结晶屑岩屑凝灰岩和变质凝灰岩，岩石呈灰绿色—深绿色，变余火山碎屑结构、鳞片变晶结构、粒状变晶结构，片状构造、假流纹构造，岩石由残余火山碎屑及变晶矿物绿帘石、绿泥石、阳起石和斜长石、石英组成。

第二节　变质作用

区域上沿西金乌兰-金沙江结合带的两个亚带(即碎石山亚带和小长岭-拜惹布错亚带)，岩石的变质程度明显增高，显然与大断裂的活动有关，但变质岩石却不是典型的动力变质岩石，说明其变质作用类型仍然以区域低温动力变质作用为主。由于结合带内三叠系发生变质，而侏罗系雁石坪群却未发生明显的变质，说明变质作用的时代主要为印支期。

拜惹布错附近基底裂解岩片中的变质岩石多经历了两期变质作用，早期为角闪岩相的区域动力热流变质作用，形成了片麻岩、变粒岩等，晚期以(低温)动力变质作用为主，使岩石普遍发育糜棱岩化结构和糜棱结构，晚期的变质作用为印支期，但早期变质作用的时代还有待进一步研究。

一、小长岭一带托和平错群变质作用

（一）变质矿物特征及矿物共生组合

1. 变质矿物特征

小长岭一带托和平错群的变质岩石以板岩、千枚岩和石英岩为主，出现的特征变质矿物主要有绢云母、绿泥石、硬绿泥石等。岩石变质虽浅，但韧性变形较强，主要表现为石英颗粒呈透镜状、带状分布，大理岩中变晶矿物方解石长轴定向排列。变质砂岩的杂基（泥质）重结晶为绢云母、绿泥石，呈细小的鳞片状，大小 0.02～0.05mm，微显定向，石英具再生加大现象，变质矿物组合为石英＋长石＋绢云母＋绿泥石。石英岩中石英颗粒依据粒径可分两组，粒径较大者，呈粒状，多边形，彼此镶嵌分布，大小 0.07～0.2mm；粒径较小的一组，呈压扁透镜状、粒状，晶体大小 0.15～0.05mm，两者集中相间定向呈带状分布，绢云母定向排列。千枚岩中绢云母及石英条带定向分布，且发生小褶皱。

（1）硬绿泥石

赋存于小长岭带的千枚岩中，浅绿色，呈柱状、束状、放射状集合体，大小为 0.07～0.25mm，表面有炭质等细小包体，可见简单双晶、聚片双晶和砂钟构造。与石英、绢云母、绿泥石和斜长石共生。

（2）黝帘石

赋存于小长岭带的千枚岩中，褐黑—褐绿色，显微针柱状、束状、放射状集合体，大小为 0.002～0.13mm，干涉色低，与斜长石、石英、绢云母等共生。

2. 变质矿物共生组合

分布在小长岭一带的托和平错群板岩、千枚岩、石英岩具有以下几种矿物共生组合：石英＋长石＋绢云母、绢云母＋石英＋炭质、石英＋菱铁矿、石英＋方解石＋绢云母、石英＋绢云母＋白云石、石英＋长石＋绢云母＋炭质、石英＋绢云母、石英＋绿泥石＋菱铁矿＋硬绿泥石、石英＋绢云母＋黝帘石＋炭质、石英＋绢云母＋绿泥石＋硬绿泥石、斜长石＋石英＋绢云母。

（二）变质作用条件

托和平错群变质岩石中，未见到叶腊石、绿纤石和葡萄石，硬绿泥石的出现指示了低绿片岩相形成的开始。形成硬绿泥石的反应是叶腊石＋铁绿泥石＝硬绿泥石＋石英＋水，高岭石＋硬水铝石＋磁铁矿＝硬绿泥石＋水＋O_2↑，硬水铝石脱水反应平衡温度在 375～400℃，这正是绿片岩相的开始温度。硬绿泥石消失的变质反应较多，但有实验数据者较少，甘古利（Ganguly，1969）给出了由硬绿泥石转变为十字石的反应条件，其变质反应为硬绿泥石＋石英＝十字石＋铁铝榴石＋水，反应条件为 P＝200MPa，T＝520±10℃；P＝500MPa，T＝540±20℃。由于区内未出现十字石，矿物组合中也未出现黑云母，显然托和平错的变质级别为低绿片岩相，相当于绢云母-绿泥石带。根据变质岩石及变质矿物特征可以确定托和平错群变质岩石所经历的变质作用为区域低温动力变质作用。该期变质作用的时代为印支期。

二、碎石山断裂附近巴颜喀拉山群变质作用

碎石山断裂附近巴颜喀拉山群中出现的矿物共生组合为：绿泥石＋石英＋斜长石、绢云母＋绿泥石＋石英、绢云母＋绿泥石＋斜长石＋石英、绢云母＋斜长石＋石英、石英＋斜长石、黑硬绿泥石

＋石英＋斜长石、阳起石＋绿帘石＋绿泥石＋斜长石＋石英。

由上述矿物组合可知，巴颜喀拉山群中的变质程度为低绿片岩相，相当于绢云母-绿泥石带。黑硬绿泥石在该带的出现值得注意。黑硬绿泥石的化学成分为 SiO_2＝50.610、TiO_2＝0.004、Al_2O_3＝7.067、FeO＝21.261、Fe_2O_3　MnO＝0.138、MgO＝9.078、CaO＝0.025、K_2O＝0.843、Na_2O＝0.388、P_2O_5＝0.087。黑硬绿泥石出现于中压相系低绿片岩相的低温部分，黑云母则出现于低绿片岩相的高温部分，有一个重要的变质反应可以表示这一过程，即黑硬绿泥石＋多硅白云母＝黑云母＋绿泥石＋石英＋H_2O，Nitsch 于 1970 年对这个反应所作的平衡的实验条件为：0.4GPa，445±10℃；0.7GPa，460±10℃。这是一个滑动反应，反应物和生成物可以平衡共存于一定的温度范围内。由于区内未出现黑云母，显然其温压条件要低于这一平衡反应的实验温度。

与托和平错群相同，巴颜喀拉山群的变质岩石也集中分布于金沙江结合带内，变质岩石特征表明，变质作用的应力较强，而温度较低，应属低温动力变质作用类型。

第五章　地质构造及构造演化史

第一节　区域地质构造背景和构造单元划分

一、区域地质构造背景

调查区地处青藏高原北缘，北部为昆仑造山带，西金乌兰-金沙江结合带从测区南部通过，两者之间为华南板块的松藩-甘孜陆块，南部边缘属羌塘陆块（图5-1）。该区经历了漫长的构造变动历史，特别是古生代以来原、古特提斯大洋发生、发展至俯冲消亡，昆仑造山带由早古生代和晚古生代闭合的两条规模不等的构造结合带和其间的岛弧或陆块拼贴而成，形成一个复杂的消减混杂岩带。在晚古生代末期昆仑陆块和松藩-甘孜陆块间的古特提斯洋（北支）闭合之后，中生代洋陆转化主要表现为松藩-甘孜陆块和羌塘陆块间的古特提斯洋（南支）俯冲、消亡的过程，碎石山、小长岭和拜惹布错北部一带的区域性大断裂中以构造岩片形成出露的蛇绿岩岩片、基性火山岩岩片就是其洋壳的残片。后期由于印度板块强烈向北碰撞，青藏高原在新生代以来快速隆升，古老的构造结合带在新构造运动中重新活动，活动断裂构造、走滑拉分盆地形成，火山活动频繁，原来东西向展布的构造结合带发生了变形和变位，造成了区内独特的构造、地貌景观（图5-2）。

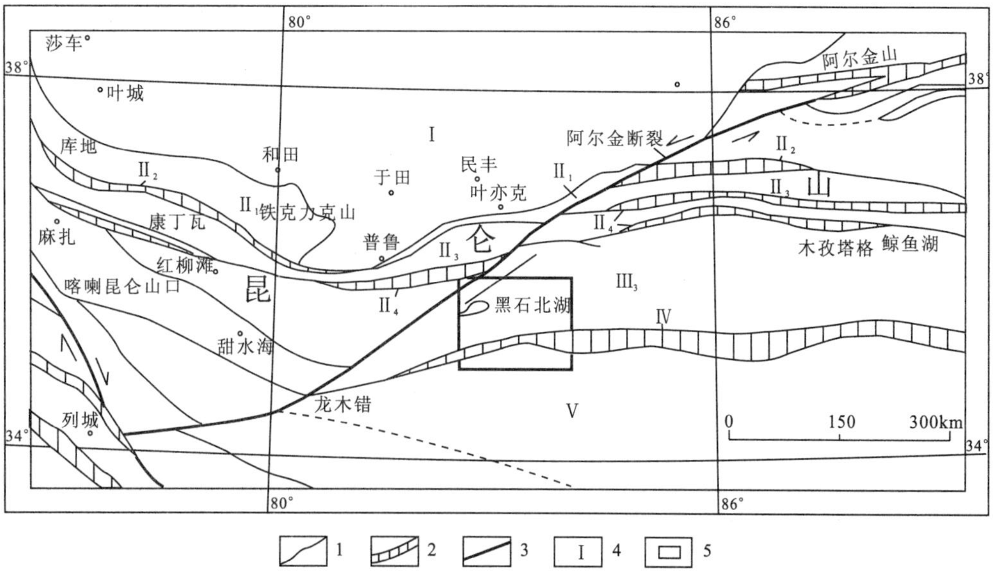

图5-1　测区大地构造位置图

1.地质界线；2.构造结合带；3.主要断裂；4.构造单元（陆块、构造结合带）编号；5.工作区范围

Ⅰ.塔里木陆块；Ⅱ.昆仑造山带；$Ⅱ_1$.昆北微陆块；$Ⅱ_2$.其曼于特-纳赤台结合带；$Ⅱ_3$.昆南微陆块；$Ⅱ_4$.苏巴什-鲸鱼湖结合带；Ⅲ.松藩-甘孜陆块；Ⅳ.西金乌兰-金沙江结合带；Ⅴ.羌塘陆块

二、构造单元划分

在全球构造和大地构造格架研究中，大板块的边界是确定的。但在区域地质构造研究及中小比例尺地质填图中，构造单元划分是当前板块构造结构研究的关键问题，也是区域地质研究中急待解决的实际问题。

自 1945 年以来，不同学派的学者对青藏高原及其邻区的大地构造单元作了划分，并在一定程度上论述了其地质特征及地史演化，特别是近年来随着青藏高原地质调查工作的开展，对青藏高原北缘的地质构造特点的认识不断深化，这些为大地构造单元划分奠定了良好的基础。但如何运用板块构造观点来划分构造单元，至今还没有一个确定的划分准则。

板块构造学说着重论述了大洋的形成和消亡过程。根据大陆和大洋岩石圈的不同时空结构和特性及其在构造活动、岩浆作用、沉积作用、变质作用、成矿作用及其运动学过程和动力学机制等方面的不同表现和各自的演化规律，把岩石圈构造演化分为大陆岩石圈和大洋岩石圈两种构造演化体制。这两种构造体制在演化过程中都形成一些动力学上互相联系的构造地貌单元，但大洋岩石圈构造体制演化中形成的时空结构系统中一些构造地貌单元大多消失，仅有部分印记残存在板块结合带中，而大陆岩石圈构造体制演化形成的一些构造地貌单元保存较好。这些保存较好的印记中反映出来的一些构造地貌单元信息，正是我们划分大地构造单元的基础（李兴振，2000）。因此，本章把由大洋和大陆岩石圈两种构造体制演化及通过大洋岩石圈俯冲消减实现两者互相转换中形成的构造单元体一并划出，即以板（陆）块结合带和夹于其间的陆块作为一级构造单元，构成本区构造单元划分的基础或基本格架，再依次划出次级构造单元，如微陆块、岩片等。

结合带同于缝合带，往往由洋壳的残体和遭受强烈变形改造或构造混杂的部分过渡壳组成，混杂有多种构造环境中的沉积物及洋岛、海山和洋壳等物质。其中洋壳和下伏的上地幔物质的残片，是标志原先有洋盆存在尔后消失的地带，代表早期洋壳消减的遗迹，为此它仍然作为一级构造单元。

陆块是造山带中被分割而又相对保存完整的陆壳（大陆岩石圈）块体。陆块之间的构造拼接边界一般都具有结合带的性质，因发生变形变位而被后期韧性剪切带或区域性大断裂所取代。

研究区构造单元从北向南为：苏巴什-鲸鱼湖结合带、松藩-甘孜陆块、西金乌兰-金沙江结合带和羌塘陆块（图 5－1、图 5－3）。

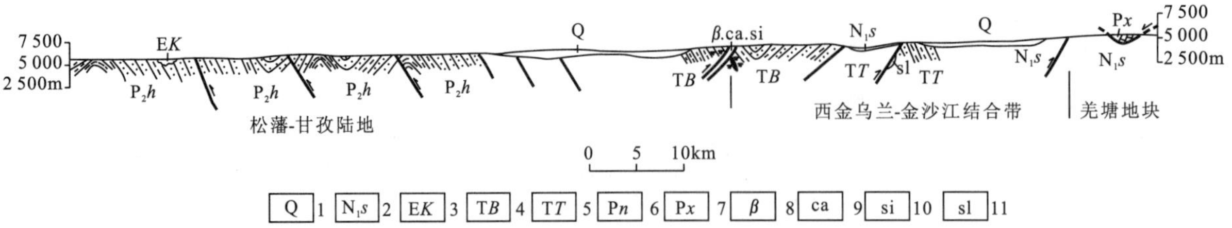

图 5－3　地质构造剖面图

1. 第四系；2. 新近系唢纳湖组；3. 古近系喀什群；4. 三叠系巴颜喀拉山群；5. 三叠系托和平错群；6. 二叠系黄羊岭组；7. 二叠系先遣组；8. 基性火山岩岩片；9. 碳酸盐岩岩片；10. 硅质岩岩片；11. 裂解块体岩片

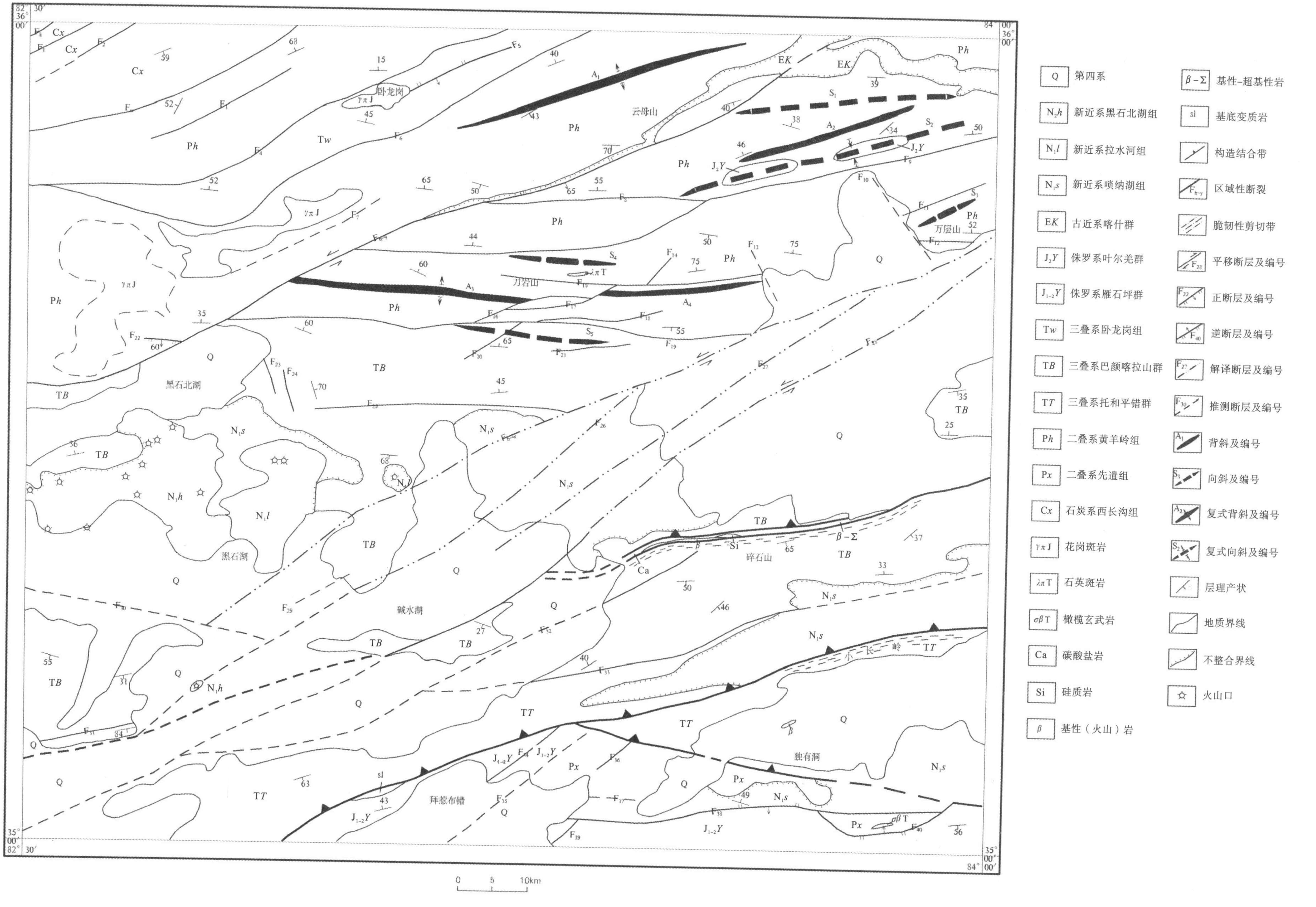

Q 第四系
N₁h 新近系黑石北湖组
N₁l 新近系拉水河组
N₁s 新近系唢纳湖组
EK 古近系喀什群
J₂Y 侏罗系叶尔羌群
J₁₋₂Y 侏罗系雁石坪群
Tw 三叠系卧龙岗组
TB 三叠系巴颜喀拉山群
TT 三叠系托和平错群
Ph 二叠系黄羊岭组
Px 二叠系先遣组
Cx 石炭系西长沟组
γπJ 花岗斑岩
λπT 石英斑岩
σβT 橄榄玄武岩
Ca 碳酸盐岩
Si 硅质岩
β 基性（火山）岩
β-Σ 基性-超基性岩
sl 基底变质岩
构造结合带
区域性断裂
脆韧性剪切带
平移断层及编号
正断层及编号
逆断层及编号
解译断层及编号
推测断层及编号
背斜及编号
向斜及编号
复式背斜及编号
复式向斜及编号
层理产状
地质界线
不整合界线
火山口
0 5 10km

图5-2 构造纲要图

第二节　构造单元基本特征

一、苏巴什-鲸鱼湖结合带

该带自西向东经麻扎、苏巴什、花石峡、鲸鱼湖、木孜塔格至阿尼玛卿一带分布。图幅内该结合带只在西北角小面积出露，所以关于该带的特征详见叶亦克幅区域地质报告。邻区（叶亦克幅）资料显示，结合带内基质为石炭系哈拉米兰河岩群，外来岩块主要由蛇绿岩岩片和碳酸盐岩岩片等组成。蛇绿岩岩片由于就位时的构造推挤和后期库牙克断裂的破坏，其岩石序列及相互关系现已保存不全，岩片只保存有蛇绿岩套"三位一体"的部分岩性。蛇绿岩由下向上包括变质橄榄岩、辉长岩、枕状熔岩、硅质岩和硅泥质岩等，地幔岩透镜体化和蛇纹石化较强，结合带内该蛇绿岩的形成时代大约为中泥盆世，就位时代为晚二叠世。

二、松藩-甘孜陆块

调查区处于华南板块的西北缘，区内仅出露松藩-甘孜陆块西部边缘。陆块的北界为苏巴什-鲸鱼湖结合带，南界以西金乌兰-金沙江结合带与羌塘陆块相邻。

(1)沉积建造特征

区域上陆块以广泛分布的海相三叠系为特征。区内未出露前寒武纪基底岩系。由于在晚古生代和中生代早期陆块两侧经历了复杂的洋陆转换过程，不同的部位沉积建造特征也表现出较大的差异。陆块北侧在晚古生代为陆缘和陆间沉积建造，石炭系西长沟组主要岩性为暗绿色—浅绿色变质凝灰质砂岩夹黄绿色泥岩或紫红色薄层状泥岩、泥质粉砂岩，总体上从南向北地层中的泥质含量减少，但其中的紫红色薄层状泥岩、泥质粉砂岩的含量有所增加。二叠系黄羊岭组主要为一套灰绿色长石岩屑砂岩、钙质粉砂岩、泥岩，局部夹砾岩、硅质云灰岩、凝灰岩，常见富含海相动物化石的碳酸盐岩岩隆，构造环境为被动大陆边缘区。中生代早期古特提斯大洋全面闭合，三叠系卧龙岗组为陆相磨拉石建造，主要岩性有中—细粒砂岩、岩屑长石砂岩、粉砂岩、泥岩夹砾岩、煤线，总厚度大于 4 400m，反映前陆盆地快速充填淤满的沉积特点。中侏罗统叶尔羌群为陆相碎屑岩建造，为山间盆地沉积。陆块的南侧主要出露上三叠统巴颜喀拉山群，主体为复理石-少量硅质页岩组合，为活动大陆边缘-前陆盆地沉积建造，构成该陆块的主体。古近系喀什群为紫红色砂砾岩夹紫红色粉砂岩和紫红色泥岩，其砾岩的砾石成分复杂，多为脉石英和灰褐色砂岩，多为砂质或钙质胶结，地层明显受后期断层的改造，说明其沉积于青藏高原迅速隆升之前干热的氧化环境。新近系唢纳湖组主要分布于西金乌兰-金沙江结合带内及其两侧黑石北湖南、碱水湖、小长岭等地，地层的发育明显受断层的控制，主要岩性为紫红色砂砾岩夹紫红色粘土岩，局部含石膏层，砂岩以铁质、钙质胶结为主，胶结不甚紧密，下部砾岩横向变化较大，砾石成分复杂，大小不一，结构成熟度较低，以厚层-块状层理为主；上部以砂岩为主，夹有粉砂质泥岩，一般层理较发育，沉积环境为拉分盆地快速堆积，地层明显受断层的控制，说明其沉积于青藏高原迅速隆升之后。

(2)岩浆活动

侵入岩有分布于图幅西北部卧龙岗一带的花岗斑岩、长石石英斑岩，呈岩株状，地貌上突出于地表，侵入于三叠纪地层中。该期岩浆的产生与古特提斯洋闭合，即羌塘陆块和松藩-甘孜陆块发生陆陆碰撞事件相联系，属同碰撞壳源型花岗岩类岩石。岩浆活动时间为燕山期（侏罗纪）。新生代火山喷发活动在区内表现强烈，根据火山岩地层的叠覆关系，将其划分为 3 期，第一期发生于新近纪中新世，第二期、第三期喷发活动时间为上新世。据研究，火山作用是陆内俯冲作用引起的，物质来源于上地幔，是由于大陆碰撞在高原北部边缘断裂上发生陆内汇聚作用产生的，是大陆板块内部汇聚作用的产物。

(3)构造变形

该陆块构造变形在三叠纪末—侏罗纪早期表现为以逆冲推覆构造和褶皱变形为主，卷入褶皱构造的有二叠纪、三叠纪地层，轴迹方向一般为北东东向—东西向，新老地质体相互叠置，造成区内地壳增厚。该期构造形迹由于后期构造作用的改造和破坏，形态大多已不完整。燕山期褶皱构造主要发生于地壳的表部，不整合于先期地层之上的侏罗系叶尔羌群与下伏二叠纪、三叠纪地层共同卷入褶皱构造，主要形成开阔的背、向斜构造。燕山期断裂构造也很强烈，部分断层在新构造运动中重新活动，以一系列北东东—南西西向弧形走滑斜冲断层为主，断裂走向由西向东有所变化，即北东向→北东东向→东西向，与区域上陆块被向东挤出、滑移的构造背景有关。构造形迹的描述详见第三节。

(4)陆块的演化

在晚古生代时期，在陆块的北部沉积了石炭系和二叠系碎屑岩-碳酸盐岩建造，二叠纪末，松藩-甘孜陆块与北侧的昆仑陆块斜向碰撞，从而成为北方大陆的一部分。区域资料显示，陆块内从石炭纪—中三叠世各层系之间为连续沉积，没有发现明显的不整合面存在。中三叠世之后，随着陆块南侧的古特提斯洋(南支)的消减、俯冲，在陆块的南部沉积了巨厚的复理石建造。印支运动之后，陆块褶皱隆起，其上沉积了侏罗系和白垩系陆相沉积。古近纪时期，由于南北向的持续挤压，陆块被向东挤出，形成一系列走向北东的区域性左旋走滑断裂，在图幅南部沿断裂带发育有一系列大小不等的山间或断陷盆地。新近纪时期，在黑石北湖一带有中基性火山喷发活动。

三、西金乌兰-金沙江结合带

西金乌兰-金沙江结合带是松藩-甘孜陆块与北羌塘陆块的拼接边界，在藏东以巴塘-日雨断裂为主干断裂，向北经玉树西侧转为东西向。自 1980 年以来，许多学者都曾对该带的蛇绿混杂岩作了不同程度的研究，但都集中于青藏高原的东北部和东部，在萨玛绥加日以西由于自然地理环境更为恶劣，工作程度低，所以从未发现蛇绿岩。此次工作时在碎石山、拜惹布错等地多处发现了蛇绿混杂岩，从而为解决西金乌兰-金沙江结合带在藏北的延伸问题提供了可靠的地质依据。

西金乌兰-金沙江蛇绿混杂岩带在可可西里以东研究较多，蛇绿岩剖面以得荣徐麦和哀劳山双沟一带保存较为完整，有变质橄榄岩、堆晶杂岩、基性熔岩和放射虫硅质岩，其特征是整个带上缺基性岩墙群。标准洋脊型玄武岩少见，在双沟一带地幔橄榄岩中保存有来自下地幔的超镁铁质熔体及其分凝物，在巴塘—维西一带可分为东西两条蛇绿混杂岩带，其间为洋内弧所隔，东带代表主洋盆，西带代表弧后盆地。根据与洋脊型玄武岩伴生的放射虫硅质岩、斜长岩和斜长花岗岩锆石的 U－Pb年龄分别为 340±3Ma 和 294±3Ma，蛇绿岩的形成时代确定为早石炭世，深水泥质灰岩中牙形刺为晚泥盆世，因此有可能下延到晚泥盆世(李兴振，1999)。结合带除发育蛇绿岩外，还见有双变质带，在蛇绿岩带的南西盘出现由蓝闪石、黑硬绿泥石等高压变质矿物组成的高压低温变质带(李德威，1999)。

1. 碎石山脆-韧性断裂带

分布于图幅中南部，经过狼山、碱水湖、碎石山等地，向两端延伸出图外。断裂在区内延伸约150km，走向 75°～80°，断面倾向南东，倾角陡立。据野外特征可划分为东西两段：东段碎石山一带脆韧性变形特征明显；西段由于第四系松散堆积物覆盖，为隐伏断裂。

东段出露于图幅内碱水湖以东、碎石山北侧，向西为第四系覆盖，向东延伸出图外，长约 55km，断裂带宽 1～2.5km，带内由西金乌兰-金沙江结合带中的蛇绿岩岩片和碳酸盐岩岩片组成，岩片间为断层接触。蛇绿岩岩性主要由超基性岩、气孔状玄武岩及硅质岩组成，带内还出露有生物碎屑微晶灰岩及大理岩。在断裂带南侧附近的三叠系巴颜喀拉山群变形强烈，具低级变质现象，岩性为千枚岩、碎裂状石英岩等。断裂带北侧大部分被新生界覆盖，局部出露三叠纪地层。

碎石山一带岩性复杂，构成混杂岩带，其中外来岩块有变质中基性火山岩、微晶灰岩、泥铁质粉晶白云岩、硅质岩等，基质成分为千枚岩、绢云石英片岩、变质石英砂岩等，岩石韧性变形较明显，普遍遭受了低绿片岩相变质作用，形成钙质构造角砾岩等构造岩。构造岩特征如下。

钙质构造角砾岩：岩石主要由角砾和基质两部分组成，角砾大小(5～20)mm×60mm，约占85%，由微晶(0.005～0.02mm)方解石组成，微晶结构，角砾呈眼球状、透镜状、扁豆状，长轴定向排列；基质约占 15%，由方解石组成，方解石大小 0.1～1.0mm，普遍重结晶，可见其晶体具双晶弯曲变形、波状消光等应变现象。

泥铁质粉晶白云岩：岩石由白云石、粘土矿物、重晶石及炭质、硅质等组成，具泥质粉晶结构，岩石重结晶作用明显，但不均匀。受构造作用影响，发生碎裂，发育次生裂缝，宽 0.1～0.5mm，完全由白云石充填。

碳酸盐化微粒石英岩：岩石具显微粒状变晶结构，块状构造，主要矿物成分为石英、斜长石及白云石，石英呈粒状，边缘不规则，彼此镶嵌分布，波状消光，大小 0.02～0.2mm；斜长石为粒状，聚片双晶发育，大小 0.03～0.1mm。岩石碳酸盐化强烈，裂隙发育，宽 0.1～1.5mm，被石英、斜长石及白云石充填，占岩石的 5%左右。

绢云千枚岩：显微鳞片变晶结构，千枚状构造、皱纹构造。矿物成分为绢云母、绿泥石、石英、铁质等，绢云母为鳞片状，定向弯曲呈皱纹状，波状消光，并产生膝折，片晶<0.03mm×0.06mm；绿泥石、石英、铁质等顺千枚理定向分布。

硅质岩：主要由隐晶质—微粒状玉髓组成，大小 0.005～0.02mm，局部重结晶成球粒状，球粒大小 0.05～0.3mm，由微晶(0.01～0.03mm)组成，含量占 40%左右。岩石次生裂缝发育，宽 0.3～0.6mm，充填程度完全，充填物为石英、碳酸盐岩。

变质熔结凝灰岩：岩石由火山碎屑、晶屑及基质组成，变余凝灰结构、鳞片变晶结构，片状构造。砾由中性火山岩组成，占 20%左右，大小为 2～10mm，呈棱角状，长轴定向排列；胶结物已全部变为绿泥石、阳起石及隐晶质石英、长石集合体，绿泥石交代闪石，呈其假象残体。受构造作用影响，可见晶屑碎裂，呈眼球状、透镜状，并出现压力影。

黑硬绿泥石石英千枚岩：主要由黑硬绿泥石及隐晶质石英、长石组成，含少量含钛矿物及磷灰石。显微放射状变晶结构，变余层状构造。岩石裂隙发育，宽 0.1～0.7mm，由石英、长石充填。

西段在区内为隐伏断裂，被残坡积物及冲洪积物覆盖，卫星影像图上线性特征较为明显。在碱水湖一带发现多处北东东向展布的串珠状断层泉，由于气候严寒，溢出的泉水多形成冰岛、冰山、冰柱等，大者直径达百余米，表明断裂仍具活动性。

2. 小长岭-拜惹布错断裂带

断裂分布于图幅的南部拜惹布错—小长岭一带。区内长度 100km 左右，走向北东东向，性质为压性逆断层。该断裂以物质组成和变形极为复杂为特征，主体变形地层为三叠系托和平错群，地层产状大多倾向南，倾角一般 50°左右，局部陡立。沿断裂带脆韧性变形强烈，并在拜惹布错北西出露基底裂解岩片，该岩片由多个不同岩性、不同变质程度的微岩片组成。蛇绿岩为古特提斯洋扩张期的产物(图 5-4)。新构造运动中，断裂还控制了新近纪断陷盆地湖相沉积物的分布。

在小长岭一带，破碎带宽度约 100m，次级断面产状为 165°∠60°，断面上擦痕产状为 191°∠59°(图 5-5)。主要表现为较强烈的脆韧性变形，可见显示韧脆性变形的构造岩，岩石极为破碎，矿物

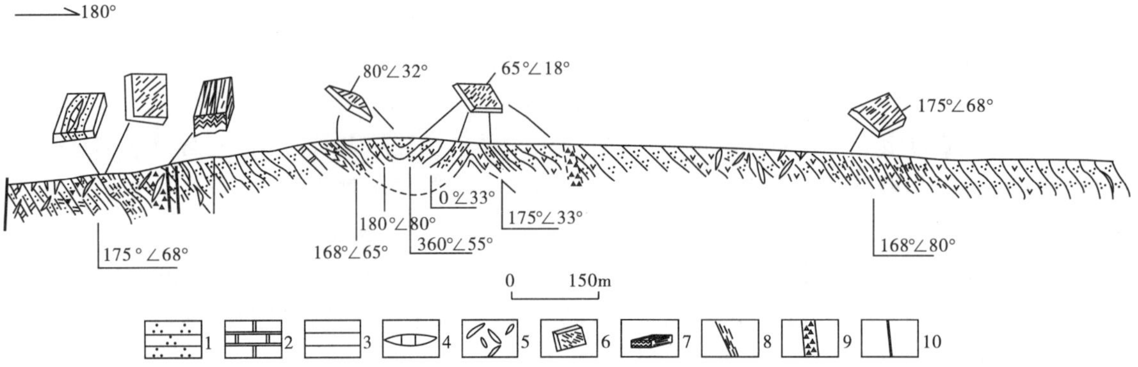

图 5-4　小长岭一带三叠系托和平错群(TT)构造剖面图

1. 石英砂岩；2. 大理岩；3. 炭质千枚岩；4. 灰岩透镜体；5. 石英脉；6. 拉伸线理；7. 皱纹线理；8. 韧性剪切带；9. 碎斑岩；10. 性质不明断层

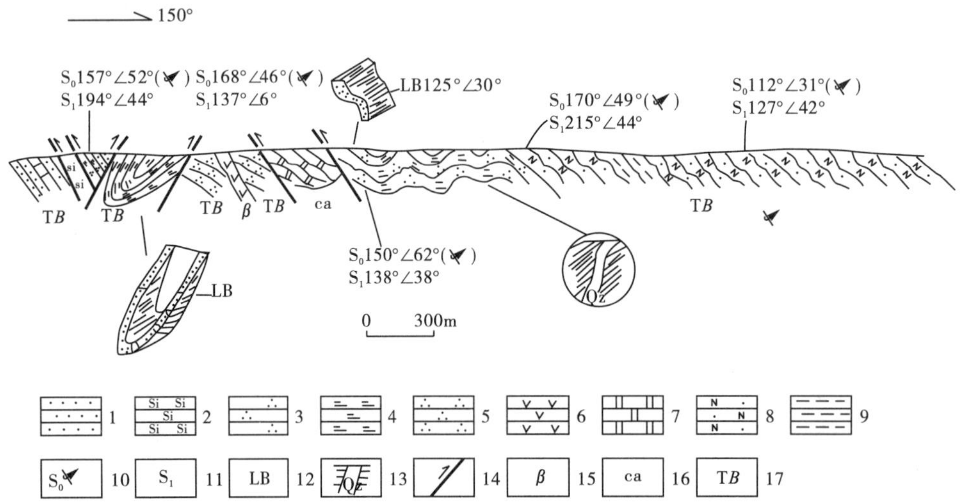

图 5-5　碎石山一带西金乌兰-金沙江结合带构造剖面图

1. 变质细砂岩；2. 硅质岩；3. 绢云石英千枚岩；4. 绢云千枚岩；5. 石英岩；6. 变质基性火山岩；7. 大理岩；8. 变质长石砂岩；9. 泥岩；10. 层理及倒转地层产状；11. 片理；12. 线理；13. 石英脉；14. 逆断层；15. 基性火山岩岩片；16. 碳酸盐岩岩片；17. 三叠系巴颜喀拉山群

拉伸线理发育，压性特征十分明显，破碎带内砂岩、灰岩多成为碎裂岩，有少量断层泥，岩石变形强烈。未出现蛇绿岩片等外来岩块，主要为三叠系托和平错群，普遍发生了低级变质作用，主要有变质石英砂岩、含绢云母石英岩、含石英大理岩、炭质千枚岩、菱铁矿中晶灰岩。特征变质矿物主要为绢云母、绿泥石、黝帘石、硬绿泥石等。在该带多个岩石薄片中发现了硬绿泥石，表明该带变质作用的压力条件较高。岩石显微构造特征如下。

菱铁矿石英岩：岩石具粒状变晶结构，条带状构造。石英呈粒状、扁条状，聚集定向分布，约占80%；菱铁矿(菱形)粒状，聚集呈条带状。

大理岩：粒状变晶结构，定向构造明显。变晶矿物方解石长轴定向排列。

炭质千枚岩：微粒状鳞片变晶结构，千枚状构造、皱纹构造。绢云母呈鳞片状，定向分布，且发生微型褶皱；石英呈粒状，聚集呈条带状、透镜状，定向分布；炭质为条带状，沿片理分布。

变质石英砂岩：岩石受后期构造作用明显，裂纹发育，沿裂隙分布有呈网脉状的铁质石英细脉。

变余砂状结构，杂基、胶结物重结晶作用明显，杂基绢云母化、黑云母化(雏晶)，个别形成水白云母。

构造角砾岩：岩石主要由角砾、碎斑和碎粒组成，矿物成分单一，均为石英，角砾、碎斑为单晶石英，碎粒为石英细小颗粒，少量褐铁矿、方解石。岩石具角砾状结构，压碎特征明显，角砾、碎斑、碎粒均呈棱角状，定向分布，石英晶体具波状消光。

石英碎斑岩：岩石破碎较强，呈碎斑、碎粒级，具碎斑结构，碎斑占50%左右，主要为石英，呈棱角状，碎斑之间多已发生位移，常孤立地分布于填隙物中，较大碎斑内部裂纹也极为发育，宽0.1～0.5mm，被白云石、铁质充填；碎粒为石英，占10%，棱角状，大小在0.02～0.1mm之间；基质约占40%，为白云石、铁质，白云石呈粒状、栉壳状，局部空洞呈球粒放射状，晶体大小为0.01～0.05mm。

在拜惹布错北西5km处，蛇绿混杂岩呈断夹块的形式产于断裂带中，规模不大，但岩石类型却极为复杂，有蛇纹岩(纯橄岩)、绿帘阳起绿泥片岩、含绿帘绿泥阳起片岩、泥质硅质岩、流纹岩、石英砂岩、黑云斜长片麻岩(构造岩)、含石榴黑云变粒岩、黑云角闪变粒岩、含阳起石斜长角闪岩、糜棱岩化斜长角闪岩、闪长岩、二云母花岗岩、伟晶岩及砾岩。各种微岩片混杂在一起，蛇绿混杂岩与两侧地层为断层接触。岩石变形变质特征如下。

蛇纹岩：原岩为纯橄榄岩，岩石由蛇纹石和方解石组成，蛇纹石为纤维状、叶片状，片晶大小为0.02mm×0.2mm，较大的片晶为0.01mm×0.1mm，橄榄石晶体轮廓毫无保留。岩石裂纹发育，沿裂隙分布有呈网脉状的方解石脉，脉宽0.05～1mm不等。

流纹岩：岩石具斑状结构，由斑晶和基质两部分组成，斑晶中石英有波状消光现象，长石绢云母化，局部聚斑、聚片双晶发育；基质为球粒结构、微文象结构、霏细结构。斜长石蚀变为绢云母。

糜棱岩化二云母花岗岩：岩石主要矿物成分为斜长石、钾长石、石英、黑云母及白云母，受构造作用影响，浅色矿物与暗色矿物相间集中分布呈条带状，且发生褶曲，形成皱纹构造。镜下岩石为糜棱岩化结构，眼球状、透镜状、条带状构造。可见晶体碎裂，呈透镜状、眼球状，基质及片状矿物绕残斑定向分布。碎斑由斜长石、钾长石、石英、黑云母及白云母组成，约占90%，其中斜长石为粒状、板状、眼球状、透镜状，绢云母化较强，石英具波状消光，黑云母为片状晶体，定向排列；碎基中石英为粒状、边缘齿状，重结晶，波状消光，云母为绢云母、黑云母，鳞片状。

糜棱岩化黑云斜长片麻岩：岩石具糜棱结构，鳞片粒状变晶结构，眼球状构造，碎斑成分为斜长石、石英、黑云母及石榴石，基质为石英、斜长石、黑云母。其中长石晶体多呈眼球状、透镜状，裂纹发育石英普遍粒化重结晶，具波状、带状消光，且集中呈条带状、片状矿物与石英碎基绕残斑定向分布。

初糜棱岩(糜棱岩化斜长角闪岩)：岩石具糜棱岩化结构，眼球状构造，暗色矿物角闪石为碎斑状，呈眼球状、透镜状，长英质糜棱物质绕残斑定向分布，显示流动构造特征。

花岗质初糜棱岩：岩石具糜棱结构，眼球状、透镜状构造，碎斑斜长石、石英呈眼球状、透镜状，碎基绕其边缘定向分布，其中石英为粒状、扁豆状，波状消光，斜长石双晶变形弯曲。

以西金乌兰-金沙江结合带为界，南北两侧地层具有明显的差异。北侧为三叠系巴颜喀拉山群复理石建造，以单调的砂岩与灰黑色泥岩互层夹灰岩透镜体为主，基本不含生物化石。而南侧为羌塘陆块大陆边缘二叠系先遣组，以生物碎屑微晶灰岩为主，夹少量砂岩和泥岩，灰岩中含大量的生物化石，属浅海沉积。断裂两侧的地质构造活动史也截然不同，北侧为构造相对活动的沉积，沉积期后又发展为增生混杂岩体，反映了板块俯冲十分活跃；而断裂南侧的地层沉积体之间基本上为整合接触，反映稳定的构造环境。

因此，小长岭-拜惹布错断裂是松藩-甘孜陆块与羌塘陆块之间一条重要的边界断裂，古特提斯洋壳基本上沿这条断裂带向北俯冲，并发生之后的碰撞作用。

值得注意的是，独有洞一带发育一条北西向断裂，卫星遥感图像上非常清楚，可能由于该断裂多被新生界松散堆积物所覆盖，所以未发现蛇绿混杂岩，只是在独有洞北戈壁滩中的孤立的基岩露头显示有蛇绿混杂岩(基性—中酸性火山岩岩片)出露。该带向东延伸至1∶25万羊湖幅中，贵州地质调查研究院曾发现有构造混杂岩，所以综合分析该带有可能才是西金乌兰-金沙江结合带的南界，但还待于在南侧邻接图幅开展下一轮区域地质调查时进一步工作验证。

3. 构造层次和变质作用分析

从上述岩石变形特征可以看出，在碎石山、小长岭一带，断裂带以脆性变形为主，形成的构造岩主要为构造角砾岩和碎裂岩。但变形岩石多发育(弱)面理化组构，矿物重结晶作用较为明显，多见同构造分泌脉、变形纹、波状消光、扭折、压力影等显微构造。波状消光是应力使矿物晶格产生位错滑移引起的光学现象，是晶体塑性变形的重要标志。断裂带中未出现糜棱岩，因此断裂带形成于上构造层次，其主导变形机制为压溶作用和位错滑移。断裂带后期还叠加有浅构造层次的微裂作用。

图幅内唯一出现糜棱岩化岩石和初糜棱岩是在拜惹布错北的基底裂解岩片中，岩石具糜棱结构，基质含量小于50%，碎斑占多数，基质定向性明显，动态重结晶颗粒增多，残斑出现破裂及具塑性—半塑性变形特征的显微构造，如长石双晶变形扭折、云母褶曲、石英发育带状消光、亚晶粒化和重结晶等。主导变形机制为位错滑动、位错蠕变、颗粒边界滑动等，具地壳中部层次的塑性变形特征。

断裂带不仅是构造带，同时也是变质带，构造岩一般总是在热动力变形条件下产生的。在小长岭、碎石山一带，构造岩石中石英出现以位错滑移形成的单晶丝带构造，有少量亚晶粒及动态重结晶新晶，反映出低绿片岩相条件下的变形岩石特征，结合在断裂带中出现绢云母、黝帘石、绿泥石、硬绿泥石等浅变质矿物，达低绿片岩相变质。在拜惹布错北，眼球状初糜棱岩中可见角闪石为碎斑状，发育解理，沿边缘、解理阳起石化，石英为条带状镶嵌分布，斜长石的亚晶粒的旋转及颗粒边界迁移机制共同作用形成新晶，具有叠加在前期角闪岩相变质岩石之上的绿片岩相变质作用条件下的构造变形特征。

4. 构造岩的脆-韧性转换变形特征、形成环境及变形历史分析

该断裂带最显著的特征是脆性和韧性变形显微构造及变形机制共存。具体表现有：同一矿物相中脆、韧性变形共存，如石英的残斑既有脆性显微破裂，又有波状消光现象；不同矿物相的脆韧性变形特征共存，如石英表现为塑性变形，而长石则表现为脆性变形；断裂带中的变形机制有显微破裂、磨擦滑动、位错滑移、动态重结晶以及压溶作用等。

脆、韧性变形的转变可以发生于相当宽的地质条件下。在Sibson(1977)的断层双层模式中，这一转换过渡带位于地壳10～15km的深度。Scholz(1988)提出了对Sibson模式的修改意见，取$t_1=$300℃(石英开始显示塑性行为的温度)作为准脆性域的上限，相当于11km的深度，而将下界定为$t_2=450$℃(长石开始显示塑性行为的温度)，相当于22km的深度。t_1与从不稳定、粘性弱化摩擦到稳定、粘性增强摩擦的变化部位相当，标志着地震成核作用的深度极限。这种模式的深度是在重力趋于均衡条件下以地壳中长英质岩石为基础建立的，地壳厚度与莫霍面深度一致，一般为30～40km。但本区即青藏高原大陆地壳的厚度远大于此厚度，且影响岩石变形脆、韧性转变的主要因素有矿物成分、压力、温度、应变速率、孔隙度、流体等因素，其中某一因素或几种因素的改变，会使得岩石的脆、韧性转变界线发生改变。因此构造岩特别是糜棱岩的形成并不完全受构造层次或地壳深度的控制，在一定的温度、压力、流体及应变速率等条件下，相当于地壳浅层次也可形成糜棱岩。

本区断裂带处于西金乌兰-金沙江结合带中及其两侧，是古特提斯洋壳向北俯冲、消减，羌塘陆块和松藩-甘孜陆块发生陆陆碰撞的部位。区域地质构造特征显示，断裂带为线状分布的变形变质带，岩石变形变质程度明显高于两侧的岩石。参与变形的岩石主要为三叠纪地层和蛇绿岩类，在断裂带的不同地段，构造岩从角砾岩—碎裂岩—石英发生塑性变形的构造片岩—长石发生塑性变形的初糜棱岩均有出露。具糜棱结构的岩石主要为蛇绿岩类等外来岩块，石英发生塑性变形的构造片岩、千枚岩为三叠纪地层，变形岩石在后期均叠加了脆性破裂作用，显示出从早到晚变形由强到弱、由塑性变形向脆性变形转换的变形序列特征。

糜棱岩化岩石和初糜棱岩形成于洋壳俯冲阶段。约在二叠纪末至中三叠世，古特提斯洋壳向北俯冲、消减于松潘-甘孜陆块之下，在俯冲、消减过程中，代表当时洋壳残片的蛇绿岩和侵入岩在南北向的挤压应力和流体加入的环境下发生逆冲型韧性剪切变形作用，产生了具糜棱结构的糜棱岩化岩石和初糜棱岩，并发生绿片岩相变质作用。

构造片岩、千枚岩形成于陆陆碰撞阶段。在三叠纪末期(相当于印支运动)，古特提斯洋洋壳消失，羌塘陆块和松潘-甘孜陆块发生陆陆碰撞，产生以压性机制为主的逆冲推覆构造，可见二叠纪灰岩逆冲推覆于基性火山岩、侏罗纪地层之上，形成构造片岩、千枚岩脆韧性变形岩石，伴随有中高压低温变质作用。

碎裂岩类构造岩形成于板内调整阶段。在侏罗纪至新近纪，随着南北向的挤压应力的持续作用，高原内部物质发生向东滑移、挤出，先期形成的断裂带，特别是构造结合带，重新活动，发生以压扭性为主的左行平移活动，形成碎裂岩类构造岩。区内西金乌兰-金沙江结合带中及其两侧的新生代沉积盆地与此有关。

5. 结合带的发展演化

特提斯大洋从发生发展到消亡是一个大洋岩石圈连续的演化过程，其生命期至少有 400～600Ma 的时间尺度(潘桂棠等，1997)。也就是说，从震旦纪开始，原特提斯洋盆扩张，到早古生代末期原特提斯洋关闭，其曼于特-纳赤台结合带的形成，代表特提斯大洋岩石圈演化的原特提斯阶段；泥盆纪—中三叠世为古特提斯洋从扩展到萎缩阶段，形成苏巴什-鲸鱼湖结合带和西金乌兰-金沙江结合带；晚三叠世—新近纪为特提斯演化阶段。

从西金乌兰-金沙江结合带中蛇绿岩的形成时代看，其所代表的洋盆形成于晚泥盆世—二叠纪，其形成时代与北侧的昆仑陆块和松潘-甘孜陆块之间的苏巴什-鲸鱼湖结合带所代表的洋盆形成时间相同，说明在晚古生代晚期在松潘-甘孜陆块的南北两侧同时存在古特提斯大洋，即古特提斯大洋分为南北两支。在二叠纪末期，松潘-甘孜陆块向西运动，与北侧的昆仑陆块斜向碰撞，古特提斯大洋(北支)消亡，使松潘-甘孜陆块与昆仑陆块连为一体。松潘-甘孜陆块与羌塘陆块之间的古特提斯大洋(南支)，在晚古生代末仍然存在，并于三叠纪初开始向北侧俯冲、消减，形成蛇绿岩带、混杂堆积、火山岛弧和复理石增生楔组成的俯冲体系。晚三叠世开始发生陆陆碰撞，洋盆最终闭合，形成西金乌兰-金沙江结合带，三叠系巴颜喀拉山群二→三→四组构造环境为活动大陆边缘→前陆盆地。

四、羌塘陆块

该构造单元在区内分布较少，即西金乌兰-金沙江结合带以南，主要发育侏罗纪、新近纪和第四纪地层。侏罗系雁石坪群主要分布于拜惹布错、独有洞南一带。拜惹布错西地层受断裂控制，拜惹布错往西至狼山一带，岩性为紫红色泥岩夹灰黑色中厚层生物碎屑鲕粒灰岩、生物灰岩和少量中粒岩屑石英砂岩、砂砾岩，局部泥岩与灰岩呈不等厚互层。拜惹布错东，岩性为黑色泥晶灰岩、灰色泥晶含鲕粒豆粒灰岩、生物屑灰岩、亮晶鲕粒灰岩夹灰白色白云质细粒岩屑石英砂岩、薄层硅质砂砾岩和黑色泥岩，灰岩中含有头足类、双壳类、海百合茎等动物化石。拜惹布错东至独有洞间，岩性由下往上分为：①灰黑色薄层泥质灰岩夹灰黑色泥岩；②浅灰色钙质泥岩；③灰黑色泥岩夹浅灰色钙质泥岩；④浅灰色钙质泥岩，⑤浅灰色巨厚层生物碎屑灰岩与薄层泥晶灰岩不等厚互层，含较丰富的动物化石。总体由下往上泥岩减少变薄，灰岩增多变厚，为一套海陆交互相的边缘浅海沉积。新近系唢纳湖组沉积环境为碰撞后走滑拉分盆地沉积，第四系以河湖相沉积为主。在陆块与结合带接触边界处，还见有二叠系先遣组分布，可能与晚期构造作用有关。区内岩浆岩不发育，仅在图幅西南角二叠系先遣组中见一橄榄玄武岩脉。

第三节　构造形迹描述及构造变形序列

一、构造形迹描述

图幅内构造形迹按时代由早到晚主要表现为脆韧性断裂、东西向断裂、紧闭褶皱、开阔褶皱、左行平移断裂和少量北西向正断层。其中脆韧性断裂仅分布于西金乌兰-金沙江结合带中，是古特提斯大洋（南支）洋壳向北消减、俯冲时的产物；东西向断裂主体分布于图幅中北部二叠系黄羊岭组和三叠系巴颜喀拉山群中，在西金乌兰-金沙江结合带中也发育有少量东西向断裂，性质多为逆断层，发育于二叠系黄羊岭组和三叠系巴颜喀拉山群、卧龙岗组中的紧闭褶皱与之基本同时形成，均为古特提斯大洋（南支）洋壳闭合之后碰撞造山阶段的产物；不整合于二叠系和三叠系之上的侏罗系叶尔羌群参与了区内近东西向展布的开阔褶皱，侏罗系叶尔羌群一般处于向斜的核部，该类褶皱在区域上延伸稳定，长度达数十千米；北东向左行平移断裂是区内最为重要的构造形迹，断裂规模大，延伸稳定，切割了前期形成的近东西向构造，控制了新近系唢纳湖组的分布，图幅中西部黑石北湖一带的火山喷发活动与之关系密切，形成于高原隆升、走滑背景之下，该期构造奠定了区内的基本构造格局。

图幅内脆、韧性断裂带主要出露于西金乌兰-金沙江结合带中及其两侧，一为碎石山脆韧性断裂，另一条为小长岭-拜惹布错脆、韧性断裂，其特征在前面已叙述，在此不再重复。

（一）褶皱构造

区内褶皱构造发育，在碎脊山、双带梁和万层山多处卫星影像资料显示出明显的褶皱构造形迹。褶皱的形成主要与南北向挤压应力有关，卷入褶皱的地层有二叠系、三叠系和侏罗系。按褶皱的规模、活动时间和轴迹方向可划分为两期：第一期（印支期）褶皱主要发育于二叠系和三叠系中，以规模较小的同斜褶皱为特征；第二期（燕山期）褶皱规模较大，轴迹方向为北东东向或近东西向，以开阔平缓褶皱为主。

1. 印支期褶皱特征

主要发育于二叠系黄羊岭组和三叠系巴颜喀拉山群中，褶皱规模不大，大多为紧闭倒转和倾竖同斜褶皱（图版Ⅳ，1；图版Ⅴ，1，2，3）。该期褶皱与逆冲断裂活动关系密切，一般发生于断裂带附近，与逆冲断裂共同构成冲断-褶皱组合，表现出脆、韧性变形特征，该期褶皱活动使二叠系和三叠系地层横向缩短，厚度明显增大，可能为后来整个青藏高原大大高出其他地区的地壳厚度提供了物质基础。

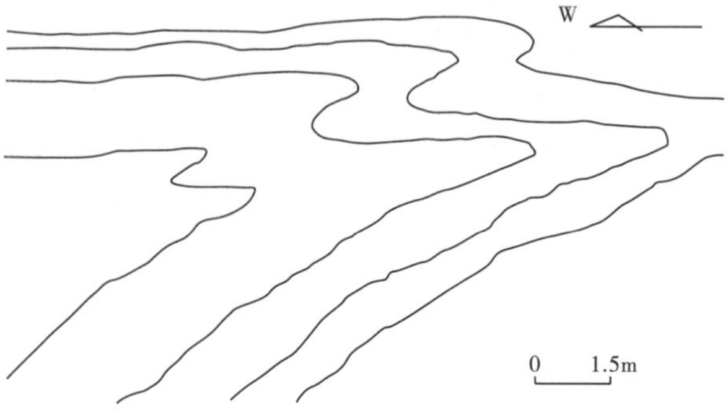

图 5-6　双带梁二叠系黄羊岭组褶皱示意图

野马滩一带褶皱特征：在野马滩—双带梁东西向展布的二叠系黄羊岭组中，该期褶皱特别发育。地层产状近于直立，形成的褶皱多为轴面陡立的紧闭褶皱或斜歪-倒转褶皱（图 5-6），由于受后期断裂及燕山期褶皱的叠加和改造，该期褶皱形迹已发生明显的变化，不同部位褶皱枢纽和轴面产状变化较大，但褶皱形态局部地段保存完整。从褶皱发育于二叠纪和三叠纪地层中，而未影响到侏罗系叶尔羌群的特征看，褶皱应形成于印支期。

2. 燕山期褶皱特征

与印支期褶皱相比，燕山期褶皱沿走向上延伸稳定，以开阔平缓褶皱为主，且侏罗系叶尔羌群参与了该期褶皱活动，在区内普遍发育(图 5-2，表 5-1)。褶皱在地形地貌上反映也非常明显，一般规律是向斜构成凸起的山梁，背斜成为低凹的谷地，且向斜核部多为砂岩组成，背斜则以泥岩为主。下面是区内几个发育较为完整的褶皱构造。

表 5-1 褶皱登记表

编号	褶皱名称	褶皱特征	长度(km)	宽度(km)
A_1	云母山北(复式)背斜	褶皱地层为二叠系黄羊岭组一段，岩性为灰黄色、灰黑色泥岩夹灰岩、砂岩透镜体及长石岩屑砂岩、砾岩、砂砾岩。地层受后期构造改造，轴迹弯曲，两翼产状杂乱，总体走向北东，倾向北翼北倾，南翼南倾，倾角变化较大	43.0	5.0
A_2	双带梁背斜	褶皱地层为二叠系黄羊岭组一、二段，背斜核部为一段泥岩夹砂岩，地貌上显示为谷地。两翼产状变化大，总体北东走向	21.0	3.0
A_3 A_4	刀岩山(复式)背斜	褶皱地层为二叠系黄羊岭组，背斜呈东西向展布，两翼产状受后期构造改造变得较杂乱。褶皱西延被 F_{h-y} 断裂截切，东延被第四系覆盖。影像图上在浪尖山一带，背斜南翼发育次级背向斜构造，褶皱地层中发育劈理，为直立倾伏褶皱。褶皱被后期断裂活动改造，东段(A_4)北移	>68.0	7.0
S_1	云母山东向斜	褶皱地层为二叠系黄羊岭组岩屑长石砂岩、泥岩夹灰岩、硅质(云灰)岩透镜体。总体北东向展布，向西被 F_{h-y} 断裂截切，东南端扬起。两翼地层倾向、倾角变化大，为直立倾伏褶皱	31.0	3.5
S_2	双带梁(复式)向斜	褶皱地层为侏罗系叶尔羌群及二叠系黄羊岭组二段。侏罗系地层角度不整合覆盖于二叠系黄羊岭组之上。向斜核部由侏罗系构成，形成正地形，为山脊；背斜核部为二叠系，多被剥蚀，形成谷地。地层顺走向弯曲，侏罗系地层倾角20°～40°、二叠系地层倾角 40°～80°。影像特征显示侏罗系地层形成明显的复式向斜，近东西向展布，北东东扬起。二叠系地层褶皱影像特征不明显	>45.0	7.0
S_3	万层山向斜	褶皱地层为二叠系黄羊岭组二段，影像图上褶皱形态清晰。轴迹 83°，两翼夹角57°，为中常褶皱。轴面产状 353°∠88°，枢纽产状 83°∠12°，直立倾伏褶皱。北翼被断裂切割，使现存两翼不对称	10.0	4.5
S_4	刀岩山向斜	褶皱地层为二叠系黄羊岭组二段，东西向展布，东端扬起。影像图中褶皱主体形迹清晰，转折端呈尖顶状，近东西向展布。褶皱南翼与相邻地层界线不清，发育数条与褶皱展布方向相同的断层。两翼产状为：195°～210°∠50°、350°∠62°，两翼夹角 76°，为开阔褶皱。轴面产状 184°∠88°，枢纽产状 270°∠18°，直立倾伏褶皱	16.0	4.0
S_5	碎脊山向斜	褶皱地层为三叠系巴颜喀拉山群。褶皱由一系列同期形成的背向斜构造组成。东西向展布，向东扬起。北翼与二叠系黄羊岭组以断层接触。次级背向斜两翼倾角近相等，枢纽直立，为直立倾伏褶皱	22.0	6.5

云母山北复式背斜(A_1)：出露于图幅的北部，发育于二叠系黄羊岭组一段中，复式背斜轴迹方

向为 70°左右，与其南侧黑石北湖-云母山区域性断裂平行展布，延伸长约 40km，次级褶曲较紧闭，平行于复式背斜轴迹方向展布，轴面向外倾斜，略呈倒扇形。背斜北翼地层产状较为平缓，一般为 15°～40°；南翼地层产状较陡，为 40°～70°。

云母山东向斜(S_1)：发育于图幅的东北角二叠系黄羊岭组一段中，轴迹近东西向，西端被黑石北湖-云母山区域性断裂截切。向斜长度为 30km 左右，宽不到 10km。两翼地层产状北翼向南倾，南翼向北倾，倾角 40°～70°，局部陡立。该处二叠系黄羊岭组中多处出现含大量生物化石的礁灰岩。

双带梁复式向斜(S_2)：双带梁复式向斜出露于图幅的东北部，两翼地层主要由二叠系黄羊岭组组成，岩性为岩屑长石砂岩夹泥岩。在向斜的核部出露侏罗系叶尔羌群，主要岩性有含砾粗砂岩、砾岩和泥岩。该向斜实际上是由一系列次级背向斜组成的复向斜。次级背向斜在剖面上交替出现，一般背斜出露较宽，向斜出露较窄，宏观上形成隔档式褶皱组合(图 5－7)。侏罗系叶尔羌群不整合于二叠系黄羊岭组之上，叶尔羌群地层产状较为平缓，倾角不超过 30°；下伏二叠系黄羊岭组产状较陡，大于 45°。褶皱轴迹方向为近东西向，在地貌上背斜为低凹的谷地，主要由二叠系黄羊岭组一段泥岩组成，泥岩中局部可见海百合茎化石顺层面产出；向斜多呈小的山梁，侏罗系叶尔羌群“漂”于山梁的顶部，底部常出露一层粗砾岩，向上逐渐变为含砾砂岩和黑色泥岩。该复向斜总体表现为平缓、开阔褶皱特征。以上特征反映，复向斜形成于南北向挤压构造背景，侏罗系叶尔羌群构成复向斜的核部，褶皱地层被古近纪地层覆盖，因此该褶皱形成时代为燕山期。

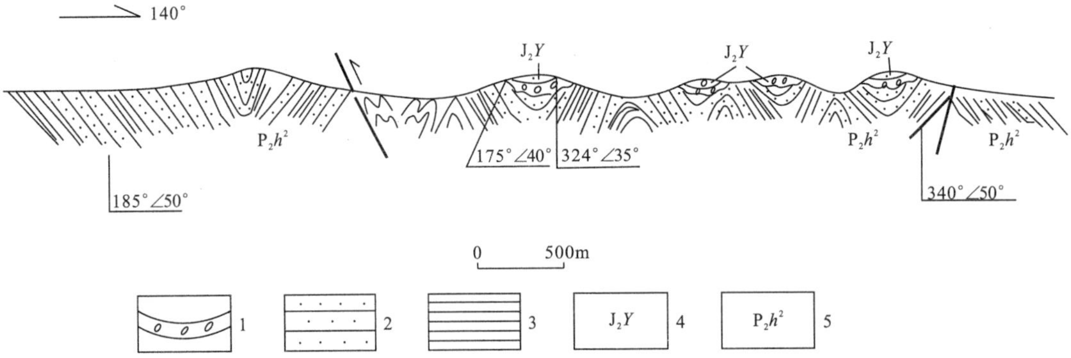

图 5－7　双带梁褶皱构造剖面图

1. 砾岩；2. 岩屑长石砂岩；3. 页岩；4. 侏罗系叶尔羌群；5. 二叠系黄羊岭组二段

万层山向斜(S_3)：出露于图幅的东部，该向斜在卫星影像图上特征明显。褶皱地层由二叠系黄羊岭组二段组成，岩性为岩屑长石砂岩与灰黑色泥岩互层。褶皱轴向为近东西向，向东延伸出图外，向西被第四系沉积物覆盖。南东翼地层产状为 354°～10°∠48°～75°，北西翼地层产状为 165°～180°∠45°～80°。两翼夹角约 57°，转折端处产状为 75°～90°∠50°，轴面附近劈理较为发育，劈理产状为 325°～338°∠65°，为中常褶皱，褶皱两侧断裂发育，断层走向与轴迹方向基本一致。由于受断层影响，褶皱形态不完整。

刀岩山向斜(S_4)：位于图幅中部刀岩山北侧一带，褶皱地层为二叠系黄羊岭组二段灰黑色泥岩和深灰绿色岩屑砂岩。东西向展布，东端扬起。卫星影像上褶曲特征十分明显。北翼地层产状为 195°∠50°，南翼地层产状为 350°∠60°，两翼夹角约 76°，为开阔褶皱(图 5－8)。向斜两侧断裂发育，断层活动破坏了向斜的形态

刀岩山复式背斜(A_3、A_4)：位于图幅中部刀岩山一带，轴迹近东西向，出露长度约 50km，向西被黑石北湖-云母山区域性断裂截切，中部被 F_{16}、F_{17} 所分割，向东被第四纪残坡积物覆盖。背斜的两翼出露有二叠系黄羊岭组二段中厚层状含砾粗砂岩和灰黑色泥岩，核部为黄羊岭组一段。复式

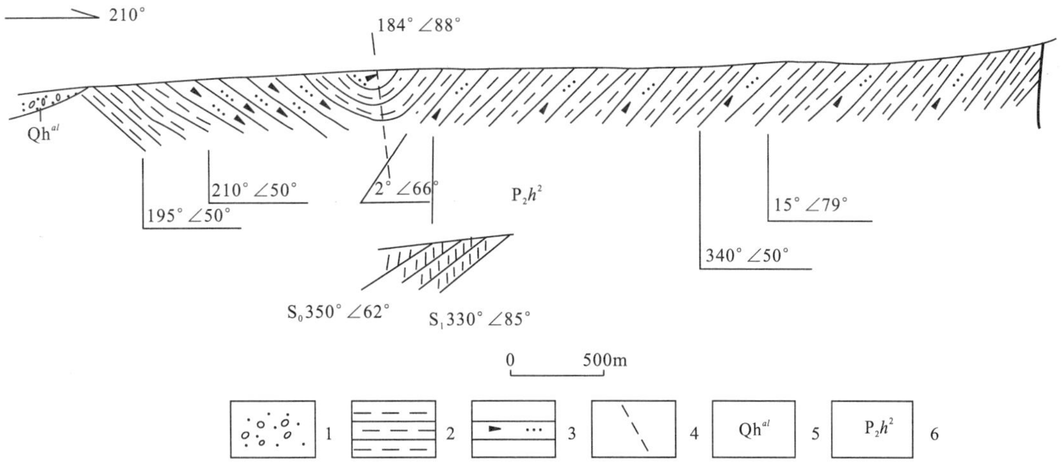

图 5-8 刀岩山向斜构造剖面图

1. 砂砾石层；2. 泥岩；3. 岩屑砂岩；4. 轴面；5. 全新统冲积物；6. 二叠系黄羊岭组二段

背斜由一系列次级背向斜组成，次级向斜多呈凸起的山梁，次级背斜为低凹的谷地，高差一般为100～150m。

碎脊山向斜(S_5)：出露于图幅中部碎脊山的北部，F_{19}的南侧，西端被F_{19}截切，向东端扬起，延伸长度为20多千米。组成褶皱的地层为三叠系巴颜喀拉山群，北翼地层产状较陡，南翼较缓，褶皱的形成与北侧断裂活动有关。

(二)脆性断裂

图幅内断裂构造较发育，按断裂的走向可划分为北东向—北东东向和近东西向两组断裂。从断裂的交切关系分析，北东向—北东东向明显截切了近东西向断裂，形成时代较晚。据断裂两侧地层沉积特征、岩浆活动和变形特征分析，近东西向断裂形成于印支期，北东向—北东东向断裂形成于燕山期，且该组断裂在新构造运动中重新活动，控制了新近纪山间断陷盆地湖相沉积物的分布，成为形成区内现今构造格局最为重要的构造形迹。区内断裂根据规模和控制作用又可分为区域性大断裂和规模较小的断层。

1. 区域性大断裂

大断裂的形成演化及发展史与构造单元之间的相互作用密切相关，结合带的特征多数由大断裂而得以显示，岩浆活动集中于断裂附近，大断裂对新生代盆地沉积也具有明显的控制作用。图幅的中部黑石北湖一带分布有新生代的玄武岩，明显受断裂控制，说明断裂可能切穿了地壳。研究大断裂的发生、发展，对认识区内构造格局的形成和演化具有一定的意义。大断裂一方面对前期形成的构造进行改造和破坏，另一方面在形成之后又在后期重新活动，对区内中酸性岩体的侵入、火山岩的喷发和新生界以来地层的沉积等具有明显的控制作用。

(1)无水湖断裂(F_W)

该断裂主要出露于邻幅叶亦克幅红山顶—三道河子一线，与库牙克大断裂基本平行展布，区域上延伸稳定，向西南穿过本图幅的北西部。在图幅中出露长度为35km，断裂在陆块内构成石炭系和二叠系的分界线，北侧为石炭系西长沟组，南侧为二叠系黄羊岭组。断裂通过处，地貌上多为鞍部和河谷，断裂破碎带宽5～20m，附近地层产状杂乱。卫星影像线状特征明显。在邻幅叶亦克幅中沿断裂带分布有石榴闪长岩，说明该断裂为切穿地壳的深断裂。

(2)黑石北湖-云母山断裂(F_{h-y})

该断裂在区域上意义重大,向东西两侧延伸稳定。1∶100 万日土幅曾以该断裂作为北侧昆仑海西褶皱系和南侧松藩-甘孜褶皱系的分界线,断裂带中尚未发现超基性岩。断裂走向北东,区内长 100km,限制了南东侧近东西向断裂的延伸,构成了南侧新近纪唢纳湖组湖相沉积地层的北界,沿断裂带南侧分布有裂隙式喷发的中基性火山岩,可能切穿了岩石圈,断裂也是北侧侏罗系叶尔羌群陆相沉积地层和古近系喀什群的沉积边界。断裂通过处,地貌上多为鞍部、槽谷或湖泊,卫星影像线状特征明显。断裂附近岩石破碎形成碎裂带。该断裂两侧二叠纪地层在分布和沉积特征上一致,从中生代三叠纪开始,断裂两侧在沉积地层、岩浆活动和构造变形方面都存在有较大的差别,分割了松藩-甘孜陆块。

该断裂走向北东东(70°),断裂面总体倾向北西,断层面产状为 340°∠65～75°,具逆断层性质。断层南侧为二叠系黄羊岭组二段中厚层状细粒岩屑砂岩、灰黑色泥岩,地层走向与断层走向基本一致,地层倾向南东或北西,倾角 50°～60°。断层北侧为古近系喀什群紫红色砾岩、砂岩和粘土等,地层产状为 160°∠65°。断裂破碎带宽度不等,最宽达 100m 左右,带内由强烈挤压破碎的砂岩、砾岩和泥岩碎块组成,构成断层角砾岩,胶结物多为泥质成分。破碎带中还发现具弱韧性变形的灰岩,岩石呈浅肉红色,较为破碎,出露宽 50m,向两侧延伸数百米,呈断夹块形式产出(图 5－9),岩石成分、变形特征与断层两侧岩石特征明显不同,可能为外来岩块。

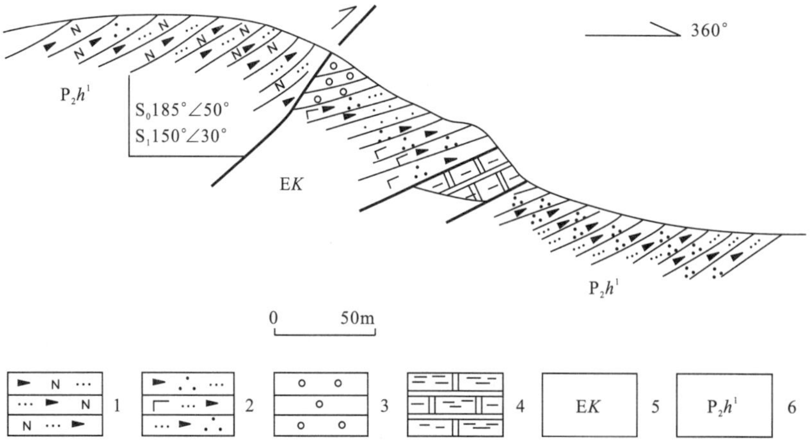

图 5－9　云母山一带逆冲断层构造剖面图

1. 岩屑长石砂岩;2. 钙质细粒岩屑石英砂岩;3. 砾岩;4. 糜棱岩化大理岩;5. 古近系喀什群;6. 二叠系黄羊岭组一段

总体上看,断裂北侧中生界三叠系和侏罗系均为陆相沉积,三叠系卧龙岗组为一套陆缘碎屑岩建造,侏罗系叶尔羌群为一套陆相沉积物,表明在晚古生代之后松藩-甘孜陆块和昆仑陆块之间已发生陆陆碰撞,断裂北侧的巴颜喀拉陆块和昆仑陆块连为一体,共同构成北方大陆的大陆边缘,具有明显的陆内或陆缘演化特征;断裂南侧主要出露三叠系巴颜喀拉山群复理石砂板岩,为大陆边缘前陆盆地沉积,断裂控制了海相三叠系的北侧边界。

岩浆活动在断裂两侧的差别也十分明显,主要表现为燕山期侵入岩集中分布于断裂北侧,断裂南侧未见该期侵入体出露。断裂两侧在构造形态上也不相同,北侧主要发育与库牙克断裂平行展布的北东向断裂;而在断裂的南侧则以东西向断裂为主,断裂极为发育,呈网状,出露的地层为二叠系黄羊岭组和三叠系巴颜喀拉山群,东西向断裂以逆冲断层为主。

活动时代:黑石北湖断裂切割了二叠纪地层,控制了海相三叠系的北侧边界,推断其最早形成于二叠纪末。在盼水河一带可见二叠纪地层逆冲于古近系喀什群之上,且从喀什群的分布与改造

特征看，断裂还具有明显的左行平移活动，同时断裂带南侧分布有新近纪—第四纪火山岩，所以该断裂在新构造运动中曾重新活动，

(3)黑石湖-万层山断裂(F_{h-w})

断裂出露于图幅的中部，北东向斜贯测区，在卫星影像上线性特征十分明显，断裂两侧地形地貌的特征差异明显，北西侧地势较高，为基岩出露区，从东向西地层由老变新，依次为二叠系黄羊岭组、三叠系巴颜喀拉山群和新生代火山岩；南东侧地势低缓，为新近系唢纳湖组湖相沉积物。断裂切割了北西侧二叠系和三叠系中发育的近东西向构造形迹，在黑石湖一带沿断裂断续出露有一系列凸起的冰丘，是泉水涌出的标志，冰丘呈纺缍型，走向约60°方向(图版Ⅴ,4)。在断裂的北侧岩浆活动主要表现为新生代板内火山岩的强烈活动，分布于黑石北湖一带的火山岩出露面积达380km²，可分为3个喷发期，岩石地球化学特征表明火山岩物源来自上地幔，表明该断裂为切穿地壳的深断裂。断裂在新构造运动中活动强烈，形成造山后伸展变形过程中出现的拉分盆地，沉积了较厚的新近系唢纳湖组湖相沉积物。

断裂区内延伸约150km，大部分为第四纪松散堆积物覆盖，据两侧地层沉积、地形地貌的发育特征，结合区域地质构造资料分析，该断裂为以左行走滑运动为主兼具逆冲性质的一条平移断裂。

2. 北东向—北东东向断裂

该组断裂在区内极为发育，与区域性大断裂平行展布或小角度斜交，其形成与活动方式受区域构造背景控制较明显，与库牙克断裂的活动关系密切，反映出在燕山期南北向持续挤压的区域应力场作用下，松藩-甘孜陆块与整个高原一同向东挤出，形成的以走滑为主的断裂带，构成区域性大断裂的次级伴生构造，断裂特征见表5-2。

3. 近东西向断裂

由于受到后期构造的叠加、改造，该方向断裂在区内规模一般不大，多被后期断裂切断，主要集中分布于图幅的中部黑石北湖—野马滩和碱水湖—万层山之间的二叠系黄羊岭组和三叠系巴颜喀拉山群分布区，断层多数平行展布，性质一般以逆冲断层为主。东西向断层特征见表5-3。

4. 北西向—北北西向断层

该方向断裂在区内零星分布，仅见于白戈壁和黑石北湖一带，断裂规模不大，性质一般为张性正断层。断层特征见表5-4。

二、构造变形序列

区内主要构造变形时期为印支期、燕山期和喜马拉雅期。印支期主要表现为南北向的水平挤压，造成区内地层横向缩短，使新老地质体相互叠置，地壳厚度明显增大，以形成脆、韧性断裂、逆冲推覆构造和紧密褶皱为特征，构造形迹总体为近东西向。燕山期基本上仍处于南北向挤压状态，是前期构造的继续，断层仍以逆冲断层为主，沿区域性断裂带发育有后碰撞构造阶段的强过铝侵入岩类，褶皱构造主要发生于地壳的表部，以开阔宽缓褶皱为主。中新世以来区内快速隆升，以垂直运动为主，前期形成的断裂重新活动，由于松藩-甘孜陆块被向东挤出，断层性质发生了变化，原来近东西向的断层方向转变为北东向，且以左行走滑构造为主要特征。第四纪以来发育正断层组合。黑石北湖幅构造变形序列见表5-5。

表 5-2　北东向—北东东向断裂登记表

编号	地理位置	断面产状(°)			规模		断层特征	性质	时代
		走向	倾向	倾角	长度(km)	宽度(m)			
F_1	无水湖幅西北角	60	165	51	9.0	5.0	发育于石炭系西长沟组中,遥感影像特征表明,该断裂走向与地层走向基本一致,地貌上沿断层走向水系发育	平移断层	喜马拉雅期
F_2	无水湖幅西北角	60	南东、南西	65	16.0	20～500	断裂两侧地层均为石炭系西长沟组,破碎带岩石为薄层钙质中粒岩屑砂岩与泥岩,断层走向与地层构造线走向一致。影像特征显示,沿断裂走向水系发育	平移断层	喜马拉雅期
F_3	无水湖幅南东	63			22.0		断裂两侧地层均为二叠系黄羊岭组一段,南东盘为岩屑砂岩,粉砂质泥岩夹灰黑色泥晶灰岩;北西盘为砂质页岩夹细粒岩屑石英砂岩,两盘岩性突变接触,地层破碎严重。带内见泉水上涌	平移断层	喜马拉雅期
F_4	无水湖南	64～85	北西		70.5		南东侧为三叠系卧龙岗组,北西侧为二叠系黄羊岭组一段。破碎带不发育,两侧岩石中发育节理。断裂西段走向为东西向,向西延伸出图。沿断裂带分布有花岗斑岩	平移断层	喜马拉雅期
F_5	卧龙岗北东	60	150	70	16.5	50.0	发育于三叠系卧龙岗组泥岩、砂岩中,两侧地层产状不同,北西侧产状55°∠55°,南东侧产状150°∠70°。沿断裂带为负地形,带内见断层角砾及断层泥。西端止于卧龙岗花岗斑岩之上	平移断层	喜马拉雅期
F_6	卧龙岗南东	60～100	155	75	85.0	50	北西侧为三叠系卧龙岗组,南东侧为二叠系黄羊岭一段。岩石破碎强烈,破碎岩石呈棱角状,具高岭土化。影像图上断裂表现为线性影像。断裂西段走向为北西西向,向西延伸出图	平移断层	喜马拉雅期
F_7	独尖山南	65			23.5		断裂带被第四系砂砾石覆盖。影像图中断裂具明显的线性特征。盼水河沿断裂走向发育		
F_{11}	万层山北	65	南东	70	12.7	20	发育于二叠系黄羊岭组二段中。南东侧为浅灰色白云质粗粒长石岩屑粉砂岩,地层产状180°∠53°,北西侧为灰黑色泥页岩,在泥页岩中可见条带状灰黑色变质粉砂岩或呈透镜状分布。该断裂在影像图上特征明显,断裂两侧地层色调明显不同,地貌上断裂走向上多为负地形,切削了万层山褶皱北翼。南西延伸被第四系覆盖,往北东延伸出图外	逆断层	印支期
F_{14}	刀岩山东	40			5.0		发育于二叠系黄羊岭组一段中,断裂两侧地层走向不同,断裂北西地层走向北西,南东地层走向北东。地形上顺断层走向多为山谷、河流等负地形。两侧影像色调不同,北西侧为白色,南东侧为紫黑色、紫红色	逆断层	印支期
F_{20}	碎脊山	55	325	70	10.0	50	断裂发育于三叠系巴颜喀拉山群中,在影像图上表现为断裂谷与断层崖,水系顺断裂谷发育。地貌上断裂为负地形。断裂南西地层近东西走向,断裂北东地层走向不稳定	平移断层	喜马拉雅期

续表 5-2

编号	地理位置	断面产状(°)			规模		断层特征	性质	时代
		走向	倾向	倾角	长度(km)	宽度(m)			
F_{26}	碎脊山南	60			87.0		解译断裂,遥感影像图中,向北东延伸至新近系唢纳湖组中断裂为明显的线性特征,向南西延伸被第四系覆盖,线性特征较弱,在断层延伸线上有现代湖泊及火山喷发活动	平移断层	喜马拉雅期
F_{27}	碎脊山南东	55	325	75	65.0		解译断裂,影像图中断裂线性特征在新近系唢纳湖组中表现明显,第四系中亦隐约可见线性标志断续相连,实地观测断层特征不明显。沿断裂走向方向上分布有湖泊,湖泊长轴与断裂走向一致	平移断层	喜马拉雅期
F_{28}	狼山—碱水湖南东—猫耳滩北西一线	50～70			158.0		解译断裂,影像图上断裂形迹主要为断层谷。断裂切割三叠系巴颜喀拉山群,新近系唢纳湖组及第四系砂砾石层。地表观察断层多处被全新统砂砾石覆盖,巴颜喀拉山群中断裂北西为青灰色细粒砂岩,走向近东西;断裂南东为薄层状白云质细粒岩屑石英砂岩,地层走向不稳定,大体为北北东向,倾角 20°～60°,断裂南东岩石较破碎。山脊走向与断裂走向一致。断裂北东段沿走向上分布碱水湖等数十个大小湖泊,断裂西南段河流沿走向发育,带内为明显的负地形。断裂两侧褶皱发育	平移断层	喜马拉雅期
F_{29}	黑石湖东	60	北西	75	8.5	250	卫星照片中断裂为明显的线性痕迹;发育于三叠系巴颜喀拉山群泥岩、砂岩中。两侧地形变化差异明显,北西侧地势较高,南东侧地势低。断裂带为宽约 200m 的谷地。向西延伸被第四系覆盖	平移断层	喜马拉雅期
F_{32}	碱水湖南东	60～85	南东	80	75.0	100	断裂分为两段,南西段走向北东东(85°),主体发育于第四系冲洪积物中,影像图上线性特征较明显;北东段走向北东(60°),发育于三叠系巴颜喀拉山群中。断裂向南西延伸与相邻断裂 F_{28} 相交,北东延伸至碎石山断裂带	平移断层	喜马拉雅期
F_{34}	拜惹布错北	50		90	13.0	100	断裂发育于侏罗系雁石坪群中,破碎岩石为角砾状灰岩,铁质钙质胶结。断裂走向北东(50°)。影像线性特征清晰,向南西延伸至拜惹布错。	正断层	燕山期
F_{35}	拜惹布错	50			26.5		断裂影像显示为线性痕迹,向南西延伸出图外,断裂被覆盖严重。该断裂控制拜惹布错南东边界	正断层	喜马拉雅期
F_{36}	拜惹布错	50			6.0		发育于二叠系先遣组及第四系中。影像图中断层形迹为断层谷	正断层	喜马拉雅期
F_{39}	独有洞南西	50	140	58	5.0		发育于侏罗系先遣组中。影像线性特征明显,断层错断山脊走向。断层南东为泥质白云岩,北西为第四系砂砾石。断裂向北东延伸,被 F_{38} 断裂截断,向南西延伸出图	逆断层(压扭性)	喜马拉雅期
F_{40}	独有洞南东		340	50	21.0	1500	断裂北侧为侏罗系雁石坪群,南侧为二叠系先遣组。带内地层产状杂乱,节理发育。灰岩断块上可见擦痕。影像显示断裂呈弧形展布,西段走向北西,东段走向北东,两端延伸与 F_{38} 相交	正断层	喜马拉雅期

表 5-3　近东西向断裂登记表

编号	地理位置	断面产状(°)			规模		断层特征	性质	时代
		走向	倾向	倾角	长度(km)	宽度(m)			
F_8	野马滩北	90	北		31.0		发育于二叠系黄羊岭组中，两端止于 F_{h-y} 和 F_9 断裂。喜马拉雅期重新活动，控制第四系分布。未见破碎带	逆断层	燕山期
F_9	双带梁南	75～90			91.0		发育于二叠系黄羊岭组中。影像图中断裂呈线性延伸。走向上呈弧形，是断裂受后期构造影响的结果	逆断层	燕山期
F_{12}	万层山南	90			7.7		断裂发育于二叠系黄羊岭组二段中，两侧地层总体构造特征不同，破碎带不发育。两端延伸均被第四系覆盖	逆断层	燕山期
F_{15}	刀岩山	90	南		37.5	150.0	破碎岩石为泥岩、岩屑长石石英砂岩。影像图上断裂表现为线性痕迹。多处被第四系覆盖。断裂切割了刀岩山褶皱的南翼		燕山期
F_{16}	刀岩山南	70～90			18.0		发育于二叠系黄羊岭组二段中，破碎带内见碎斑岩。两侧岩性为泥岩，未见断层面。断层呈向北西凸的弧形，走向由北东 70°渐变为 90°，影像特征为断层谷	逆断层	印支期
F_{17}	万层山南	90			17.0		发育于二叠系黄羊岭组二段中，破碎带不发育。南侧岩性为岩屑石英细砂岩，地层产状 190°∠63°，北侧岩性为泥页岩。影像图中断裂两侧色调差别大。两侧地层总体构造特征不同。两端延伸均被第四系覆盖	逆断层	印支期
F_{18}	浪尖山南西	70～90			18.0	100	发育于二叠系黄羊岭组一段中，两侧岩性为泥岩夹薄层状砂岩。断裂总体近东西向展布，西段走向 90°，东段走向 70°；断裂两侧地层走向不协调。影像图上断裂形迹为断层谷，水系顺断裂走向发育	逆断层	印支期
F_{19}	碎脊山北	90			75	100	南盘为三叠系巴颜喀拉山群，北盘为二叠系黄羊岭组二段。岩性为泥岩与岩屑砂岩，破碎带内为挤压透镜体和角砾及泥，两侧地层产状杂乱，断裂总体近东西向展布。影像图上断裂呈断层谷展布，断裂两侧地层走向以一定交角相汇于断裂带上，断裂切割了燕山期褶皱翼部，被区内喜马拉雅期北东向断裂截断	逆断层	燕山期
F_{21}	碎脊山	85	南		11.5	20	发育于三叠系巴颜喀拉山群中，两侧岩性为灰黑色泥岩与青灰色长石岩屑砂岩互层。断裂带内地层产状杂乱。断层面总体南倾，南盘上升，北盘下降，为逆断层。影像图中断裂形迹为断层谷，谷内水系发育	逆断层	燕山期
F_{22}	黑石北湖北		185	60	5.0	20	发育于二叠系黄羊岭组一段砂岩、泥岩中。岩石破碎，见砂岩透镜体，擦痕产状 20°∠41°	正断层	喜马拉雅期
F_{25}	碎脊山南西	90			36.0		发育于三叠系巴颜喀拉山群中，两侧岩性为石英砂岩及少量的灰绿色泥(页)岩，不发育角砾及断层泥。断裂切割了碎脊山褶皱南翼地层。遥感影像图上断层形迹为断层崖及断层谷	逆断层	燕山期
F_{30}	黄羊沟南	280	北东		36.0	50	影像显示断裂呈线状。发育于第四系冲洪积物中。地貌上断裂带呈负地形。北西延伸出图		喜马拉雅期

续表 5-3

编号	地理位置	断面产状(°)			规模		断层特征	性质	时代
		走向	倾向	倾角	长度(km)	宽度(m)			
F_{31}	野鸭湖南	78	南东		13.5	100	断裂发育于三叠系巴颜喀拉山群中，两侧岩性有角砾状灰岩、炭质页岩、砂岩、岩屑细砂岩、粉砂岩。影像图中断裂线性痕迹，两侧色调差异明显，顺断裂走向地表多为负地形。南侧岩石中见有褐铁矿化、孔雀石化蚀变	逆断层	燕山期
F_{33}	箭头湖南东	60～80			81.0	100	断裂北侧为三叠系巴颜喀拉山群，南侧为三叠系托和平错群，北东延伸被喷纳湖组覆盖，南西延伸被第四系冲洪积物覆盖。带内岩石破碎成角砾状及泥状，高岭土化，两侧地层强烈褶曲，产状杂乱。岩性为薄板状砂岩、泥岩、长石石英砂岩。影像图上断层形迹为断层谷及断层崖，断裂带为负地形、垭口等特征。在古近系及第四系中表现不明显。向南西延伸与 F_{32} 相交，向北东延伸出图外	逆断层	印支期 喜马拉雅期
F_{37}	拜惹布错湖东	275		65	6.5	50	影像特征为断层谷，两端延伸第四系覆盖而不明显。断裂产出于二叠系先遣组中，断裂走向上为负地形，两侧岩性为泥晶灰岩，地层走向近东西，倾向北，倾角大于 70°	平移断层	喜马拉雅期
F_{38}	拜惹布错湖东	275	南		53.5	30	南盘为侏罗系雁石坪群、二叠系先遣组，北盘为新近系喷纳湖组，影像特征呈断层崖近东西向展布。断裂带附近地层产状较乱，有 170°∠80°、350°∠50°	逆断层	喜马拉雅期

表 5-4　北西向—北北西向断裂登记表

编号	地理位置	断面产状(°)			规模		断层特征	性质	时代
		走向	倾向	倾角	长度(km)	宽度(m)			
F_{10}	万层山西	320			14.0		断裂带被第四系砂砾石覆盖。沿断裂走向发育断层泉。断层北东为基岩区，南西为砂砾地。影像显示断裂呈线性延伸		喜马拉雅期
F_{13}	浪尖山东	320			8.0		断裂两侧为基岩区，断裂带被第四系砂砾石覆盖。沿断裂走向发育断层泉，局部形成鼓包，直径约 2m，高出地面 1.5m。影像线性延伸明显		喜马拉雅期
F_{23}	黑石北湖东	340			5.3		发育于三叠系巴颜喀拉山群中。卫星影像图上为一明显的线性影像	正断层	喜马拉雅期
F_{24}	黑石北湖东	340			6.0		发育于三叠系巴颜喀拉山群砂岩、泥岩中，砂岩破碎成角砾状，两侧地层产状不同，西侧产状 65°∠57°，东侧产状 343°∠55°。地貌上沿断裂带为负地形	正断层	喜马拉雅期

表 5-5　主要构造-变形序列简表

<table>
<tr><th colspan="2" rowspan="2">时代</th><th rowspan="2">变形特征</th><th colspan="2">沉积建造</th><th rowspan="2">岩浆活动</th><th rowspan="2">变质作用</th><th rowspan="2">地壳运动</th><th rowspan="2">演化阶段</th></tr>
<tr><th>松潘-甘孜陆块</th><th>羌塘陆块</th></tr>
<tr><td rowspan="4">新生代</td><td>Q</td><td>逆冲推覆断层系、地震裂隙及鼓包，河流阶地、夷平面</td><td>西域组砾岩及松散堆积物</td><td></td><td></td><td rowspan="6"></td><td rowspan="4">喜马拉雅运动</td><td rowspan="3">高原隆升阶段</td></tr>
<tr><td rowspan="2">N</td><td rowspan="2">高原隆升，左旋走滑断裂、拉分盆地</td><td>拉水河组、黑石北湖组板内火山岩</td><td rowspan="2"></td><td>橄榄安粗岩系列火山活动</td></tr>
<tr><td>唢纳湖组湖相沉积</td><td></td></tr>
<tr><td>E</td><td>褶皱-逆冲断裂</td><td>喀什群山间盆地沉积</td><td></td><td></td><td rowspan="3">陆内调整阶段</td></tr>
<tr><td rowspan="3">中生代</td><td>J</td><td>逆冲断裂，大型北东向开阔宽缓褶皱</td><td>侏罗系叶尔羌群山间盆地沉积</td><td>雁石坪群碎屑岩-碳酸盐岩建造</td><td>花岗斑岩
花岗闪长玢岩
长石石英斑岩</td><td>燕山运动</td></tr>
<tr><td rowspan="2">T</td><td>板块碰撞，大型逆冲推覆断裂，产生大量层内斜歪-倒转褶皱</td><td>卧龙岗组磨拉石建造</td><td></td><td rowspan="2">石英斑岩
橄榄玄武岩</td><td rowspan="2">印支运动</td></tr>
<tr><td>特提斯洋洋壳向北俯冲、关闭，形成西金乌兰-金沙江混杂岩带，发育逆冲型韧性剪切变形带，褶皱构造发育</td><td>巴颜喀拉山群活动大陆边缘、前陆盆地浊积岩建造</td><td>托和平错群陆源碎屑岩-碳酸盐岩建造</td><td rowspan="2">低级变质</td><td rowspan="2">洋陆转换阶段</td></tr>
<tr><td>晚古生代</td><td>P</td><td>代表古特提斯洋壳的蛇绿岩形成</td><td>黄羊岭组被动陆缘沉积</td><td>先遣组碳酸盐岩-陆源碎屑岩建造</td><td></td><td>海西运动</td></tr>
<tr><td></td><td></td><td></td><td colspan="2">基底裂解岩片</td><td></td><td>中级变质</td><td></td><td>基底形成</td></tr>
</table>

第四节　新构造运动

新构造运动，顾名思义，是地球历史中最近期间的构造运动，对现代地形地貌、生态环境的形成起了重要的作用。新构造运动影响了最近期间的各种其他地质作用，也将先前已形成的地质体和构造加以改造。因此，研究和正确评价新构造运动，对解决与人类社会发展有密切关系的许多实际问题，如重大工程的稳定性评估、土地和资源的有效开发利用、地震和火山等灾害的预报和减灾，以及人类生存环境的变化等都具有重要的意义（陈智梁，1999），是区域地质调查不可缺少的重要内容。

图幅位于世界屋脊青藏高原的北缘，新生代前青藏高原北缘经历了复杂的地质演化过程，新生代以来又作为青藏高原的北部动力边界经历了挤压、逆冲、走滑和伸展及山地崛起等一系列重大地质事件。新构造运动在区内表现十分显著，总体上表现在上新世以来欧亚板块和印度板块强烈碰撞，一系列深大断裂呈阶梯状持续活动，造就了抬升山系遭受剥蚀和断陷盆地接受碎屑堆积，这些无不与新构造运动密切相关。新构造运动的时限不确定，不同地区新构造运动的起始时限不同，一般以区内现代地貌特征开始形成为准。区域地质资料表明，青藏高原隆升主要是中新世以来地质构造作用的产物，因此，青藏高原北缘昆仑山脉的形成时限确定为中新世，就是本区新构造运动的起始时限。

一、新构造运动特征及分区

新构造运动产生的断裂发生于板块碰撞以后的后造山阶段，它们改造及破坏了原有的构造格局，把原来在一起的地质体运移到很远的地方，使原先完整的层序和岩系支离破碎。断裂的性质以平移为主，平移断裂的发生往往与板块边界的不规则及板块相对作用力方向的改变有关（许志琴等，1997）。根据新构造运动统一的构造应力场产生的不同构造组合样式及其在空间上的分布关系，区内存在近东西向和北东向两组不同方向的构造组合，据此，研究区可划分为两个新构造分区，即北部昆仑山隆起区和南部东西向断陷盆地区，两者大致以黑石北湖-云母山断裂为界。其中北东向构造带分布于图幅的北部，从广义上讲，可纳入库牙克断裂带中，主要受新近纪以来库牙克断裂强烈的左行走滑运动影响，已存在的断裂等构造形迹在新构造运动中重新活动，同时也伴生有新的构造现象，但其规模较小，主要表现为小型断陷盆地。近东西向构造带在图幅的南部，古金沙江结合带及其两侧在新构造运动中重新活动，形成规模较大的盆地，湖泊大量分布，同时伴随有强烈的火山喷发活动（图 5-10）。

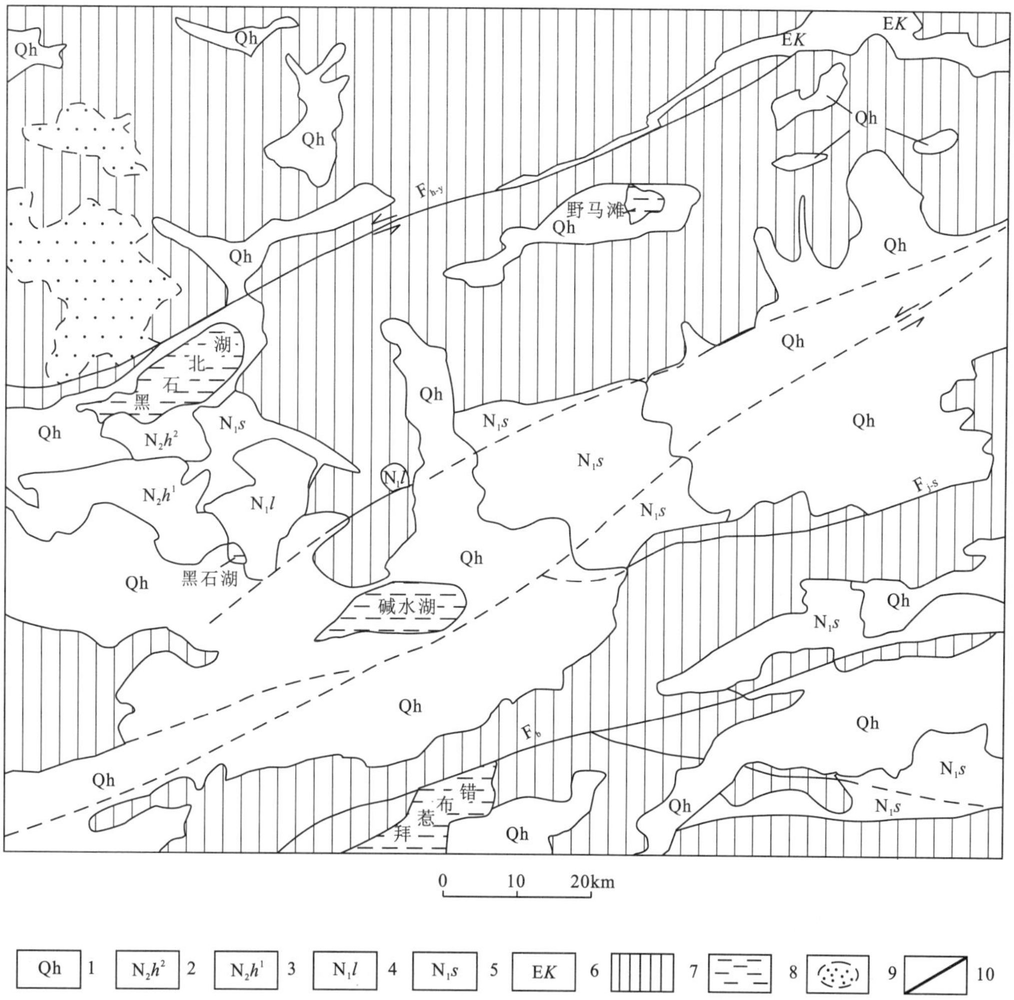

图 5-10　新生代地质简图

1. 全新统；2. 黑石北湖组二段；3. 黑石北湖组一段；4. 拉水河组；5. 喷纳湖组；6. 喀什群；7. 前新生代基岩区；8. 湖泊；9. 雪盖区；10. 区域性大断裂

1. 昆仑山隆起区

昆仑山隆起区包括古老的昆仑造山带和中生代以来拼贴于华北板块南部边缘的松藩-甘孜陆块的北部。中新世以来处于隆起剥蚀状态，只分布有少量第四系全新统冲洪积物。在地貌上总体已较为平坦，地形上无大的起伏，海拔一般为 4 500～5 200m，无大的湖泊分布。

区内新构造运动主要受新近纪以来库牙克断裂强烈的左旋走滑运动的影响，先期存在的近东西向构造形迹转变为北东向，表现较明显的活动断层有黑石北湖-云母山断裂。该断裂新构造运动以前的活动特征前已述及，在新构造运动中断裂活动特征主要表现为两个方面。一是二叠系黄羊岭组逆冲推覆于北侧古近系喀什群之上，二是在黑石北湖断裂和碱水湖断层之间发育有大面积的新近纪板内玄武岩，据玄武岩岩石化学资料显示，其物质来源于上地幔，因此该断裂为切穿地壳的深断裂。

2. 东西向断陷盆地

该断陷盆地大体上沿古老的西金乌兰-金沙江结合带两侧分布和发育，是老构造结合带继承活动的显示。其形成机理与南北向挤压应力产生的左行走滑运动有关，大致从中新世晚期开始活动，区域上延伸稳定，在一定程度上限制其他方向新构造活动发育和延伸。

盆地内平均高程为 4 800～4 900m，明显低于盆地两侧(5 000～5 400m)的高度。盆地内湖泊发育，图幅内有黑石北湖、拜惹布错、碱水湖、野鸭湖、野马滩、无水湖等。这些湖泊的长轴均为东西向或北东东向，在分布上具有明显的线性特征。其中沿北带分布有黑石北湖、野马滩；中带即碎石山断裂一线有箭头湖、野鸭湖、黑石湖和碱水湖等；南带即拜惹布错断裂一线有拜惹布错等。

盆地内普遍发育新近系唢纳湖组湖相沉积物、拉水河组、黑石北湖组火山岩、早更新世以来的湖积、冲洪积沉积。

区内近东西向断裂一般为新构造运动之前形成，新构造运动产生或重新活动的断裂主要为北界黑石北湖-云母山断裂和碎石山断裂带，断裂走向为北东东向，切割和限制了东西向断裂。

二、高原隆升的分期及时间约束

不同学者从不同角度、采用不同方法获得青藏高原不同时期的隆升高度(图 5－11)。尽管隆升的时间过程存在一定的差异，但是对青藏高原隆升起始时间和起始高度结论基本一致。青藏高原及其周边山体的构造隆升主要发生在 20Ma 以来，是在始新世正常地壳结构的基础上演化成现今的“似盆状”异常地壳结构。青藏高原的新构造运动大致可划分为 4 个强烈活动期，即中新世晚期、上新世末—早更新世初、早更新世末和中更新世末。

1. 中新世晚期

中新世晚期，随着超碰撞事件的开始发生，青藏高原北缘的阿尔金断裂(区内为库牙克断裂)重新活动。塔里木陆块沿昆仑山前断裂向高原发生陆内俯冲，昆仑造山带作为高原的北缘翘起，与塔里木南部断陷区已出现较大的高差。与此同时，在区内黑石北湖一带发育有黑石北湖组偏碱质中性火山岩，处于原西金乌兰-金沙江结合带的北侧。唢纳湖组以粘土粉砂岩河湖相含石膏沉积地层广泛分布于碱水湖—拜惹布错一带的山间断陷盆地内，不整合于不同时代的前期地层之上。根据地层沉积特征和区域上亚热带植物孢粉组合大量出现，反映了气候温暖湿润，湖泊发育，山势低缓，标志着高原已经抬升，在区内南部发育有黑石北湖、碱水湖、拜惹布错等断陷盆地。不过从该时期沉积地层的特征反映，该次抬升并未造成太大的高差。上新世的夷平作用把区内的平均高程削低到 1 000m 左右，该夷平面分布较广，一般出现在各大河流的源头及河流之间的分水岭，构成青藏高

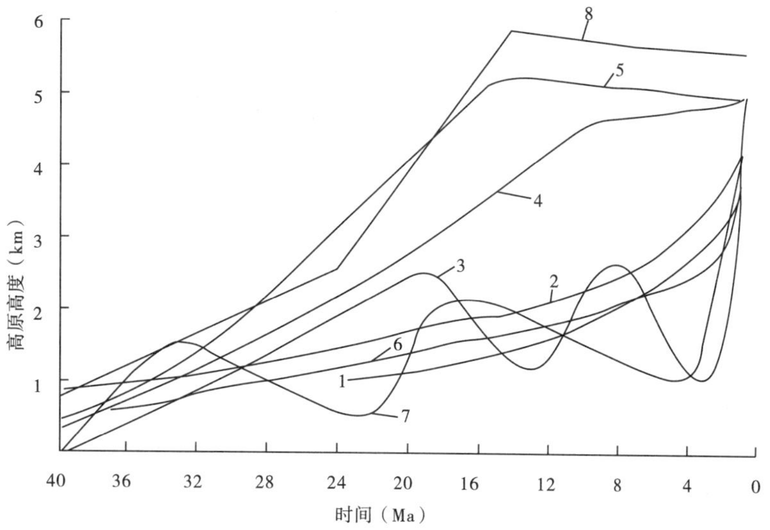

图 5-11　青藏高原不同时期的隆升高度观点示意图(据刘燊等)

1. Mericier 等(1987)青藏高原北部高度变化曲线；2. Mericier(1987)青藏高原南部高度变化曲线；3. 沈显杰(1986)青藏高原高度变化曲线；4. Harrrison 等(1992)青藏高原高度变化曲线；5. Coleman 等(1995)青藏高原高度变化曲线；6. 李廷栋等(1990)青藏高原高度变化曲线；7. 施雅风等(1998)青藏高原高度变化曲线；8. Fielding(1997)青藏高原高度变化曲线

原和外围山地的主体，海拔高度大多为 4 500～5 000m，切削了古近纪沉积物，是现代地形地貌起始的基础，因此称之为主夷平面，推测其形成时间为中新世中晚期(15～7Ma)。

以上特征反映，该期构造以陆内俯冲和聚敛作用为主导，造成了区内地壳增厚和壳内断陷作用，奠定了高原现代构造格局的基础，形成了高原北缘山脉断块翘起带，拉开了高原差异性升降的序幕。

2. 上新世末—早更新世初

在上新世末—早更新世初，高原周边坳陷带继续沉陷，北部邻幅叶亦克幅中早更新世磨拉石西域组与下伏上新世地层之间普遍存在不整合面，表明高原北部边缘昆仑山脉进一步强烈抬升。同时区内南部黑石北湖一带火山岩再次活动，黑石北湖第三期火山岩的喷发，不整合于唢纳湖组之上。显然，这次运动激发了活动构造带的强烈断陷和相邻断块山脉的隆升。

高原内、外磨拉石沉积的广泛分布，表明这次运动造成了青藏高原的整体抬升和进一步的差异性隆升。据西域组山麓相磨拉石建造中砾石成分分析，早更新世昆仑山南麓的隆升幅度为 700～1 500m。到早更新世末，高原的平均高程约为 2 000m，而昆仑山脉已达到当时雪线以上 3 000m 左右的高程。

3. 早更新世末期

早更新世末期的构造运动主要表现为高原周边的早更新世磨拉石沉积与中更新世的高阶地砾石层之间广泛存在不整合面。中更新世时期，由于冰川大规模消退，河流下切强烈，冰川遗迹普遍残存于各山脉隆起区之上。中更新世昆仑山南麓的隆升幅度为 300～500m。这次运动造成了高原进一步隆升，高原内的山脉普遍达到当时雪线以上，外流河下切作用增强，山脉与周边断陷盆地的高差进一步加大。

4. 中更新世末期

中更新世末期是新构造运动的最后一幕，主要表现如下。

高原周边中更新世的高阶地砾石层与晚更新世—全新世松散堆积物之间的不整合或平行不整合，以及下更新统西域组中的褶皱构造，是本期构造运动的表现。

在区内形成大量的断裂，或使前期断裂重新活动，如无水湖断裂、碱水湖断裂等，且沿断裂带分布有冰泉、冻土包，有些断裂可能现在仍在活动。

区内各断陷盆地和谷地，都有此次运动的相关沉积，在昆仑山北坡尼雅河一带的系列阶地就是该时期的产物。

在晚更新世，高原隆升幅度达到 800～2 400m。

可以看出，青藏高原新构造运动的最后一幕，使高原大幅度快速隆升，加之侵蚀作用的加剧，强化了高原及其周边山体的地貌分割，产生了大量新的活动构造，伴随有强烈的火山喷发活动，对区内构造格局的最终形成，具有重要的作用。

三、新构造运动的主要特征

高原现代地貌特点反映，新构造运动中高原隆升有整体性、差异性和阶段性的特征。

1. 整体性

从上新世以来，昆仑山脉和整个高原一同隆升，隆升幅度达到 3 500～4 000m，与北部塔里木盆地的高差为 4 000m，结合高原其他地区边缘坳陷带的情况，第四纪沉积物源区均来自高原，表明自上新世以来高原的隆升具有整体隆升的特点。

青藏高原隆起前形成两级夷平面，一级夷平面海拔高度大多在 5 500m 以上，由于该夷平面时代较老，经差异运动和后期剥蚀已变化很大，特别是冰川和冰缘作用的改造，使原有的风化壳及其他沉积与微地貌保存较少，主要分布于大山脉的顶部，保存面积较小，这级夷平面被称为山顶夷平面；第二期夷平面分布较广，一般出现在各大河流的源头及河流之间的分水岭，构成青藏高原和外围山地的主体，海拔高度大多为 4 500～5 000m，切削了古近纪沉积物，是现代地形地貌起始的基础，因此称之为主夷平面。两级夷平面的特征表明新构造运动以垂直隆升为主。

2. 差异性

在隆升过程中，不同地区在隆升幅度和主要隆升时期方面，存在一定的差异。昆仑造山带的上升幅度较大，为 3 500～4 500m。南侧原西金乌兰-金沙江结合带两侧活动构造带分布的地区，上升幅度较小，为 3 200～4 000m。从主要隆升时期看，昆仑造山带可能较高原内部稍晚，高原内部主要隆升时期为晚更新世，昆仑造山带除晚更新世之外，全新世还有 1 000m 左右的隆升。造成昆仑造山带高出南侧活动带地区 300～1 000m，反映出新构造运动在平面上的不均衡特征，这种不均衡特征与各地区不同的构造条件和深部构造背景的控制有关。这种差异性，同隆升的整体性相比，只属于从属地位。

3. 阶段性

高原的隆升除在空间上的整体性和局部的差异性之外，在时间上还有明显的阶段性。

图幅内昆仑山的隆起成山主要发生于更新世早期（1.1～0.6Ma）。

根据地貌学的一般原理，夷平面形成时的海拔高度应接近于海平面，一般只有几百米，并以此为起点估计青藏高原的隆升速率和高原的高程。同时把新构造运动总结为 3 期：第一期始新世

(40Ma)，以印度板块和欧亚板块碰撞为标志；第二期中新世中期(20Ma)，是新构造运动中最主要的一期；第三期时限为3.4～1.7Ma，青藏高原大幅度隆升。并把第三期单独划出，而且限定新构造运动仅仅就是这一幕(施雅风等，1998)。

2001年11月14日昆仑山库赛湖地震(Ms8.1)发生在青藏高原北部东昆仑断裂带库赛湖段上，发震断层具有高速率左旋滑动的基本特征，晚更新世以来的平均滑动速率达(14.8±2.4)mm/a，地震地表破碎带宽度300m，显示出纯剪切走滑的破裂特征，最大左旋水平位移6m，受地震影响或重力效应引起的次生破裂带部宽度达2km。库赛湖地震地表破裂的左旋走滑特征表明，青藏高原物质确实存在着向东的滑移或流动(徐锡伟等，2002)。

四、青藏高原隆升机制的探讨

青藏高原的形成和演化目前已有多种认识，提出了一些模式，如双地壳说、逆冲叠瓦说、碰撞挤压说、均衡调整说和热动力隆升说等。不论何种模式，大多数研究者较为一致的看法是青藏高原的形成与印度板块和欧亚板块强烈碰撞有关，所不同的是青藏高原的隆升是印度板块直接挤压的结果，还是后期其他作用力形成的，目前意见不一致。地球物理资料表明，青藏高原的地壳厚度可达50～70km，远比其他地区的地壳厚度大。如此大的地壳厚度是如何形成的，是什么作用力使得青藏高原的地壳在近期整体抬升，我们认为有以下几方面因素。

(1)印度板块向欧亚板块的长期持续挤压和相对刚性的塔里木地块的阻挡，使得青藏高原内部较为塑性的各地块产生了横向压缩、纵向拉伸而垂向扩展。从区内资料看，青藏高原北缘昆仑造山带在中新世快速隆升时期，主要表现为垂直抬升，而高原内部岩石在南北向强大挤压力的持续作用下，各地块和主要构造形迹均呈北西西—南东东走向，强烈褶皱和逆冲推覆等构造现象与这种水平作用力有关，高原岩石圈在南北方向上缩短压扁，垂直方向上拉伸增厚，东西方向上拉伸滑移或流动。地壳的增厚可能与深部岩浆的上升活动也有关系。

(2)高原山根的重力均衡补偿是高原近期快速隆升的一个原因。肖序常等(1998)认为，青藏高原的隆升可能经历了构造抬升阶段和均衡抬升阶段，始新世晚期—更新世初期，强烈的挤压作用引起各地块之间的差异运动，产生一系列的冲掩断层、推覆构造和塑性褶皱，地壳大规模缩短、加厚，高原缓慢抬升，上地幔大幅度沉陷，形成宽而深的高原山根；更新世中期—现代主要为均衡抬升阶段，随着高原整体漂移速度的变慢，各地块之间的漂移速度减小，产生了应力松驰，挤压作用大为减弱，在山根作用下产生了强烈的均衡调整，引起高原大幅度的快速隆升。

(3)近南北向的挤压力一方面来自印度板块向北的推挤，另一方面来自岩石圈根带下沉的拖力。汇聚碰撞作用造成造山带岩石圈水平方向缩短，垂向增厚。增厚的岩石圈根带向下深入地幔，会产生拖力，吸引板块向造山带下汇聚，对造山带形成挤压力。并且，数值模拟研究表明(Zang & Bott，2000)，如果增厚的岩石圈根部偏离造山带中央部位(上下非对称)，偏向盆地的一侧，则岩石圈根部在向下的拖带过程中，推动造山带向盆地逆冲，在山前形成深坳陷。

(4)图幅内出露新近纪火山岩，表明造山带岩石圈内存在伸展构造。伸展构造产生的机制可能来自增厚地壳的均衡反弹作用。另一个原因可能是岩石圈根部的断离而引发的地幔动力学过程。软流圈地幔对流引起的高密度的增厚岩石圈根部很容易插入低密度的软流圈，断离后引起软流圈地幔小尺度对流，为岩浆活动提供了条件。

第五节　区域地质构造演化史

处于我国西部核心构造部位的青藏高原北缘经历了多期造山作用，地壳结构复杂，不同构造单元的地质发展史明显不同。调查区构造演化过程在晚古生代末期，苏巴什-鲸鱼湖结合带以北已经形成了一个统一的北方欧亚大陆，海水从其上退出，开始了陆相发展阶段。中三叠世随着西金乌兰-金沙江结合带所代表的古特提斯洋洋盆(南支)的闭合，三叠纪末期(印支运动)羌塘陆块与北方大陆碰撞，本区形成一个完整的大陆，进入了陆内构造发展阶段。新生代以来受到欧亚板块和印度板块碰撞的强大后陆效应的影响，陆块间发生了剧烈的构造变动、叠置和改造，属于早期古板块体制的构造成分和岩石单元，在陆-陆碰撞和后造山阶段发生了移置或再定位，显然现今的位置不代表原始构造位置，本节试图运用板块构造分析和后造山期变形分析相结合的方法，简要阐述青藏高原北缘的构造演化史。

调查区构造演化过程可分为基底形成阶段、洋陆转化阶段、板内调整、高原隆升阶段。

一、基底形成阶段

工作区处于松藩-甘孜陆块和羌塘陆块之间，大部分属松藩-甘孜陆块。区内该陆块出露最老的地层为石炭系，在区外东部陆块中分布有古元古界—泥盆系。北羌塘陆块的结晶基底在喀拉昆仑乔格里峰一带出露，为新太古—古元古界的片麻岩、片岩、大理岩、变粒岩和石英岩等，厚1 200m。值得注意的是，此次工作时，在拜惹布错北西断裂带中发现了以断夹块形式产出的基底变质岩，岩石类型复杂多样，韧性变形强烈，变质程度为低角闪岩相，并具多期变质作用叠加的特点。通过区域对比可看出，其岩石特征、变形变质特征与昆仑山造山带中的蓟县系阿拉玛斯岩群极为相似，可能反映蓟县纪时昆仑山一带与北羌塘、甚至是松潘-甘孜地块都具有统一的陆壳。

二、洋陆转化阶段

图幅处于藏北高原无人区，研究程度极低，实际地质资料很少。以往对区内构造单元的划分、地层系统的归属和结合带性质的认定等主要是依据卫星影像资料结合区域地质资料分析、推测。然而区内从二叠纪昆仑造山带形成之后，经历了复杂的演化过程，扬子陆块向西推挤楔入，羌塘陆块向北运动，使古特提斯洋最终闭合。以下根据我们所取得的实际资料，结合众多学者对青藏高原研究的成果，对区内晚古生代—中三叠世的地质构造演化进行简要分析。

晚古生代是全球古地理格局发生重大变化的时期。南半球冈瓦纳古陆向南漂移，其北就是广阔的古特提斯大洋。华夏古陆在二叠纪以前持续向冈瓦纳古陆转换汇聚，最终在华夏古陆的南侧形成苏巴什-鲸鱼湖结合带和西金乌兰-金沙江结合带，并发育相应的洋壳和岩浆建造(图 5-12)。

古特提斯大洋从扩展到萎缩消亡时限为泥盆纪—中三叠世(潘桂棠等，1997)，但其空间范围的分布，昆仑陆块、松藩-甘孜陆块和羌塘陆块的空间位置以及苏巴什-鲸鱼湖结合带、西金乌兰-金沙江结合带所代表的洋盆的关系问题，不同的研究者有不同看法。我们认为在泥盆纪—二叠纪，苏巴什-鲸鱼湖结合带和西金乌兰-金沙江结合带所代表的大洋是统一的古特提斯大洋，松藩-甘孜陆块是古特提斯大洋中的微陆块，或位于大洋的东侧。古特提斯大洋的扩张中脊可能位于松藩-甘孜陆块的南侧，晚古生代末的海西运动，使松藩-甘孜陆块和华北板块发生碰撞，古特提斯大洋(北支)关闭，形成苏巴什-鲸鱼湖结合带。但碰撞并非使古特提斯大洋全面闭合，在松藩-甘孜陆块和羌塘陆块之间仍然存在。之后，随着印度板块和欧亚板块长期南北向的持续挤压，松藩-甘孜陆块与北羌塘陆块之间于二叠纪末开始向北俯冲、消减，并有印支期中酸性岩浆活动。在中三叠世古特提斯大洋(南支)闭合，北羌塘陆块和松藩-甘孜陆块连为一体，巴颜喀拉活动大陆边缘随之转化为前陆盆地。拜惹布错北部一带的区域性大断裂中以构造岩片出露的蛇绿岩岩片、火山岩岩片和基底裂解(变质)块体岩片就是其洋壳的残片。西金乌兰-金沙江结合带的基质为三叠系巴颜喀拉山群，其中含有大量的外来岩块，并有蛇绿岩残片侵位。但该次碰撞为软碰撞，并未发生大规模的造山运动。

在松藩-甘孜陆块的北部，二叠系为一套浅海—半深海沉积，主要岩性有灰绿色长石岩屑砂岩、

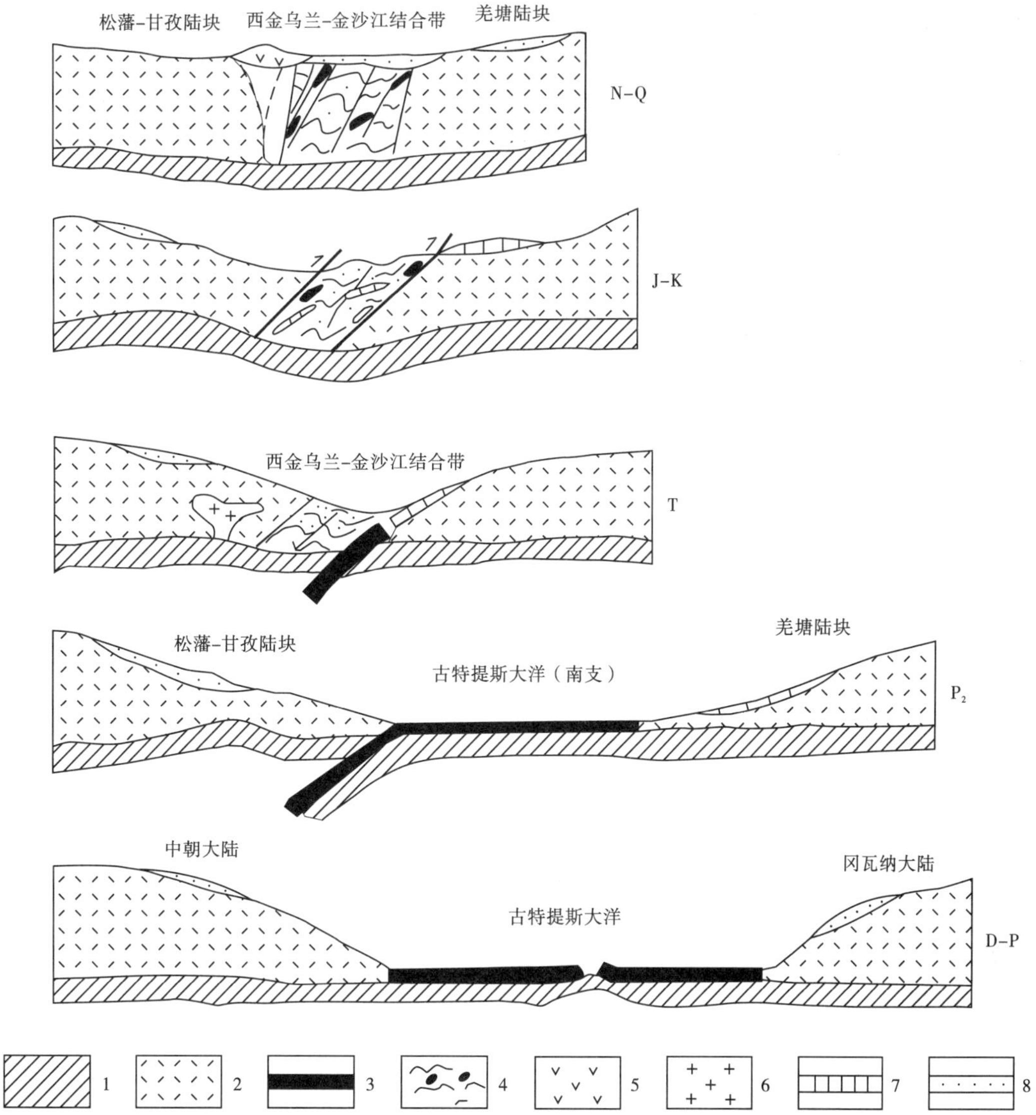

图 5－12　西金乌兰-金沙江结合带构造演化示意图

1. 地幔；2. 陆壳；3. 洋壳；4. 蛇绿混杂岩带；5. 火山岩；6. 侵入岩；7. 碳酸盐岩；8. 沉积盖层

泥岩，局部夹砾岩、硅质岩、安山岩、凝灰岩，富含海相动物化石，代表被动大陆边缘沉积建造；三叠系卧龙岗组为浅海—海陆交互相沉积，主要岩性有中—细粒砂岩、岩屑长石砂岩、粉砂岩泥岩夹煤线，为陆相磨拉石建造。陆块南侧三叠系巴颜喀拉山群为一套砂泥互层复理石建造，为活动大陆边缘—前陆盆地沉积。从地层特征可以看出区内三叠纪时由北向南沉积环境由浅变深的演化规律。

三、板内调整-高原隆升阶段

侏罗纪时期全区已进入稳定的陆内构造发展阶段。分布有侏罗系叶尔羌群陆相磨拉石建造，主要为山间盆地沉积（上叠盆地），不整合在三叠系及前期地层之上。北羌塘陆块成为新特提斯活动边缘的后陆区，在海侵—海退过程中形成一系列准稳定建造，广泛出露侏罗系下中统雁石坪群浅海沉积，为一套碳酸盐岩建造和陆相碎屑岩建造，属海相磨拉石沉积，是金沙江洋演化末期在羌塘陆块北缘被动陆缘基础上发育起来的周缘前陆盆地沉积。

碰撞之后，区内发生横推造山作用，前期地层强烈褶皱，并伴随有大规模的逆冲推覆构造活动，不同时期的地质体相互叠置，使地壳加厚。在地壳褶皱缩短过程中，上地壳主要产生叠覆构造，下地壳则为褶曲变形，地壳厚度增加了一倍。在南北向挤压作用下，阿尔金断裂在新构造运动中表现为左行平移运动，使高原物质有向东挤出的态势。

新生代初期，陆内汇聚和走滑运动逐渐减弱，在继续受到近南北向挤压作用的情况下，受区域性左行平移断裂的控制，形成了一系列陆内拉分盆地，盆地几何形态呈菱形，沉积了较厚的新近系湖相沉积物，湖相地层主要为含石膏的细碎屑岩建造，沿断裂带还发育拉水河组、黑石北湖组火山岩建造。

第四纪以来是本区构造发展的强烈隆升时期，最终形成了现今的高原地貌。

第六章　专项地质调查

第一节　矿产资源概况

区内矿产资源不丰富，种类较少。由于交通极其不便，海拔高，自然地理环境恶劣，所以地质矿产研究程度极低。通过本次工作，测区共发现矿产4种，其中有色金属矿产1种(铜)，矿化点1个；非金属矿产3种(石膏、石灰岩、浮岩)，矿点4个。

一、有色金属矿产

小长岭铜矿化点为本次工作所发现。矿化点位于西藏改则县小长岭，地理坐标：X=3 907 756，Y=14 761 217，H=4 965m。赋存地层为三叠系托和平错群，总体位于西金乌兰-金沙江结合带的小长岭-拜惹布错韧性剪切带中。矿化产于石英砂岩中，具褐铁矿化、黄铁矿化。在其中拣块取样，Cu含量为0.028%～0.395%，Au含量为0.03～0.08g/t。根据《矿产工业要求参考手册》，其中一个样品铜已接近工业品位，但是厚度不够。

西金乌兰-金沙江结合带是分割巴颜喀拉前陆盆地与北羌塘微陆块的板块结合带，碎石山断裂与小长岭-拜惹布错断裂是该结合带的主要组成，断裂带具有明显的脆-韧性变形特征，断裂带自三叠纪以来多次活动，并且控制了大量的新生代盆地。区域上沿该结合带岩浆及热液活动强烈，在小长岭一带石英脉大量发育，该矿化点的发现，为在西金乌兰-金沙江结合带上寻找Cu、Au矿产提供了重要的找矿信息。

二、非金属矿产

区内非金属矿产主要为建筑及水泥材料矿产，有石膏、石灰岩、浮岩3种，本次工作共发现矿点4处。由于工作区交通极为不便，自然地理环境十分恶劣，所以这三类非金属矿产目前尚难以利用。

1. 石膏

目前发现矿点2处，分布于测区南部西藏改则县拜惹布错—独有洞一带及小长岭北一带。石膏产于新近系中新统唢纳湖组湖相地层中，呈灰白色，有时呈无色透明，呈片状、层状产出。出露宽度最宽可达100m，规模较大。

2. 石灰岩

二叠系先遣组、侏罗系雁石坪群广泛分布于图幅南部边缘一带，均为碳酸盐岩-碎屑岩建造，碳酸盐岩的岩性主要有泥晶灰岩、鲕粒灰岩、生物屑灰岩等，所以先遣组和雁石坪群是寻找石灰岩矿的重要层位。

目前发现矿点1处，位于测区南部西藏改则县拜惹布错附近，产于侏罗系雁石坪群地层中。灰岩出露宽约 2km、厚约 260m、长约 10km,规模较大。灰岩主要为泥晶灰岩,呈灰黑色,薄板状产出。主要化学成分:CaO 为 48.06%～51.07%,平均为 49.16%;MgO 为 1.00%～1.40%,平均为 1.15%;P_2O_5 为 0.065%～0.14%,平均为 0.085%;K_2O+Na_2O 为 0.05%～0.39%,平均为 0.21%,符合Ⅰ级品工业要求,为优质水泥灰岩。

3. 浮岩(浮石)

黑石北湖火山岩区位于测区中西部西藏改则县黑石北湖一带,由新近系中新统拉水河组和上新统黑石北湖组组成,分布面积约 380km²。本次工作岩区共发现 24 个火山口、7 个火山锥体。区内火山岩具有明显的岩相分带,即爆发相、溢流相、侵出相和潜火山岩相。其中爆发相为浮石赋存的部位,由内向外依次有火山集块岩、火山角砾岩、火山熔碴、火山灰。在集块岩、角砾岩中,可选出浮石。而火山碴本身可作浮石用。火山集块岩为浮石主要聚集的岩相。

目前发现矿点 1 处。本区的浮石按其矿物成分可分为安粗质浮石、橄榄玄武粗安质浮石,浮石呈褐红色、灰黑色,气孔极为发育,结构松散,气孔大小不一,小者为 1～2mm,大者为 0.5～1cm,浮石质轻,浮于水。

第二节　生态环境概况

一、地貌及水系

测区地处昆仑山腹地,地势上总体表现为中部高、南北两边相对较低的地形特点。南部属于羌塘高原区,平均海拔较高,相对高差较小,海拔高度一般在 5 000～5 300m 之间,典型的地貌类型有湖泊、河流(河床、河流阶地)、高山荒漠及断层构造地貌(断块山)等。中部是昆仑山的主脊部分,大部分地带常年被皑皑冰雪覆盖,是冰川地貌和冻土地貌的主要分布区,海拔高度一般在 5 400～6 000m,最高处海拔为 6 154m。北部是昆仑山主脊与柳什塔格山脉之间的过渡地带,海拔高度为 5 100～5 400m。

区内的主要河流均发源于昆仑山主脊附近,属于高原内陆河流,流程较短,汇水面积多在 70～80km²。主要的河流有盼水河、拉水河等,注入野马滩、碱水湖、黑石北湖、布茖布错等高原内陆湖泊。

二、生物资源

区内大部分地段是地处海拔 5 000m 以上的高寒山区,干冷少雨,自然环境严酷,土地类型以岩裸高寒荒漠为主。在图区中南部的昆仑山主脊南侧,由于降水量及湿度相对较大,植被的覆盖度也就相应较高,高寒稀疏冻土植被是该地区主要的植被类型。在图区中东部白戈壁一带,气候干燥,降水稀少,植被覆盖率较低,大部分地带寸草不生,无植被覆盖。在西南部的湖泊附近有成片的垫状驼绒藜和紫花针茅分布。

区内自然条件严酷,野生动植物资源稀少。植被以高寒草原和高寒草甸为主,生物区系的组成相对贫乏,高等植物种类约百余种,大型兽类 10 余种。常见的草本植物有扁果草(*Isopyrum anemonoides*)和数种点地梅(*Androsace flavescens* A. O. rcz-imikovii)。青藏高原特有的植物成分有紫花针茅(*S. subsessiliflora*)、青藏硬叶苔草(*Carex moorcroftii*)、垫状驼绒藜(*Ceratoides compacta*)、凤毛菊属(*Saussuria*)以及茄科的尿泡(*Przewalskii tangutica*)和禾本科针茅属(*Stipa*)的一些种。

野生动物中的大型兽类有野牦牛(*Poephagus mutus*)、藏野驴(*Asinus kiang*)、藏羚羊(*Pan-*

tholops hodgsoni)、岩羊(*Pseudois nayaur*)、盘羊(*Ovisammon*)及雪豹(*Pantheraunica*)、狼、狐(红狐)等。鸟类主要有藏雪鸡(*Tetraegollus tibetanus*)、西藏毛腿沙鸡(*Syrrhaptes tibetanus*)、石鸡(*Alectoris graeca*)、褐背拟地鸦(*Pseudopodoces hnmilis*)、褐翅云雀(*Calaudrella rafecens*)、绿头鸭(*A. plaeiyrhynchos*)及斑头雁等。

区内野生动植物的种类虽然较少,但是被列入为国家一、二类保护的动物就有近 10 种。大型兽类中的野牦牛、藏羚羊、岩羊等动物的种群数量相对较大。但是随着人类活动范围的扩大和自然环境的不断恶化,数量锐减,生存领地也在逐渐缩小。藏野驴、盘羊的种群数量较少,雪豹则更为稀少,已濒临绝迹的境地。鸟类中的石鸡、鸦雀类数量相对较多,藏雪鸡较少。

三、影响环境的主要因素

1. 高寒

调查区海拔高度在 5 000m 以上,雪线为 5 600m,是植物生长的最高线,30cm 解冻期不足半年。植物的生长期约 3 个月,草本植物严重矮化。冻融作用对草原植被也很严重,当土层温度在冰点附近波动时,土体体积频繁膨胀与收缩,使土层蠕动,尤其对垫状草甸早期破坏起到切割作用,并逐渐扩大侵蚀范围,使草场斑秃化、石漠化和沙漠化,出现大量裸地,地表形态处于不断变化之中。

2. 干旱

干旱是影响生态环境的一项关键因素。20 世纪 80 年代以来,高原气候处于异常剧烈的波动之中,气候向偏暖、干旱方向发展。蒸发量远远大于大气降水,雪线不断上升,冰川后退,湖泊萎缩,河流径流减少,地下水位下降,湿地供水系统受到严重损害。

3. 地质因素

持续的高原隆升是环境恶化的根源,是不可逆的。喜马拉雅山和冈底斯山横亘于高原南部,阻挡了印度洋暖湿气流。干冷、冻融作用致使地表物理风化强烈,强烈的蒸发作用又使湖水水面减少、水质恶化,大多数湖泊为咸水湖,人畜无法使用。

4. 人为破坏因素

区内人类的活动相对较少,随着社会的发展,人类活动的范围在不断扩大,有人类存在的地方,就一定会影响环境,由此引起新的环境问题也在日趋严重。测区处于高原荒漠,生态环境非常脆弱,而高原脆弱的生态环境尤其是植被一经破坏,则很难恢复。工作过程中到处都可以看到被猎杀的野牦牛、盘羊及藏羚羊的尸骨,以汽车为代表的现代交通工具也有使用,汽车碾压过的草地恢复期至少要 5 年。因而保护高原环境,保护国家珍稀野生动物,是每个公民应尽的义务和责任。

第七章　结　语

黑石北湖幅1∶25万区域地质调查，历经3年的野外地质调查及室内资料综合整理，通过项目全体人员的共同努力，充分应用了现代地质新理论、新方法及青藏高原基础地质研究的新成果，并根据《1∶25万区域地质调查要求(暂行)》和任务书、总体设计要求，进行了大量的野外地质调查和系统的室内综合整理及繁杂的数据处理，全面完成了预期任务，并经不断归纳、分析、研究、总结，在前人工作的基础上有了新发现、新认识，取得了新成果，尤其是在对西金乌兰-金沙江结合带的研究方面取得了突破性的进展，大幅度地提高了区域地质研究程度。

一、工作成果

(一)地层古生物

(1)根据区内岩石组合特征，在重新厘定了原16个组、4个段的基础上，新建了拉水河组、黑石北湖组，按成因类型划分了第四系沉积物，系统划分和建立了岩石地层单位。

(2)用目前的沉积岩分类命名原则系统地将区内沉积岩石进行了统一的命名。

(3)在区内黄羊岭组、先遣组、雁石坪群中采集了大量的动物化石，根据黄羊岭组中采集到的大量腕足、双壳类化石，确定了黄羊岭组时代为二叠纪中期。根据先遣组中采集到的大量腕足、双壳类化石，确定了先遣组的时代为中二叠世茅口期，根据在雁石坪群中采集到的腕足、双壳类化石，确定其时代为侏罗系中下统。

(4)在二叠系黄羊岭组中，发现了大量的礁灰岩，呈带状展布，这指示二叠系的沉积环境是相对稳定的浅海陆棚，该组中62件岩矿、6件岩石化学分析结果也证明其沉积构造环境为被动大陆边缘区。

(5)巴颜喀拉山群大量的岩矿样品及岩石化学样品(8件)分析结果表明，巴颜喀拉山群总体为(安第斯型)活动大陆边缘沉积，由二→三→四组，构造环境由活动大陆边缘渐变为前陆盆地。

(二)岩浆岩

(1)对幅内的岩浆岩进行了详细研究，新发现了隶属于金沙江-西金乌兰结合带的碎石山、小长岭-拜惹布错两个蛇绿混杂岩亚带和野马滩一带晚三叠世石英斑岩。

(2)对区内隶属于金沙江-西金乌兰结合带的碎石山和拜惹布错两个蛇绿混杂岩亚带进行了重点研究，总结了各亚带的岩石特征、岩石化学特征、岩石地球化学特征，探讨了其时代，对其构造环境进行了判别，认为区内拜惹布错亚带的蛇绿岩可能产出于洋脊，而碎石山亚带的蛇绿岩产出于(大洋)板内的大地构造环境。

(3)对区内卧龙岗一带的花岗斑岩从各个方面进行了研究，认为其为钙碱性岩，属于高钾钙碱性系列，其相当于巴尔巴林分类方案中的富钾钙碱性花岗岩类(KCG)，其产出的构造环境为同碰撞期，为松藩-甘孜陆块与羌塘陆块之间陆-陆碰撞引发的岩浆活动。

(4)对区内黑石北湖一带的新生代火山岩进行了详细研究，共发现24个火山口，划分出了侵出相、爆发相、溢流相、潜火山岩相。根据区内各期火山岩之间以及其与下伏地层之间的关系、K-Ar法同位素年龄，将其划分为3期：第一期分布于岩区的东面，岩性为橄榄玄武安粗岩，同位素年龄为9.23Ma；第二期分布于岩区的南面，岩性为安粗岩，同位素年龄为3.19Ma；第三期分布于岩区的北面，明显覆盖于第二期之上，岩性为安粗岩，同位素年龄为3Ma。通过对各类样品室内分析研究，从岩相学、岩石化学、岩石地球化学、同位素组成特征等各个方面进行了研究，认为区内黑石北湖一带的火山岩主要产于造山后板内的大地构造环境，其源区与EMⅡ型富集地幔有关，火山的活动与区内黑石北湖-万层山断裂有关。

(三)变质岩石

对西金乌兰-金沙江结合带内各地质体的不同变质岩石类型的岩石矿物特征进行了系统总结；在碎石山、小长岭一带发现了大量的硬绿泥石和黑硬绿泥石等特征变质矿物，指示了区内该结合带形成于温度低、压力相对较高的环境。

(四)构造

(1)首次在拜惹布错、小长岭和碎石山等地发现蛇绿混杂岩，为解决西金乌兰-金沙江结合带在藏北的延伸问题提供了重要的地质依据。从蛇绿岩的形成时代看，其所代表的洋盆应纳入古特提斯大洋演化范畴，蛇绿岩、裂解块体(拜惹布错)为大洋裂解、扩张阶段的物质反映，蛇绿岩带北部的巴颜喀拉盆地由活动大陆边缘-前陆盆地的沉积建造特征记录了其俯冲、闭合演化过程，卧龙岗组陆相磨拉石建造是其碰撞成山阶段的产物。

(2)研究认为区内印支期主要形成紧闭褶皱和逆冲断裂，燕山期构造以形成开阔的背向斜为特征。新构造运动是区内最为重要的构造阶段，发生的大规模左行走滑运动形成了大面积的拉分盆地，造成了黑石北湖一带板内火山岩的喷发。

(3)对青藏高原的隆升时间、隆升机制进行了初步探讨。

(4)在西金乌兰-金沙江结合带小长岭-拜惹布错亚带中发现以断夹块形式产出的基底裂解岩片(拜惹布错北西)，该岩片的基底变质岩与昆北微陆块蓟县系阿拉玛斯岩群岩性、岩相、变形变质特征极为相似，这一现象对于了解巴颜喀拉前陆盆地的基底有一定的意义。

(5)西金乌兰-金沙江结合带多处被第四系松散堆积物所覆盖，在其中首次发现大量呈串珠状展布的泉眼，证明该断裂带仍具有活动性。

(五)矿产

通过本次工作，区内共发现矿产4种，其中有色金属矿产1种(铜)，矿化点1个；非金属矿产3种(石膏、石灰岩、浮岩)，矿点4个。

二、存在问题

(1)黑石北湖—无水湖一带，由于雪盖面积大，工作程度低。

(2)地层中化石较少，影响了某些地层时代的准确厘定。

(3)矿产工作量投入较少。

参考文献

(法)M. 马托埃. 地壳变形. 孙坦译. 北京:地质出版社,1984.
H. G. F 温克勒. 变质岩成因. 北京:科学出版社,1980.
P. 享德森. 稀土元素地球化学. 北京:地质出版社,1989.
程裕淇. 中国区域地质概论. 北京:地质出版社,1994.
崔军文,等. 阿尔金断裂系. 北京:地质出版社,1999.
单文琅,宋鸿林,傅昭仁,等. 构造变形分析的理论、方法和实践. 武汉:中国地质大学出版社,1991.
邓万明. 青藏高原北部新生代板内火山岩. 北京:地质出版社,1998.
地质矿产部青藏高原地质文集编委会. 青藏高原地质文集 1 至 17 期. 北京:地质出版社,1999.
地质情报研究所. 国外变质岩区构造研究方法(专辑). 肖庆辉译. 北京:地质出版社,1981.
都城秋穗. 变质作用及变质带. 北京:地质出版社,1979.
房立民,杨振声,等. 变质岩区 1∶5 万区域地质填图方法指南. 武汉:中国地质大学出版社,1991.
冯本智,周裕文,等. 新疆库鲁克塔格地区前震旦纪地质与贵重、有色金属矿床. 北京:地质出版社,1995.
冯庆来,叶玫. 造山带区域地层学研究的理论、方法与实例剖析. 武汉:中国地质大学出版社,2000.
冯增昭. 碳酸盐岩岩相古地理学. 北京:石油工业出版社,1989.
傅昭仁,蔡学林. 变质岩区构造地质学. 北京:地质出版社,1996.
高秉璋,等. 花岗岩类区 1∶5 万区域地质填图方法指南. 武汉:中国地质大学出版社,1991.
贾群子,等. 西昆仑块体硫化物矿床形成条件和成矿预测. 北京:地质出版社,1999.
姜春发,等. 昆仑开合构造. 北京:地质出版社,1992.
姜春发,等. 中央造山带开合构造. 北京:地质出版社,2000.
解习农,李思田. 陆相盆地层序研究. 地质科技情报,1993(1):22—26.
金性春. 板块构造学基础. 上海:上海科学技术出版社,1987.
林景仟. 岩浆岩成因导论. 北京:地质出版社,1987.
刘宝珺,曾允孚. 岩相古地理基础和工作方法. 北京:地质出版社,1985.
刘和甫. 伸展构造及其反转作用. 地学前缘,1995,2(1—2):113—125.
刘岫峰. 沉积岩实验室研究方法. 北京:地质出版社,1990.
刘增乾,徐宪,等. 青藏高原大地构造与形成演化. 北京:地质出版社,1990.
路凤香. 地幔岩石学. 武汉:中国地质大学出版社,1989.
梅冥相. 碳酸盐旋回与层序. 贵阳:贵州科技出版社,1995.
孟祥化,等. 沉积盆地与建造层序. 北京:地质出版社,1993.
牛树银,罗殿文,等. 幔枝构造及其成矿规律. 北京:地质出版社,1996.
潘桂棠,等. 东特提斯地质构造形成演化. 北京:地质出版社,1997.
潘良云,等. 陆相红色盆地冲积扇体的岩相和成因类型——以赣西北三都红盆为例. 中国区域地质,1997(4):337—347.
钱祥麟. 大陆岩石圈板内地壳增厚的构造演化基本模式. 北京:地质出版社,1994.
邱家骧,林景仟. 岩石化学. 北京:地质出版社,1991.
全国地层委员会. 中国区域年代地层(地质年代)表说明书. 北京:地质出版社,2002.
任纪舜,等. 中国大地构造及其演化. 北京:地质出版社,1980.
石彦,等. 塔里木盆地深部地质构造和盖层构造分析. 北京:地质出版社,1999.
宋鸿林. 构造动力学中的显微构造研究. 武汉:中国地质大学出版社,1983.

孙永传,李蕙生.碎屑岩沉积相和沉积环境.北京:地质出版社,1986.
王成善,刘志飞.西藏日喀则弧前盆地与雅鲁藏布江缝合带.北京:地质出版社,1999.
王根厚.周详,等.西藏他念他翁山链构造变形及其演化.北京:地质出版社,1996.
王仁民,等.变质原岩图解判别法.北京:地质出版社,1987.
王仁民.变质岩岩石学.北京:地质出版社,1989.
王泽利.青藏高原北缘深部地壳结构特征及其形成机制探讨.世界地质,2002,2(21):105—110.
西藏自治区地质矿产局.西藏自治区区域地质志.北京:地质出版社,1982.
肖庆辉,邓晋福,等.花岗岩研究思维与方法.北京:地质出版社,2002.
新疆维吾尔自治区地质矿产局.全国地层多重划分对比研究新疆维吾尔自治区岩石地层.武汉:中国地质大学出版社,1995.
新疆维吾尔自治区地质矿产局.新疆维吾尔自治区区域地质志.北京:地质出版社,1983.
许志琴,等.中国主要大陆山链韧性剪切带及动力学.北京:地质出版社,1997.
许志琴,任玉峰,等.造山带地质填图,北京:地质出版社,1998.
许志琴.地壳变形与显微构造.北京:地质出版社,1984.
杨巍然,杨森楠,等.造山带结构与演化的现代理论和研究方法.武汉:中国地质大学出版社,2002.
姚华舟.造山带区调填图综合地层学实践.武汉:中国地质大学出版社,1994.
姚培毅.青藏高原北部生物古地理.北京:地质出版社,1999.
叶叔华,马宗晋,等.青藏高原岩石圈现今变动与动力学.北京:地震出版社,2001.
于学政,邓晋福,罗照华.青藏高原隆升与东昆仑地区金矿遥感地质研究.北京:地质出版社,1999.
张二朋,顾其昌,郑文林.全国地层多重划分对比研究西北区区域地层.武汉:中国地质大学出版社,1995.
张光亚.塔里木古生代克拉通盆地形成演化与油气.北京:地质出版社,2000.
张儒瑗,丛柏林.矿物温度计和矿物压力计.北京:地质出版社,1983.
郑巧荣.由电子探针分析值计算 Fe^{3+} 和 Fe^{3+}.矿物学报,1983(1):55—62.
郑荣才,等.陆相盆地基准面旋回的级次划分和研究意义.沉积学报,2001(2):249—255.
郑亚东,常志忠.岩石有限应变测量及韧性剪切带.北京:地质出版社,1985.
中国地质科学院.喜马拉雅岩石圈构造演化总论.北京:地质出版社,1998.
中国地质科学院成都地质研究所.青藏高原及邻区地质图及说明书.北京:地质出版社,2005.
中国地质科学院地质研究所.特提斯构造带地质学.北京:地质出版社,1983.
中国国土资源航空物探遥感中心.青藏高原中西部航磁调查.北京:地质出版社,2001.
中国科学院青藏高原综合科考队.喀喇昆仑山-昆仑山冰川与环境.北京:科学出版社,1998.
中国科学院青藏高原综合科考队.喀喇昆仑山-昆仑山古生物.北京:科学出版社,1998.
中国科学院青藏高原综合科考队.喀喇昆仑山-昆仑山自然地理.北京:科学出版社,1998.
钟增球.剪切带的流体-岩石相互作用.地学前缘,1996,3(3—4):209—215.
周洪瑞,王志强,等.华北地台南部中新元古界层序地层研究.北京:地质出版社,1999.
朱志澄,宋鸿林,等.构造地质学.武汉:中国地质大学出版社,1990.

图版说明及图版

图版Ⅰ

1.巴颜喀拉山群一组变质粉砂岩层片关系(层缓片陡)
2.巴颜喀拉山群一组浅绿色绿泥石英千枚岩、绢云石英千枚岩构成的转折端
3.巴颜喀拉山群二组粒长石岩屑砂岩中发育的冲刷－侵蚀接触面
4.巴颜喀拉山群二组粉砂岩层面发育的生物遗迹化石
5.巴颜喀拉山群三组硅质岩与灰色页岩构成的韵律
6.巴颜喀拉山群四组岩屑砂岩层面构造槽模、沟模
7.巴颜喀拉山群四组砂泥韵律特征

图版Ⅱ

1.黑石北湖 5034 高地火山锥远景及第三期与第二期火山岩接触关系
2.黑石北湖第二期火山熔岩被剥蚀成的低矮残丘
3.黑石北湖南第三期火山岩次火山口地貌景观
4.黑石北湖一带 5034 高地火山口景观
5.黑石北湖第一期火山岩形成的熔岩桌
6.黑石北湖火山岩中发育的绳状构造
7.黑石北湖火山岩中发育的柱状节理
8.黑石北湖第一期火山岩覆盖于唢纳湖组之上

图版Ⅲ

1.黑石北湖一带第三期火山岩形成的熔岩流
2.碎石山西金乌兰-金沙江结合带地貌景观
3.碎石山西金乌兰-金沙江结合带基性岩岩片
4.拜惹布错一带西金乌兰-金沙江结合带碎裂状碳酸盐岩岩片

图版Ⅳ

1.拜惹布错一带西金乌兰-金沙江结合带南边界
2.小长岭—独有洞一带西金乌兰-金沙江结合带基性岩岩片
3.碎石山北部西金乌兰-金沙江结合带蛇绿混杂岩带中的枕状玄武岩
4.碎石山西金乌兰-金沙江结合带碳酸盐岩岩片中的角砾状灰岩
5、6.碎石山蛇绿混杂岩带中的火山碎屑岩
7.独尖山侏罗纪花岗斑岩体地貌景观
8.碎脊山一带褶皱平面形态

图版Ⅴ

1.碎脊山一带褶皱平面形态
2.野马滩一带二叠系地层形成的褶皱地貌景观
3.白戈壁一带二叠系地层形成的褶皱地貌景观
4.线状排列的冻胀丘
5.雁石坪群中的腕足灰岩
6.雁石坪群生物碎屑灰岩中的动物化石
7.雁石坪群灰岩层面上的生物化石
8.雁石坪群灰岩层面上的生物化石

图版Ⅰ

1

2

3

4

5

6

7

图版Ⅱ

1

2

3

4

5

6

7

8

图版Ⅲ

1

2

3

4

图版Ⅳ

1

2

3

4

5

6

7

8

图版Ⅴ

1

2

3

4

5

6

7

8